Mario Rigutti

Come se...

Ombre dell'universo

PdM

© Mario Rigutti – I edizione agosto 2015
Copertina di Valentina Irene Klasen: www.fotovik.com
Immagine di copertina Carla Rossi, *La villa. Il "Gioiello" di Galileo,* olio su tela (1980).
Progetto grafico e impaginazione di Giovanni Caprioli – Servizi per l'editoria cartacea, digitale e musicale: www.servizi-per-editoria.it

Ringraziamenti

Non so se me li merito, ma ho amici. La loro presenza è quasi dappertutto nelle pagine di questo libro. A me fa un grande piacere ringraziarli dei loro interventi con i quali mi hanno aiutato a migliorare il testo, un particolare che non dovrebbe lasciare indifferenti i miei lettori. Anche per questo mi piace ricordarli.

Mia figlia Adriana, biologa, alla quale questo libro deve molto: oltre ai suggerimenti derivanti dalle sue competenze scientifiche, quelle chimiche e biologiche in particolare, in cui io sono piuttosto scarso, quelli di esperta dell'editing. Mia moglie Carla a cui devo la figura della copertina che ritrae il luogo della nascita della scienza sperimentale moderna, la villa in cui Galileo Galilei passò i suoi ultimi nove anni di vita. E poi, ancora, mia moglie (come sempre; dal nostro Big Bang in qua) e Francesca Gulisano che, con la loro particolare sensibilità, hanno saputo leggere (e segnalarmi) quanto non avevo scritto o se l'avevo scritto l'avevo fatto in modo superficiale. Edoardo Proverbio, Ledo Stefanini, astronomo il primo, fisico il secondo, amici di lunga data e valorosi compagni di lavoro, e Nereo Vitussi, amico carissimo dai tempi lontani della scuola media, vecchio lupo di mare, dal cuore gentile, inesauribile miniera di umanità, amante delle stelle di mille orizzonti, hanno letto con pazienza il manoscritto, incoraggiandomi a proseguire e segnalandomi sviste, debolezze e incongruenze. E poi, *last but not least* (*last* perché nella mia vita è entrato da poco, regalandomi, tra l'altro, il piacere – di solito estraneo ai vecchi come me – di una nuova amicizia), Riccardo Caccia, ingegnere, cosmologo per passione e insegnante di discipline (estremo) orientali, che ha riguardato il testo con grande attenzione non risparmiandomi critiche, addolcite da saggi suggerimenti di cui gli sono profondamente grato.

A Ledo Stefanini devo anche il suggerimento di quel "ombre" che qui appare nel sottotitolo del libro. Richiama il mito della caverna di Platone e mi è sembrato molto più suggestivo di quel "L'invenzione dell'universo" a cui avevo pensato. Tuttavia, devo confessarlo, ricordando quel mito non ho voluto proporre l'esistenza di un universo, là fuori, di cui, al più, possiamo vedere solo ombre. Di quello che, veramente, c'è là fuori, ahimè, non so proprio nulla e credo che nessuno lo sappia. So soltanto quello che ne pensiamo.

Per la presentazione del libro ho un nuovo debito con mia nipote Valentina, che ha curato la copertina, con mio figlio Enrico che mi ha procurato la fotografia del quadro della villa "Il Gioiello" di Galileo, e con gli amici Ledo Stefanini ed Emanuele Goldoni che mi hanno facilitato i rapporti con chi il libro l'ha stampato e messo in vetrina, all'attenzione di eventuali lettori.

Desidero ringraziare, qui, tutte insieme, ancora una volta, queste care persone, del loro generoso aiuto, tanto più che me l'hanno dato indipendentemente dal fatto di condividere o no tutte le idee espresse nel testo, delle quali e degli aspetti meno felici del libro mi assumo, com'è naturale, ogni responsabilità.

Mario Rigutti

Sommario

*Poiché d'alcuna cosa
può aver certezza
d'ogni tempo rifugio
fu per l'uomo
fantasticare*
Iuri Garmiott

Prologo

Il passato dell'umanità è pieno di idee volte a capire l'universo. Ma anche oggi per questo grande interrogativo non c'è una risposta unica, buona per tutti, benché nei paesi più "moderni" una – la cui scrittura cominciò circa 400 anni fa con quella che fu chiamata "rivoluzione scientifica" – si sia fatta largo tra le molte storie scritte in precedenza.

Come dirò, a mio parere, l'uomo ha sempre fatto scienza se con questo termine intendiamo lo sforzo di capire il mondo che ci circonda, ma la scienza "antica" (come la filosofia) ha dipinto molti quadri, anche inconciliabili tra loro, funzioni del tempo e del luogo, mentre quella moderna tende, col cosiddetto "metodo scientifico", di crearne uno che sia, eventualmente, funzione del solo tempo e sul quale converga via via l'accordo generale. Frutti di questo "programma" sono, tra l'altro, una tecnologia senza precedenti e la sensazione di onnipotenza piuttosto diffusa, specialmente tra gli scienziati e i tecnologi contemporanei.

In queste pagine scorreremo rapidamente quanto è successo a questo proposito: dai primi lenti e stentati passi dell'umanità primitiva ai più recenti travolgenti sviluppi. Una storia millenaria della quale, comunque, la parola "fine" non è ancora apparsa.

In due occasioni diverse, Albert Einstein disse:[1]

> I concetti della fisica sono libere creazioni della mente umana e non sono, comunque possa sembrare, unicamente determinati dal mondo esterno.

Il grandioso scopo di tutta la scienza è di abbracciare la massima quantità di fatti empirici attraverso deduzioni logiche fatte a partire dalla minima quantità di ipotesi o di assiomi.

La prima delle due citazioni afferma che nel discutere i fenomeni naturali, la nostra mente è una componente determinante, e la seconda che l'obiettivo della scienza è quello di trovare una spiegazione dei fatti cui assistiamo ricorrendo al minimo delle gratuità (ipotesi) che siamo comunque *costretti* a porre e accettare come vere.

Il che significa che, a meno che la parola verità (o la sua sorella povera "oggettività") non sia usata in modo surrettizio o funzionale a qualche tesi (perché è parola in sé vuota che per essere utilizzata ha bisogno di una definizione), la scienza, indipendentemente da quello che possono essere le inclinazioni psicologiche e sentimentali dei singoli scienziati, non può porsi alcun problema circa la *verità* dei suoi risultati che sono sempre "migliorabili".

Ma subito si può porre la domanda: migliorabili perché possiamo *capire* meglio o perché possiamo *inventare* qualcosa di meglio, che ci soddisfi di più? Dalle due citazioni riportate qui sopra mi par di capire (ma posso sbagliare) che Einstein fosse propenso a optare per la seconda possibilità. Personalmente sono portato alla seconda, ma forse il "giusto", come è noto, potrebbe ben stare nel mezzo.

Il fatto è, però, che, pur parlando "con cognizione di causa", ogni risposta data alle domande che ci poniamo sui moltissimi aspetti del mondo naturale, dentro e intorno a noi, non è mai esauriente. Ricordo, a questo proposito un'immagine (solo suggestiva, però) secondo la quale il sapere è come una sfera che si espande. Dentro la sfera c'è il noto, fuori l'ignoto, e quanto più il raggio della sfera aumenta tanto più aumenta (col quadrato del raggio) la frontiera tra il noto e l'ignoto. Spesso si sente dire, anche, che la risoluzione di un problema ne apre molti altri. Se ciò dovesse corrispondere al vero, non c'è dubbio: non c'è partita, abbiamo perso in partenza e non arriveremo mai a quel traguardo che, da millenni, vorremmo tagliare vittoriosi.

Tra le molte parole che riguardano il nostro argomento due sono, a mio parere, di fondamentale importanza: *realtà* e *cervello*. La prima indica l'oggetto della nostra attenzione, la seconda lo strumento che usiamo per parlare della prima.

Non credo che sia molto facile dire qualcosa che soddisfi tutti sulla "realtà". Anche perché non sono affatto sicuro che quando diciamo, o pensiamo, *reale*, *realtà* si intenda, tutti noi, la stessa cosa. A questo proposito, molti dicono che, limitati come siamo, non possiamo avere accesso alla realtà, ma credo che ciò che possiamo vedere e capire del mondo che ci circonda abbia comunque almeno qualcosa a che fare con la realtà, intesa, nel senso più ovvio e normale di ciò che ci sta intorno.

Mi spiego. I nostri sensi hanno limiti severi, questo lo sappiamo. La nostra vista, per esempio, può rivelare le radiazioni elettromagnetiche che, all'incirca, hanno lunghezze d'onda comprese nell'intervallo tra 400 e 700 nm (1 nm = 10^{-9} m). Ma la scienza ha le prove per assicurare che questo intervallo è solo una piccolissima parte del campo delle lunghezze d'onda. Fuori di questa, verso le lunghezze d'onda minori ci sono l'ultravioletto, i raggi X, i raggi gamma fino alla lunghezza d'onda uguale a zero (zero escluso) e verso quelle maggiori ci sono l'infrarosso, le microonde, le onde radio fino alla lunghezza d'onda uguale all'infinito (escluso l'infinito). Se la nostra vista fosse tale da rivelarci le radiazioni elettromagnetiche anche di poco fuori dai suoi limiti il mondo ci apparirebbe completamente diverso da quello cui siamo abituati.

Questo, però, secondo me, significa che ciò che vediamo è soltanto una parte della realtà, non meno reale della sua totalità. Di una sinfonia posso sentire la sola parte dell'oboe, la quale sarà piccola e insignificante rispetto alla sinfonia nel suo complesso, ma non sarà "sbagliata" e qualcosa della sinfonia non potrà non dirmela. Ognuno, per mezzo dei suoi recettori di stimoli, si fa un suo quadro della realtà e tutti i quadri (parziali) sono reali, nel senso specificato or ora. Ciò che la farfalla coglie dell'universo non è meno o più reale di ciò che è capace di cogliere un pesce, o un gatto o un uomo. La scienza cerca di superare i nostri limiti sensoriali e di darci un quadro di quanta maggior parte della realtà possa raggiungere.

Detto ciò, va anche detto, però, che non è per niente facile stabilire che cosa *sia* la "realtà" (parziale o totale) perché, superata la soglia dei sensi (o degli strumenti di misura, è lo stesso), entra in gioco il cervello che interpreta e crea il quadro e dà significato ai segnali provenienti dal mondo. Ma se domandiamo a un fisico, o a un chimico, o a un biologo, o a un neuroscienziato, o a un informatico, cosa succeda nel cervello quando pensiamo, riceviamo risposte differenti e, oltre a ciò, nessuno di essi saprebbe dire (almeno per ora), con precisione, in quale relazione il cervello stia con la mente (la capacità di pensiero, di volontà) o con la coscienza (la consapevolezza di sé e del mondo).

Ed è proprio il cervello l'ostacolo fondamentale. Perché noi, cioè il nostro cervello, dovremmo poter valutare e giudicare l'azione, e quindi i prodotti, del cervello. Siamo nel bel mezzo di un processo nel quale il giudice deve giudicare se stesso.

Le difficoltà, anche se non così gravi, non sono finite. Ad esempio, dovessi dire cosa sia *veramente* un sasso, mi troverei veramente in un grande imbarazzo visto che sulla natura della materia si sta ancora discutendo. E se dovessi dire qualcosa della parola *spazio*, avrei altri problemi perché di spazi è stata immaginata una grande quantità, dai fisici, dagli astronomi, dai matematici, dagli artisti, per indicare anche cose molto diverse tra loro. Altrettanto imbarazzato mi sentirei se dovessi dire in maniera non approssimativa il significato di molti altri termini scientifici e della lingua comune.

Comunque, mi sembra necessario ammettere che, anche se spesso la nostra "immaginazione" riesce a descrivere in maniera soddisfacente fatti dell'esperienza sensibile, il sospetto che *l'universo di cui parliamo e scriviamo sia una nostra invenzione* è piuttosto forte e con questo libro mi propongo di mostrare *a chi non ne fosse già convinto*, la provvisorietà delle visioni umane sulla natura e sulla struttura dell'universo.

«Banale» commenteranno i miei (ex) colleghi, «chi non lo sa?». Certo, loro sì, lo sanno, però pochi lo dicono (specialmente nel nostro Paese che è sempre stato un po' bigotto) e, di conseguenza, la maggior parte della gente non lo sa. Raro, ad esempio, trovar scritto nei libri, penso in particolare a quelli di divulgazione, che sono quelli destinati alle "persone colte ma non specialiste", che il mondo di cui parliamo potrebbe essere, in ultima analisi, un fatto linguistico. Al massimo dicono che la realtà non è quella che sembra (ma poi ci rassicurano e ci dicono com'è).

I libri di divulgazione scientifica, in genere, non hanno dubbi e raccontano le cose del mondo con un sottinteso accompagnamento della marcia trionfale dell'Aida o della cavalcata delle valchirie. Nella gran parte dei casi hanno un carattere apologetico e in essi la divulgazione è un'elementare illustrazione dei risultati della scienza e della tecnologia i quali già portano – e chissà cosa non porteranno nel futuro! (vengono in mente le parole di Giacomo Leopardi «le magnifiche sorti e progressive») – quanto serve per essere padroni del mondo.

Ed ecco che la scienza dei libri per il grande pubblico, alla TV, nei giornali, nelle conferenze, è tutta sicurezze e conquiste a meno che non si tratti di documentari naturalistici che si limitano a illustrare cose che accadono, È come l'automobile, i vestiti, le biciclette, i quadri esposti al pubblico: un prodotto finito. Della confusione che spesso c'è nella creatività, nelle idee e nei gesti, nel sudicio delle officine, nel disordine degli atelier, nei contrasti tra i vari addetti alla produzione, nei pentimenti e nei rifacimenti, nelle rivalità, non si vede nulla perché nulla viene mostrato. La scienza nota al pubblico, come ogni altro prodotto dell'ingegno e della fantasia, è solo l'ultima frase del possibile racconto. Come se delle favole il pubblico sentisse soltanto il finale: "E vissero felici e contenti".

Oltre a ciò, quasi tutti i libri di divulgazione scientifica illustrano soltanto il frutto del lavoro dei maggiori scienziati (alcuni dei quali ritengono, addirittura, di sapere come pensa Dio)[2] tacendo quanto potrebbe diminuirne la grandezza: i dubbi, gli errori, le superficialità, le invidie, a volte le meschinità (in fondo, furono – o sono – anch'essi uomini con pregi e difetti). Discutono sulle meraviglie della scienza senza perdere tempo sulle sue disavventure, sulle vie traverse percorse e sulle difficoltà attuali. Se per caso lo fanno, minimizzano e sorvolano.

In definitiva, il divulgatore del tipo più diffuso non ha raccolto il senso profondo delle citazioni dalle quali abbiamo preso le mosse (né di molte altre simili), o se lo ha raccolto preferisce ignorarlo e fa apparire la scienza come la moglie di Giulio Cesare: perfetta. Di conseguenza, il pubblico, oltretutto, oggi quasi soltanto televisivo, è incapace di discutere e di apprezzare con senso critico quanto gli viene raccontato e un po' tutti sono convinti che se qualcosa è "scientificamente dimostrata" si può star solo zitti.

Invece la scienza è cosa umana, e non possiamo illuderci di arrivare suo tramite proprio al fondo delle cose, ammesso che un fondo ci sia o che non sia soltanto umano. È grave errore attribuire alla scienza significato e contenuti svincolati dall'uomo e non riconoscerle, invece, di essere "soltanto" una delle più belle e importanti cose create dall'umanità. Creazione, appunto. Proprio come diremmo dei lavori di Caravaggio, Wagner, Prassitele.

Il punto è proprio questo: la scienza è prodotto della mente. Se questa cambia, cambiano i prodotti. E questi, a loro volta, producono cambiamenti nella mente con conseguenti nuove visioni della realtà. Questo gioco ha un nome: evoluzione culturale e nessuno, immagino, sarebbe disposto a credere che quanto si dice oggi dell'universo, si dirà, tale e quale, tra 200, 500 o 1000 anni.

In *Spazio, tempo e gravitazione* (1920),[3] Arthur Eddington ha scritto:

Abbiamo scoperto che là dove la scienza si è spinta più innanzi e più lontano, la mente ha soltanto recuperato dalla natura ciò che la mente stessa vi aveva messo. Abbiamo trovato una strana orma sulle rive dell'ignoto. Per spiegarne l'origine abbiamo escogitato, l'una dopo l'altra, profonde teorie. Infine, siamo riusciti a ricostruire la creatura che aveva lasciato quell'orma. E, guarda, quell'orma è la nostra.

Non potrebbe essere proprio così? Oltretutto, nonostante l'impiego di una notevolissima serie di strumenti teorici e sperimentali, non possiamo eludere il nostro cervello, dal quale scaturisce ogni cosa di cui parliamo e al quale ogni cosa ritorna. E, se riusciremo a sbarazzarci di alcuni pregiudizi, non faremo una gran fatica ad accorgerci che, tutto sommato, non importano tanto i fatti, quanto le teorie costruite su di essi cioè che alla scienza non interessa tanto il cane, quanto il disegno del cane.

Vedremo dunque, come dicevamo, in breve sintesi, quanto è successo fin dalla protostoria, benché di essa si abbiano notizie attraverso "documenti" di pietra o frasi e componimenti mozzi o di difficile e non di rado alquanto arbitraria interpretazione archeologica.[4] In ogni modo, quei documenti non sono favole inventate e raccontate da "un'umanità bambina", sono attestazioni di una scienza adeguata a quei tempi, come la nostra lo è ai nostri. Ricorderemo, quindi, alcuni monumenti preistorici e alcuni miti riguardanti il cielo. Vedremo fiorire la civiltà greca e la vedremo passare dal tempo dei miti a quello del pensiero dei filosofi-naturalisti, a quello dell'ellenismo, seguito da più di un millennio occupato dal crescere (qui, in Occidente) del potere temporale e spirituale della Chiesa di Roma[5] dal quale, pur riconoscendo una rilevanza anche culturale al ruolo da essa svolto nella storia, verrà un mare di intolleranza e di perversione che imporrà all'Occidente un universo costruito da Dio a beneficio dell'uomo, suo *maximum opus*. Incontreremo poi la contestazione, cominciata sul piano filosofico e religioso, spostata in seguito su quello razionale e diventata presto la "rivoluzione scientifica" del Seicento, i cui straordinari sviluppi dei secoli successivi reclamarono nuovi universi. I quali, oggi, benché la gente non ne faccia caso, non sono pochi.

Quando Galileo Galilei ne *Il saggiatore*[6] scrisse il famoso passo:

> La filosofia è scritta in questo grandissimo libro che continuamente ci sta aperto innanzi agli occhi (io dico l'universo), ma non si può intendere se prima non s'impara a intender la lingua, e conoscer i caratteri, ne' quali è scritto. Egli è scritto in lingua matematica, e i caratteri son triangoli, cerchi, ed altre figure geometriche, senza i quali mezi è impossibile a intenderne umanamente parola; senza questi è un aggirarsi vanamente per un oscuro laberinto

in realtà, non cominciava a leggere quel "grandissimo libro" ma ne stava mettendo giù il primo capitolo. Quel libro, ormai di molti autori, non è ancora finito.

1. La scoperta del cielo

Una civiltà esordisce col mito
e termina nel dubbio.
Emil Mihai Cioran

Oggi, una notevole parte dell'umanità vive in un ambiente essenzialmente artificiale, determinato e dominato dalla scienza e dalla tecnologia. Anche quando, approfittando delle vacanze, si dice – e qualcuno crede – di tuffarsi nella natura troviamo spiagge, pinete, boschi, montagne che, per molti aspetti, sono quello che sono per merito o demerito della scienza e della tecnologia. La natura, la vecchia natura, quella di cui si favoleggia, è stata "pettinata" e si presenta bene, è accessibile ed è fruibile senza fatica e senza sforzi o sacrifici. Di fatto, però, viviamo in questo ambiente come gli uomini delle caverne vivevano nel loro, nel senso che come i cercatori-cacciatori di migliaia di anni fa vivevano delle cose che la natura offriva, senza sapere altro oltre al fatto che si trattava di cose commestibili o altrimenti utilizzabili, così noi viviamo di quello che l'ambiente scientifico-tecnologico ci offre, senza sapere niente di più – né, in genere, domandarcelo – del fatto che le cose che ci si trova intorno sono cose che possiamo utilizzare per vivere. Anzi, spesso accade di sentire utilizzatori accaniti di prodotti come automobile, televisione, telefono, riscaldamento, medicinali, bancomat che si "vantano" di non capire niente di scienza o di tecnologia.

In genere, l'uomo comune del cielo non sa cosa farsene salvo usarlo, al più, bisognoso ogni tanto di qualcosa-di-diverso-dal-solito, per andare al piazzale a godersi l'eclisse di Luna o, la notte di San Lorenzo, le stelle cadenti. Un po' di cultura, ogni tanto, ci vuole, se poi è anche divertente tanto di guadagnato. Una specie di happening con tanta gente, telescopietti, venditori di dolcetti per i più piccoli che a un certo punto gli viene sonno e qualcosa bisogna dargli per farli star quieti.

D'altronde (e non potrebbe essere diversamente poiché i governanti sono uomini come i governati e spesso – almeno dalle nostre parti – da questi eletti), gli Stati sostengono la ricerca scientifica mossi dalla sua utilità in termini di benessere e di potere, non dal fatto di vedere in essa un "valore".

Invece, l'uomo di centinaia di secoli fa viveva il cielo come una presenza quotidiana e fondamentale. Per lui, sulla Terra tutto era precario, il pericolo era nascosto ovunque: il fulmine incendia la foresta, il gelo uccide come la belva, il mistero toglie forza al corpo fino a farlo morire. Invece, il cielo del Sole, della Luna, delle stelle, era sempre lo stesso. Era l'unica sicurezza in un mondo caotico. In realtà, come gli alberi perdono le foglie e sembrano secchi, poi però rinascono e rifioriscono, così il Sole e la Luna andavano e venivano, la Luna assumeva addirittura forme diverse, però, poiché rispettavano regolarità, non incutevano timore.

Generazioni e generazioni accumulano osservazioni; sembrano insignificanti ma, memorizzate e sedimentate, alla fine producono importanti cambiamenti. L'archeologo Alexander Marshack ha trovato,[1] su un osso di 30 000 anni fa, segni incisi che sembrano notazioni del trascorrere di due lunazioni e un quarto. Ebbene, con grande probabilità, un individuo che campa in modo precario non molto più a lungo di quanto serve alla conservazione della specie non può aver fatto quella cosa, così, come si può fare un disegno sulla parete di una grotta. È necessario che 300 secoli fa il cielo fosse un luogo conosciuto da molto tempo, forse da millenni. In virtù di un rapporto quotidiano con gli eventi celesti, tutti gli uomini del Neolitico dovevano sapere del cielo molto più di quanto ne sappia, preso a caso, un uomo dei nostri giorni. A questo proposito, ci sono molti documenti – manufatti, dipinti, graffiti – ritrovati sulle rocce o nelle grotte.[2] Vanno dal primo Aurignaziano (39 000-34 000 anni fa) fin verso la fine dell'ultima glaciazione (15 000-11 000 anni fa) e al Mesolitico.

A quel tempo le costellazioni erano già state inventate. Senza quelle figure ideali, il cielo notturno è solo un guazzabuglio di punti luminosi, ma se si riesce a disegnarle, si possono ritrovare con facilità. E, in primo luogo, si scopre che il cielo ruota su stesso in un tempo breve (sarà il "giorno") e poi che le stelle fino a poco tempo fa visibili a occidente subito dopo il tramonto del Sole, adesso sono già tramontate, mentre, nello stesso tempo, a oriente, ne sono sorte altre, prima visibili solo quando era già buio.

Ma l'aspetto del firmamento non è cambiato in modo definitivo: a un certo momento, le figure scomparse riappaiono e la danza ricomincia. Dunque c'è anche un secondo tipo di rotazione del cielo, molto più lungo del primo (sarà l' "anno").

Inoltre, l'uomo, diventato curioso del cielo, si accorge che, durante la notte, tutte quelle figure – dunque tutto il cielo – si spostano girando intorno a un punto, perno del firmamento. Così fa pure quella fascia luminosa, una nuvola pallida e immensa, distesa da un capo all'altro del cielo, che un giorno sarà chiamata Via Lattea.

Per secoli il sapere dell'uomo non oltrepassa questo limite: intorno a un perno invisibile una cosa ruota senza fermarsi, mantenendosi sempre uguale a se stessa. Su quella cosa incomprensibile, in qualche incomprensibile modo, sono fissati tutti i punti luminosi (le stelle) – girano con lei – mentre il Sole, la Luna e alcune strane stelle (i futuri "pianeti", mistero nel mistero) si spostano più o meno lenti, talvolta con qualche esitazione, rispetto alle stelle mantenendosi, però, entro una fascia determinata da alcune costellazioni (sarà la fascia dello "Zodiaco").

C'è chi pensa di usare tutto ciò.[3] Il "perno celeste", infatti, diventa, un riferimento sicuro e l'uomo impara a orientarsi. Può allontanarsi dal villaggio camminando giorni e giorni, e se nell'andare va, ad esempio, verso il perno celeste, può tornare a casa se cammina volgendogli le spalle.

Anche le figure disegnate in cielo diventano risorse. Nei disegni rupestri di 20 000 anni fa ci sono la stella Aldebaran, le costellazioni del Toro e delle Pleiadi. Sono figure familiari per l'uomo delle caverne, sono strumenti, l'aiutano a vivere meglio. È successo dappertutto: lo Zodiaco, quasi lo stesso, si ritrova raffigurato in Persia, in India, in Tibet, in Egitto, in Madagascar, in Mali, in Scandinavia, nel continente americano.

Senza la fondamentale "invenzione" delle costellazioni – può sembrare un'ovvietà, e non lo è – possiamo essere quasi sicuri: l'astronomia non sarebbe nata già in quei tempi remoti. E comunque non ci si accorge in poco tempo che i pianeti visibili a occhio nudo non sono stelle come le altre (Saturno è lentissimo: percorre la sua orbita intorno al Sole in quasi trent'anni). Ma pur quando si sia riusciti a sospettarlo, è necessario prendere come riferimento le stelle dello sfondo e seguirli a lungo prima di chiamarli, come a un certo punto fu fatto dai Greci, πλανήτης (*planetes* = vaganti), un nome arrivato fino a noi, attraverso il latino *planeta*.

Anche altri fatti si impongono all'attenzione: prima l'ombra di un albero, di un qualsiasi oggetto, e poi di un bastone piantato in terra verticalmente cambia durante la giornata: si sposta, s'allunga, s'accorcia. Viene osservata (come verrà fatto di pensare certe cose?) per giorni e giorni. E a un certo punto è sicuro: quando il Sole raggiunge la massima altezza sull'orizzonte, l'ombra del bastone cade sempre su quella linea che un giorno venne l'idea di tracciare in terra proprio nel momento in cui l'ombra ha la lunghezza minima in quella giornata. La sua direzione coincide con quella diretta al piede della verticale abbassata dal perno celeste sull'orizzonte: sarà la "linea meridiana" e i suoi punti estremi sull'orizzonte saranno il Nord dalla parte del perno celeste, e il Sud dalla parte opposta. Prima o poi arriva il giorno in cui qualcuno pensa di tracciare in terra la linea perpendicolare a questa meridiana e di chiamare Est e Ovest i suoi punti estremi sull'orizzonte.

A forza di osservare il cielo, il nostro "primitivo" nota che nel corso dell'anno il Sole sorge e tramonta in punti sempre diversi dell'orizzonte, ma in questo continuo variare individua regolarità impensate. Ad esempio, due momenti speciali: nel primo (sarà il solstizio d'estate), il punto dell'orizzonte in cui il Sole sorge è diametralmente opposto a quello in cui tramonta nel secondo (sarà il solstizio d'inverno), mentre in questo, il punto in cui il Sole sorge è diametralmente opposto a quello in cui tramonta nel primo. A metà strada tra questi punti estremi, si trovano proprio, da una parte il punto Est e dall'altra il punto Ovest. Nell'anno, ci sono solo due momenti in cui il Sole sorge nel punto Est e tramonta nel punto Ovest (saranno gli equinozi, di primavera e d'autunno).[4]

Qualcuno – un isolato? un gruppo? – nota il variare da giorno a giorno della lunghezza minima dell'ombra del palo: è corta d'estate, lunga d'inverno.

E il tempo passa e pian piano si precisa il percorso annuale del Sole tra le costellazioni. Che non è parallelo a quello delle stelle. Nel giorno del solstizio d'estate, il Sole è nel punto più alto dello Zodiaco, in quello d'inverno è nel punto più basso e il cammino "inclinato" del Sole tra le stelle *spiega*, col suo trascorrere tra solstizi ed equinozi, il cambiare delle stagioni. Quei quattro punti diventano i pilastri della "Terra quadrangolare".[5]

Per scoprire tutto ciò all'uomo "primitivo" è bastato un bastone piantato verticalmente in terra, molta pazienza e un grande acume.

Adesso il cielo comincia a diventare familiare: nessuno saprebbe ancora dire le ragioni per cui le cose procedono in quel modo, ma le regolarità osservate e assodate da secoli permettono di prevedere molte cose e di immaginarne molte altre. E, come qualcuno aveva già sospettato nel passato remoto, può darsi davvero che il cielo non sia soltanto "mondo", come le montagne e il mare; forse bisogna andare oltre le apparenze, e chissà quante altre cose potranno essere scoperte se si continuerà a osservare con attenzione il suo lento mutare e ritornare a essere quello che è stato. Ci sono cicli temporali lunghissimi a regolare l'esistenza del mondo? Cominciano a sbocciare visioni cosmiche, ancora informi, abbozzi. Col tempo – secoli – prenderanno corpo e diventeranno pensiero sicuro.

Come sia successo agli uomini di cominciare a raccogliere dati e organizzarne la registrazione non è facile immaginarlo. Di certo fu un processo millenario, di popoli, non l'effetto della mania di un singolo collezionista di dati curiosi. E ciò comporta l'esistenza di scuole, di maestri, di eredi del loro insegnamento, di un sapere trasmesso di generazione in generazione e arricchito da nuovi dati e nuove esperienze. Implica essere convinti dell'utilità e del significato delle notizie e dei dati che raccogliamo e che lasciamo dietro di noi. E tutto ciò mentre si vive quasi alla giornata, in quelle che noi, oggi, definiremmo condizioni pressoché disumane.

Quando apparvero le più antiche civiltà mesopotamiche, molti dati riguardanti il cielo, raccolti nei millenni e in gran parte raccontati nei miti, erano già disponibili.

2. C'era una volta il mito

"L'intelligenza" umana[1]

Penso, ora, al piccolo *Homo floresiensis*, del quale sono stati rinvenuti i resti nel 2003 nell'isola indonesiana di Flores, i cui antenati devono risalire a più di un milione di anni fa. Simile ad altri ominidi africani, era diverso sia dall'*uomo di Neandertal* sia dall'*Homo sapiens*. Pur non arrivando al metro di altezza e con un cervello di 380 cm^3, meno di quello di uno scimpanzé, conosceva il fuoco e sapeva cacciare e lavorare la pietra come *Homo sapiens*, arrivato sull'isola solo 45 000 anni fa. In altre parole, il *floresiensis* aveva capacità logico-deduttive attribuite di solito a specie apparse in tempi molto più recenti. D'altronde, i manufatti di pietra del Pleistocene inferiore testimoniano come, già a quell'epoca, la costruzione di utensili non fosse un fatto occasionale e come circa un milione di anni fa lo sviluppo cerebrale avesse già raggiunto il livello tipicamente umano.[2]

Oltre a ciò, il clima glaciale in cui sono vissuti l'uomo di Neandertal e il Sapiens, l'esposizione alle malattie, la scarsità di cibo, la povertà di rifugi, la lotta con gli altri animali, mostrano come l'uomo primitivo, una specie non dotata di zanne o artigli né di notevole forza muscolare o velocità, se fin dalla sua comparsa non avesse posseduto l'arma impareggiabile dell'intelligenza non avrebbe avuto un gran futuro. Anzi, proprio il grande numero di problemi da lui affrontati e risolti,[3] potrebbe far attribuire a quei primi uomini, raccolti (divisi) in piccoli gruppi, addirittura un'intelligenza superiore a quella dell'uomo attuale.

Comunque, tenendo presenti pure gli oggetti tratti di sottoterra dagli archeologi, è quasi obbligatorio ritenere l'intelligenza
un carattere della specie umana esistente *fin dall'inizio*. "L'uomo
primitivo" non era dotato di un pensiero fanciullesco, era un essere "intelligente".

Fino al 10 000 a.C. circa, la ricerca del cibo fu l'occupazione
principale dell'uomo. L'invenzione dell'agricoltura consentì la
produzione di alimenti e la loro conservazione. La produzione
di cibo aumentò e con questa aumentò la popolazione e si formarono società strutturate. In alcune migliaia di anni "l'intelligenza del gruppo" divenne più importante di quella individuale.
Oggi, ad esempio, l'uomo medio non ha quasi alcun bisogno di
essere intelligente. Ci sono gruppi – politici, industriali, economisti ecc. – i quali pensano e decidono per tutti (e spesso piuttosto male), e la pubblicità insieme ai vari "persuasori occulti"
fanno il resto. Si arriva addirittura al punto di convincere la
gente che la guerra – feriti, disastri, morti, sofferenze e miserie
di ogni tipo – serve alla pace e può avere risvolti positivi molto
più importanti di quelli negativi, troppo evidenti.

Un gruppo di persone del nostro tempo in numero equivalente a quello dei componenti di una tribù di neandertaliani e
costretto a vivere come quei nostri lontani progenitori, con grande probabilità soccomberebbe. Non si inventa un'arma di selce,
così, dal dire al fare. Occorrono secoli di lotte con le belve a colpi
di bastone e poi con lance di legno, finché scaturisce l'idea della
scure. E altro tempo è richiesto per l'evoluzione verso nuovi modelli fino alla scure di selce lavorata e poi, via via, di bronzo, di
ferro. L'inventore della lancia con la punta di selce doveva avere
un'intelligenza simile a quella di Thomas Edison, se non superiore. E così chi inventò l'arpione, il giavellotto o l'arco, la tele-arma
che, corredata di frecce, evitò all'uomo la lotta corpo a corpo,
facendolo diventare un concorrente formidabile nella lotta per
la vita.

Dapprima molto lenta, poi variabile con fasi di stagnazione o
di involuzione dipendenti da stress sociali e pestilenze, l'evolu-

zione culturale – non quella dell'intelligenza! – ha assunto negli ultimi secoli valore e ritmi senza precedenti.

Il linguaggio della sapienza moderna

Il quarto paragrafo de *Sull'elettrodinamica dei corpi in movimento,* che pone le basi di quella che divenne la *Teoria della relatività ristretta* (1905), di Albert Einstein[4] comincia come segue:

> Consideriamo una sfera rigida – cioè un corpo che, esaminato in quiete, abbia forma sferica – di raggio *R*, in quiete relativamente al sistema mobile *k* e centrata nell'origine delle coordinate. L'equazione della superficie di questa sfera, che rispetto al sistema *K* è in moto con velocità *v*, è $\xi^2 + \eta^2 + \zeta^2 = R^2$ [...].

Se invece, prendiamo in considerazione la biologia, in Luc Montagnier[5] possiamo leggere:

> L'Organizzazione Mondiale della Sanità ha formulato alcune raccomandazioni precise per l'interpretazione dei test Western blot che vengono utilizzati a livello internazionale. La positività è legata alla presenza obbligatoria di anticorpi contro le glicoproteine esterne gp10, gp120 e transmembraniche gp41, e/o a quella di anticorpi contro le proteine interne [...].

Sono due passi elementari della letteratura scientifica moderna, difficili se non si hanno le giuste chiavi di lettura. Di fatto le scienze e le tecnologie si sviluppano anche grazie a linguaggi speciali dai quali vengono nuovi significati per parole già note o nuovi termini e simboli, usabili, quasi sempre, soltanto nell'ambito in cui nascono.[6]

Nel primo dei due passi si impiega il simbolismo matematico. Se non si conosce, può dare l'impressione che appesantisca la frase. In realtà è vero il contrario: quei simboli rappresentano un modo conciso – e preciso – di esprimersi e, oltre a essere indispensabili all'attività del fisico, sono carichi di significato. Una frase costruita con simboli matematici può avere un'icasticità – cioè una capacità di descrivere con immediatezza ed efficacia rappresentativa – impossibile al linguaggio comune. A nessuno può sfuggire la magia di due formule semplicissime: $E = mc^2$ e $v = H_0 d$ le quali raccontano, la prima, una proprietà fondamentale della materia e, la seconda, l'espansione dell'universo.[7]

Un commento del tutto simile si potrebbe fare per il secondo esempio.[8] Attività scientifiche diverse usano linguaggi differenti. Per questo motivo due scienziati "medi" non impegnati nella stessa disciplina[9] non potrebbero raccontarsi qualcosa del loro lavoro senza ricorrere a quella specie di esperanto scientifico proprio della più o meno alta divulgazione scientifica.

Il mito, linguaggio della sapienza remota

"Mito" viene dal greco *mythos* e significa "racconto", "storia". Narra le vicissitudini del mondo e degli uomini e usa la metafora. Tuttavia per chi lo vive il mito non è favola, è realtà, come è reale il pane.[10] I saperi antichi sono raccolti nei miti. Ecco due passi del *Ṛg-Veda*, il più antico testo letterario del mondo Ario, le cui prime parti risalgono al secondo millennio a.C.:[11]

> Racconterò le valorose gesta di Indra, che compì la prima di esse sotto forma di folgore. Egli uccise il drago, liberò le acque e scavò un letto ai torrenti della montagna. Il cielo tremò alla nascita del tuo splendore; la Terra tremò per paura della tua collera. Le salde montagne furono scosse, le acque fluirono e le aride terre vennero inondate [...] egli uccise il drago che giaceva sulla montagna [...].

E in un passo dalla letteratura cinese antica[12] si trova:

> In tempi remoti Kung Kung lottò con Chuan Hsü per l'Impero. In-

collerito, egli percosse la Montagna che non ruota, i pilastri del cielo si ruppero, i legami con la terra si spezzarono, il cielo si inclinò a nord-ovest; così il Sole, la Luna, le stelle e i pianeti si spostarono, e la Terra si svuotò a sud-est.

A chi legge senza preparazione adeguata e con scarsa disponibilità d'animo, questi passi possono sembrare soltanto racconti fantasiosi e poetici, privi di riferimenti con la realtà, propri del tempo – come si usa dire con un certo orgoglio – "pre-scientifico".

Ebbene nel mito vedico Indra è la divinità celeste (l'analogo di Zeus), mentre il drago rappresenta le forze della natura. Il mito evoca un "fatto" unico, occorso nella notte dei tempi: la folgorazione di Vrtra, divinità ctonia, il serpente-drago di ghiaccio che impedisce la vita imprigionando le acque della montagna, perché non fertilizzino il mondo. Gli Inni sacri del *Rg-Veda* ricorderebbero cioè la fine dell'era glaciale e l'inizio della fase della storia umana avviata all'agricoltura, alle società del Neolitico e, nel tempo, ai grandi imperi del Medioriente.[13]

Il passo cinese, invece, si riferisce al grandioso fenomeno della precessione degli equinozi, lo spostamento del "perno celeste". Ci sono vari miti, provenienti da culture più o meno lontane tra loro, in cui si narra l'abbattimento della stella del polo celeste[14] e in questo passo si parla del polo dell'eclittica, non individuato da nessuna Polare, fisso nel tempo e più importante del polo celeste il quale, con enorme lentezza, gli ruota intorno.

Il linguaggio scientifico è senza dubbio più adatto a evitare equivoci, ma le osservazioni dei tempi remoti non sono paragonabili a quelle moderne e molti fenomeni erano del tutto ignoti. Ad esempio, la precessione degli equinozi nei termini a noi usuali non era nota. Perciò si parla della rottura dei pilastri del cielo. E a noi, incapaci di parlare o di intendere il linguaggio del mito, sembra solo frutto di fantasia.

Ricordiamo ancora l'*Epopea di Gilgameš*, primo poema epico della storia (III millennio a.C.). Narra le imprese del mitico re sumero della città di Uruk. Eroe tragico vuole la vita eterna e la conoscenza. La ricerca dell'uomo a cui è noto il segreto dell'immortalità lo porta all'antico re di Šuruppak, Utanapištim, il Noè della Mesopotamia, il quale gli racconta come, grazie all'intervento di Ea (o Enki), divinità dell'acqua (del mare e dei laghi), sia sopravvissuto insieme ai suoi familiari, ai suoi servi e ai suoi animali al diluvio universale voluto dal dio Enlil per sterminare il genere umano. In sogno, Ea gli aveva dato precise istruzioni su come costruire "l'arca" della salvezza.

Importanti sono le dimensioni e la forma del battello: si deve trattare di un cubo perfetto, con la base di un *ikû*, l'unità di misura sumerica delle superficie agrarie pari a 3600 m², dai numerosi significati magici, a partire dal nome, proveniente da quello del Quadrato di stelle brillanti della costellazione di Pegaso, il mitologico cavallo alato.

Nel V millennio a.C., gli equinozi di primavera e d'autunno cadevano, l'uno, nella costellazione dei Gemelli, l'altro, in quella del Sagittario (oggi in quelle dell'Ariete e della Bilancia), entrambe nella Via Lattea, la dimora delle anime, che le collega come una sorta di ponte, sovrastando la stella polare di quel tempo (situata nella coda del Drago).

Attraversato dalla linea congiungente le costellazioni della Vergine e dei Pesci (in cui, all'epoca, cadevano i solstizi) e sopra il "ponte" della Via Lattea, risplende il Quadrato di Pegaso, considerato dai popoli mesopotamici un luogo magico legato alla creazione del mondo, il luogo dell'armonia universale, il Paradiso, il "campo primordiale" origine di ogni misura e residenza di An, il dio Cielo dei Sumeri.[15]

Se si riesce a lasciare da parte la "favola", è evidente che le conoscenze del cielo contenute in questo solo racconto non possono essere state elaborate in una serata di serena e piacevole contemplazione del firmamento.

Un'ultima osservazione. La conoscenza dei fenomeni celesti era una delle basi del potere, in mano ai regnanti e ai sacerdoti i quali dovevano (volevano) mantenere l'altissimo privilegio della conoscenza. Il linguaggio mitico, più o meno oscuro, un po' come il "latinorum" che fino a non molto tempo fa aleggiava sui fedeli cattolici, indubbiamente aiutava. L'uomo comune doveva ignorare certe cose, in quanto il sapere crea soltanto difformità di opinioni e confusione.

Fu così per molto tempo. Il pensiero sviluppato dalla scuola pitagorica (VI secolo a.C.), ad esempio, rimaneva segreto tra i pitagorici e la conoscenza era considerata una via di elevazione spirituale e questo è un concetto immutato in Vettio Valente (II secolo), il quale, nell'ambito della tradizione mantica (cioè dell'arte della divinazione) e oracolare, dice:[16]

> Per quanto riguarda tutti questi argomenti e questo libro, è necessario richiedere un giuramento a coloro che li leggono, affinché conservino ciò che apprendono con prudenza e come cosa che appartenga ai misteri.

Parole pressoché identiche si trovano nel *De revolutionibus orbium caelestium* di Niccolò Copernico,[17] il quale non fu certo l'ultimo degli abitanti della "turris eburnea" della conoscenza. Anche lui esita a lungo prima di decidersi a dare alla luce i suoi commentari scritti perché teme lo spregio di «coloro che, [...] per l'ottusità del loro ingegno, si muovono tra i filosofi come i fuchi tra le api».

Il latino, un po' come l'inglese di oggi, o il francese dell'Ottocento, era, allora, la lingua che univa quasi una specie di umanità superiore, le classi colte, i dotti e le persone educate, ma era anche lo strumento che permetteva di non confondersi col volgo (ignobile) al quale non era il caso di dare in pasto le bellezze del sapere. I sapienti scrivevano in latino e Galileo che, volendo essere letto da chiunque, usò il volgare, dette scandalo.

3. L'invenzione dell'universo

Quando sulle tavolette di argilla fu incisa l'epopea di Gilgameš, già da molti secoli c'erano astronomi. Lavoravano con costanza, consapevoli di indagare sul mondo, alla ricerca di un "cosmo", di un "ordine" per dare senso a tutto ciò che, all'apparenza caotico, succedeva in loro e intorno a loro.

Avevano accumulato dati. Ora c'era uno strano bisogno di spiegarseli, di inventare l'universo.

E quel "cosmo" fu trovato. Come, seppur diverso, fu sempre trovato in seguito. Cambiò nel tempo come conseguenza dell'accumulo di nuove conoscenze e nuove immaginazioni, ma ogni generazione *seppe* qual era. Ognuna ebbe la sua "verità", pur piena di dubbi e domande rimaste prive di una risposta adeguata. Di conseguenza, la ricerca di quel "cosmo" non ebbe soste, mai, nemmeno quando sembrò perdersi dietro strane e fumose teorie. Continua ancora oggi, né si intravede il raggiungimento della comprensione completa.

Nel vicino Oriente

Intorno al 10 000 a.C. termina la glaciazione Würm, durata 60 000 anni. La popolazione mondiale conta solo alcuni milioni di individui, ma l'uomo è pronto a impadronirsi del pianeta rinnovato. Inventa l'agricoltura[1] e in breve la ricerca del cibo non è più per lui quell'attività tormentosa che l'aveva reso simile agli altri animali, sempre in cerca di sostentamento. Ora impiega la maggior parte del suo tempo nella costruzione di armi e utensili, nel fabbricare vasellami e vestiti, preparare e riparare rifugi, migrare dietro le mandrie di animali e coltivare cereali. Però, è un animale intelligente e industrioso e non si limita a questo. Ha fantasia, riflette e crea. Comincia a vivere in gruppi sempre più organizzati, inventa la distribuzione del lavoro e diventa padrone del tempo, non più susseguirsi di giornate di sola sopravvivenza. Costruisce insediamenti fortificati i quali, tra il VI e il IV millennio a.C., diventano le prime città-stato sumere: Uruk, Eridu, Larsa, Kish, Nippur, la mitica Ur, patria di Abramo.

Circa nel 3000 a.C., popolazioni delle zone montuose del nord e dell'oriente mesopotamico si uniscono nel meridione, nella regione compresa fra il Tigri e l'Eufrate, e nasce la civiltà sumera. Il primo re di cui abbiamo notizia è Etana, re di Kish, e l'anno è all'incirca il 2800 a.C. Più o meno un secolo dopo, a Uruk regna Gilgameš.

I Sumeri inventano la scrittura[2] e danno così inizio alla Storia. Scrivono in caratteri cuneiformi su tavolette di argilla (ne sono state recuperate decine di migliaia),[3] di pietra, di cera, di metallo. L'evoluzione culturale diventa quasi impetuosa.

In questa parte del mondo comincia una lunga serie di lotte e di integrazioni di popoli. Sulla scena grandi regnanti: Hammurabi, il legislatore; Shamuramet, la leggendaria Semiramide, Sargon II, che fonda la biblioteca di Ninive, Assurbanipal, che la trasforma nella più grande biblioteca dell'antichità, Ciro il Grande, Dario I, Alessandro Magno e la dinastia dei Seleucidi.

In questa regione c'è sempre stato chi si occupa del cielo. Gli antichi Caldei venerano dèi celesti antropomorfi. Da tempo immemorabile, registrando le posizioni dei pianeti tra le stelle, hanno individuato i "grandi cicli" planetari: periodi di tempo alla fine dei quali il percorso di un dato pianeta si ripete: ad esempio, il grande ciclo di Saturno è di 59 anni, quello di Venere di 8. Così, costruiscono tavole con le quali si può sapere, in qualsiasi momento, in quali punti della sfera celeste si possono trovare i pianeti. Il grande ciclo della Luna, di 18 anni e 11 giorni, è detto "Saros", il cui significato è, appunto, ripetizione. Ogni 18 anni, Sole, Luna e Terra si ritrovano (quasi) nella medesima configurazione e questo dà la possibilità di prevedere le eclissi di Luna e ricavarne, come fanno i sacerdoti caldei, grande prestigio e potere. Molto più difficile, quasi impossibile, invece, prevedere un'eclisse di Sole, pur disponendo di innumerevoli registrazioni del passato.[4]

Viene individuato un "grande anno delle Pleiadi" (così lo chiameranno i Greci, mentre nel Rinascimento sarà "l'anno platonico"), quei circa 25 900 anni impiegati dall'asse terrestre per compiere una rotazione completa intorno all'asse dell'eclittica.[5] Verso il 2500 a.C. le Pleiadi sorgono all'equinozio di primavera insieme col Sole, poi, per effetto della precessione degli equinozi, sorgono sempre più presto e sempre più distanti dall'equatore celeste. Torneranno a sorgere insieme col Sole nel 23 400 circa chiudendo così il "grande anno delle Pleiadi", già argomento dei miti arcaici, i quali raccontano di come il perno celeste venga rimosso e come, pertanto, la sfera delle stelle fisse non avrebbe sempre girato intorno allo stesso perno.[6, 7]

Lo scorrere del tempo viene misurato dal moto dei corpi celesti. Sono dèi e reggono le sorti dell'universo.[8] Dal moto delle stelle viene il *giorno siderale*; dal ritorno del Sole (del dio-Sole) nel punto più alto della sua traiettoria giornaliera, il *giorno solare*; dal ripetersi del ciclo delle fasi lunari (del dio-Luna) il *mese lunare*; dal ritorno del Sole nello stesso punto dello Zodiaco l'*anno solare*.

Non stupisce, quindi, l'alto livello degli studi matematici. Ai Babilonesi risale, oltre all'invenzione del sistema sessagesimale, quella del famoso "teorema di Pitagora". Lo attesta una tavoletta del 1700 a.C. sulla quale è disegnato un quadrato. Su un lato c'è il numero 30, e sulla diagonale i due numeri 42,426388 e 1,414213 (la radice quadrata di 2) ottenuta dal rapporto fra 42,426389 e 30.[9] Inoltre, i Babilonesi possiedono tavole di moltiplicazione e tavole dei quadrati, sanno risolvere le equazioni quadratiche e conoscono numerosi altri aspetti dell'algebra.[10]

Della scoperta angosciante e inebriante del cielo viene data ragione inventando un universo limitato da una sfera ruotante in modo uniforme intorno all'asse del mondo, sulla quale ci sono le stelle fisse. La Terra è al centro, e l'uomo è un microcosmo inserito in questa enormità. È uno scenario bellissimo, e forse non è difficile immaginare lo stato d'animo del sacerdote in estatico silenzio sulla terrazza più alta di una ziqqurat, la grandiosa torre-tempio a gradoni della civiltà assiro-babilonese.

Studia il cielo e vive quasi in simbiosi con esso, felice di essere travolto dal mistero del mondo, una condizione di spirito che mi piace immaginare simile a quella che Dostoevskij fa provare al suo Aleša Karamazov:[11]

> L'anima sua, piena d'estasi, aveva sete di libertà, di spazio, d'infinito. E su di lui si riversava larga, senza limiti, la volta del cielo piena di piccole e immote e scintillanti stelle. Dallo zenit all'orizzonte si diramava ancora indistinta la Via Lattea. Una notte fresca e quieta, tanto da apparire del tutto immobile, abbracciava la Terra. [...] Terra e cielo parevano aver confuso insieme il loro silenzio, e il mistero della Terra e quello degli astri apparivano come un unico mistero... Aleša stava a contemplare, e ad un tratto cadde giù come falciato, e giacque per terra disteso. [...] Era come se tutti i fili degli innumerevoli mondi di Dio fossero congiunti alla sua anima, che ora vibrava tutta "agli altri mondi congiunta". [...] qualcosa di ben saldo e immutabile, simile alla volta del cielo, penetrava nell'anima sua.

I Sumeri ne sono convinti: l'universo è governato da una legge. E poiché esiste la legge, deve esserci chi la fa. Il luogo delle divinità è il cielo. Osservarlo, studiarlo è comprendere l'essenza degli dèi, immortali come immortale è l'universo. Gli dèi sono proprio gli astri e nasce l'astrologia. Nei secoli seguenti, l'universo sarà un organismo governato da una legge superiore. L'influenza degli astri (degli dèi) sui destini dell'uomo fa parte del quadro perché se l'universo è centrato sulla Terra, se tutto le ruota intorno, l'uomo, non può non essere che il centro dell'attenzione degli dèi.

Mario Rigutti

Come scrive Citati:[12]

> Gli astri degli antichi non attraversavano il cielo ignari delle nostre sorti, come gli astri che oggi contempliamo negli spazi. Una catena di influenze, di analogie, di echi, di rassomiglianze scendeva dalle stelle fino alle nostre membra, agli alberi, alle pietre: determinava le nostre passioni; e dai cuori e dalle membra umane, dalle pietre e dagli alberi risaliva fino alle stelle, costruendo un'unica scienza delle relazioni, che era anche una cosmologia.

L'assidua osservazione dei fenomeni celesti è voluta dai potenti in quanto l'astrologia non annuncia l'inevitabile, rivela le "inclinazioni"; e dunque, in caso di previsioni avverse, si può cercare il modo di migliorare il destino.

Il cristianesimo conserva varie convinzioni dell'astrologia mesopotamica arrivate attraverso il giudaismo. Basti ricordare il passaggio dell'equinozio dal segno dell'Ariete a quello dei Pesci. Fu accolto ovunque come l'inizio di un rinnovamento epocale e non dovrebbe essere un caso se il Messia, preannunciato dalla stella di Betlemme,[13] giunse poco dopo l'inizio di quell'età nuova. Utilizzando l'ideogramma del pesce i cristiani si riconoscevano tra i pagani. Inoltre, pur rifiutando (con lo scopo di salvare il libero arbitrio) il fatalismo della divinazione attraverso gli astri, "l'astrologia genetliaca" non fu condannata. Le fu attribuito un carattere di congettura.[14]

Nella silenziosa piana di Salisbury

Con un volo di 4500 km andiamo da Bassora a Stonehenge, a circa 120 km a ovest di Londra. Saremmo potuti andare a Carnac, in Bretagna, o a Mid Clyth, in Scozia, o al sito di Callanish, nelle Ebridi, o nella valle del fiume Boyne, in Irlanda, o in molti altri luoghi dell'Europa occidentale e nordica e si sarebbe aperta la stessa finestra sul mondo dei megaliti, così chiamati da Algernon

Herbert nel 1849,[15] i colossali monumenti di pietra (i dolmen, o tombe megalitiche a camera singola o sepolture collettive; i menhir, monoliti di pietra infissi verticali nel suolo; i cromlech, monumenti megalitici circolari) rinvenuti pure in Asia, in Africa, in Europa. Ho scelto Stonehenge, il gigantesco cromlech perché, benché ferito e mutilato, è il più noto e il più studiato con i metodi dell'archeoastronomia moderna ed è così imponente da essere l'esempio insuperato di questo tipo di cultura europea.

Contrariamente a quanto ritenuto un tempo, la preistoria europea non ha visto solo barbari semiselvaggi o rozzi primitivi (Giulio Cesare li dipinse quasi come animali). Secondo il pregiudizio, né Stonehenge né gli altri monumenti simili potevano essere farina del sacco europeo, bensì della civiltà orientale che lentamente si diffondeva verso occidente. I primi scritti sull'argomento risalgono al XVI secolo, poi ci furono i rilievi del 1666 di John Aubrey, le fantasie poetico-religiose "druidiche" di William Stukeley, le ricerche successive. Ma l'impressionante cromlech di Stonehenge non poteva essere opera di «barbari urlanti che si dipingono la faccia di blu».[16] E nel 1947, il chimico Willard Frank Libby propose un metodo, poi migliorato da Hans Suess, per la datazione assoluta di reperti organici (ossa, legno, semi, carta, papiri) o inorganici purché prodotti da organismi viventi (conchiglie, gusci d'uovo). Il metodo sfruttava il decadimento radioattivo dell'isotopo 14 del carbonio[17] e stabilì che Stonehenge esisteva prima dell'arrivo di qualsiasi suggerimento proveniente dall'Oriente. Infatti, le piramidi egizie furono erette, come evoluzione della tomba a mastaba, a partire dal XXVII secolo a.C., e le ziqqurat dei Sumeri comparvero dal XXV secolo a.C. mentre la cultura dei megaliti – dai menhir allineati secondo direzioni significative, ai cromlech e ai dolmen, anch'essi orientati, in generale, secondo direzioni astronomiche – si manifestò in Europa fin dal V millennio a.C. L'immane lavoro di Stonehenge cominciò all'inizio del III millennio a.C.[18]

Stonehenge è fatto con pezzi di roccia montana, pesanti fino a 50 000 kg, e fuoriescono da terra per 6-8 m. Le pietre sono di due tipi: la sarsen, più dura del granito, proveniente dalle dune di Marlborough distanti circa 30 km da Stonehenge, e un'arenaria azzurra originaria dei monti di Preselly, a circa 240 km. I grandi monoliti di sarsen sono squadrati con cura, e i possenti architravi sono collegati ai montanti con incastri a mortasa. Oltre a ciò sono legati tra loro da giunzioni di tipo maschio-femmina. L'intero complesso di monoliti, disposti secondo un progetto architettonico evidente, sorge in un luogo in cui di roccia non c'è neanche l'ombra.

Come sono state trasportate quelle grandiose pietre da luoghi così distanti da Stonehenge, lungo un percorso ostacolato da colline e barriere d'ogni genere? Il loro spostamento ha richiesto centinaia di uomini, una capacità di organizzare il difficile lavoro, difficile anche da immaginare, e una continuità stupefacente della volontà di realizzare un obiettivo secondo un progetto rimasto valido nei secoli. L'analisi del monumento non consente, infatti, di pensarlo come frutto della sovrapposizione più o meno casuale di azioni e progetti scoordinati tra loro.

Ci vuole altro per ritenere che Stonehenge non sia opera dell'uomo? Fu, infatti, avvolto da leggende, frutto di magia (del mago Merlino, ad esempio), prodotto di forze sconosciute. Quelle colossali pietre possedevano poteri soprannaturali ed ebbero nomi da favola come "Pietre delle Fate" e "Danza dei Giganti".

I costruttori di Stonehenge non furono i Celti, come fu supposto, perché essi arrivarono in Inghilterra solo alla fine dell'età europea del bronzo (VII secolo a.C.) e non costruivano "luoghi sacri". Per loro, la madre di tutto era la natura stessa: le rocce, le acque, il Sole, le piante, gli alberi in modo particolare, nati dalla terra e nutriti dall'acqua, i quali tendono verso l'alto, verso il Sole. E dalla natura veniva l'energia presente in tutti i processi di creazione e di distruzione. Quindi, i loro templi erano luoghi – fonti o boschi sacri – in cui con la guida dei loro sacerdoti, i druidi, si realizzava l'incontro con il divino. Tra le molte piante sacre dei boschi c'era, in primo luogo, il frassino, e un frassino era l'imponente Yggdrasill della mitologia norrena e germana, l'asse del cosmo dal tronco diritto, le radici affondate nell'acqua feconda dei primordi. Esso preservava l'assetto assegnato al mondo.

Stukeley fu il primo ad attirare l'attenzione sul viale che conduce al complesso di Stonehenge. Visto dal monumento è diretto al punto dell'orizzonte in cui il Sole sorge nel giorno del solstizio estivo. In seguito fu stabilito che i componenti più grandi della parte centrale del cromlech, i cosiddetti "triliti" (due pietre ritte e un architrave), erano stati eretti con l'intento di ottenere un vero e proprio calendario.

Nel 1812, il libro di Richard Colt Hoare *The ancient history of Wiltshire* presentò la mappa più precisa del complesso. Poi, verso la fine dell'Ottocento, grazie all'astronomo Sir Norman Lockyer,[19] considerato il padre dell'archeoastronomia, le ricerche sull'età e sul significato di Stonehenge e di altri cerchi di pietre ebbero nuovo impulso e proseguirono nel corso del Novecento. Oggi è certo: Stonehenge si è sviluppato in più riprese e nella parte più antica sono stati trovati resti umani cremati[20] risalenti al 2200 a.C. circa.

Poiché nel mondo in cui Stonehenge è stato costruito non si scriveva, nessuno ha potuto dare una risposta a numerose domande, come poté fare invece Snorri Sturluson, poeta erudito di formazione cristiana vissuto fra il XII e il XIII secolo, con i problemi interpretativi di rune, poemi eddici e scaldici e saghe islandesi.[21] Quindi, su Stonehenge, siamo ancora ai "forse". Come vogliono alcuni, fu soltanto un luogo di sepoltura di capi defunti? I resti trovati potrebbero dire proprio questo. O fu dedicato a pratiche rituali, di culto degli astri o di deità a noi sconosciute? Di luoghi così ve ne sono tanti, nel Vecchio e nel Nuovo Continente, e le incisioni sui triliti ricordano altri petroglifi raffiguranti armi e scene a carattere magico. Oppure fu un osservatorio astronomico, costruito con il preciso scopo di seguire, in particolare, il Sole e la Luna, l'astro più importante della preistoria nella costruzione di calendari con i quali si accordano i ritmi sociali e le esigenze dell'agricoltura? O tutto questo insieme?

Siamo davvero in grado, noi del XXI secolo d.C., condizionati dalla scienza e dalla tecnologia esasperate, di immaginare cosa passava nella testa di un uomo di 5000 anni fa? che cosa chiedeva a se stesso e al mondo in cui viveva?

In ogni caso, il carattere di osservatorio di fenomeni astronomici si impone con grande forza. La quantità impressionante di allineamenti fra le pietre e le stelle più brillanti, o la Luna e il Sole di certi momenti dell'anno, non può essere frutto del caso. Come ha mostrato Fred Hoyle, Stonehenge fu uno strumento di calcolo con il quale gli uomini del Neolitico erano in grado di prevedere le eclissi solari e lunari: molti degli allineamenti riguardanti la Luna e il Sole non si sarebbero verificati se il complesso fosse stato eretto altrove, fosse solo a una quindicina di chilometri di differenza in latitudine.[22] Pertanto, quegli uomini, ingegneri e astronomi, dovevano aver chiaro l'obiettivo fin dall'inizio. Sapevano. Non si costruisce una cosa come Stonehenge osservando Sole, Luna e stelle con ingenuità e via via aggiungendo buche col solo scopo di conservare la memoria di quanto si è visto. Uomini così non potevano essere "primitivi" nel senso dato di solito a questa parola. Avevano quello che oggi si direbbe "scienza". Ed è molto difficile pensare che fossero capaci di "quella" scienza soltanto; è piuttosto improbabile che si arrivi a certi livelli di conoscenza e lì fermarsi, senza immaginare qualcos'altro, costruirsi, attraverso l'esame dei fatti conosciuti, un'immagine del mondo in cui si vive e nella cui realtà sia necessario credere. D'altronde basta pensare alle molte mitologie di quei tempi lontani, fiorite da una conoscenza del mondo paragonabile, o inferiore, a quella degli antichi e sconosciuti abitatori dell'Inghilterra.

Gli antichi Britanni *sapevano* com'è fatto il mondo. Come altri prima e dopo di loro.

Laggiù dove, a primavera, il continente finisce tra peschi e magnolie in fiore

Con un volo di circa 120° di longitudine verso Est, lasciamo Stonehenge e ci spostiamo in Cina dove, fin da tempi remoti, l'astronomia ha goduto di grande prestigio.

Secondo vari studiosi, l'astronomia cinese ha radici babilonesi. Durante il I millennio a.c., in Cina furono importati dalla Mesopotamia strumenti astronomici (astrolabio, orologio solare, globo celeste, clessidra) e varie conoscenze (mese intercalare, durata dell'anno). Segni importanti a riprova di questa osmosi culturale sono pure l'idea cinese di un universo diviso in una parte centrale e quattro periferiche, un dualismo fisico e morale fra tenebre e luce, e il fatto che l'Altare e il Tempio del Cielo a Pechino presentino tre terrazze circolari, quasi un'eco delle Tre Strade – ciascuna contrassegnata da dodici stelle – della raccolta di tavolette babilonesi detta *Enuma-Anu-Enlil*. Altri studiosi, invece, sostengono il carattere originale dell'astronomia cinese perché questa usò cicli di 60 giorni e 60 anni, divise il mese in decadi e la circonferenza in 365,25°, ed ebbe costellazioni del tutto differenti da quelle babilonesi. Altri ancora ritengono possibile un'influenza greca: lo proverebbero la lunghezza dell'anno di 365,25 giorni e l'inizio del calendario con il solstizio invernale del 428 a.C. secondo un ciclo di 76 anni.[23]

I Cinesi fecero dell'astronomia un uso religioso e politico. Il calendario, ad esempio, rimase a lungo lunare, come quello degli altri popoli antichi (il ciclo della Luna è breve e si presta a verifiche e aggiustamenti) anche perché i Cinesi non avrebbero saputo cosa farsene di un calendario solare: gli agricoltori seguono le stagioni, cioè l'anno tropico e la Cina è molto estesa e nelle sue varie parti ha climi e colture diversi. Quindi, mentre in Occidente si tentò presto di inventare un calendario solare o luni-solare, in Cina l'anno solare fu preso in considerazione soltanto durante la dinastia Han (206-220 d.C.).[24]

Occorre notare in ogni modo che l'antica sapienza astronomica cinese, oltre ai corpi celesti, tenne presenti molti aspetti del pensiero e della religiosità. L'idea degli antichi Cinesi sull'universo fu dinamica e complessa, benché dominata dal concetto di unità, e il calendario, necessario alla religione, fu anche uno strumento del potere del sovrano. Forse non nel senso che diamo noi al concetto di "strumento del potere" perché, secondo la complessa psicologia cinese (ma non solo cinese, in genere, non è affatto facile "calarsi" nell'antichità: i Romani, per esempio, andavano al circo e si divertivano a veder la gente che si ammazzava o lottava con le belve), tra i doveri del sovrano poteva ben esserci che il "Figlio del Cielo", non potesse ignorare quanto avveniva o doveva avvenire nel cosmo di cui era un elemento fondamentale. Perciò i sovrani cinesi ebbero bisogno di circondarsi di scienziati e di astronomi ai quali non doveva sfuggire nulla. Oltretutto, nulla sarebbe potuto accadere a insaputa del Figlio del Cielo senza sminuirne l'autorevolezza.

Di conseguenza, in Cina si fecero osservazioni come in nessun altro paese dell'antichità. Il Sole fu osservato con costanza. La grande *Enciclopedia* di Ma Twan-lin registra un elenco di 600 eclissi solari del periodo 2158 a.C. - 1223 d.C. e 45 osservazioni di macchie solari fatte tra il 301 e il 1205: un numero non piccolo poiché si tratta di osservazioni a occhio nudo.[25] Le eclissi di Sole furono molto importanti: il Figlio del Cielo non poteva essere impreparato su questo grave, forse estremo, disordine della natura[26] dal quale potevano venire traumi nel popolo e dubbi sui suoi veri legami con il cielo. Tuttavia, prevedere dove e quando si verificherà un'eclisse solare è molto difficile; inoltre, in un luogo dato, un'eclisse totale di Sole è visibile solo ogni due o tre secoli. Perciò il Sole diventò il grande sorvegliato, e i sapienti, se sbagliavano andavano incontro a gravi sanzioni.[27] Le eclissi di Luna, invece, pur meno frequenti,[28] si possono prevedere con maggiore facilità.[29] Di conseguenza, il calendario lunare ebbe maggior fortuna: permetteva di fare previsioni più accurate e dare una maggiore credibilità ai poteri sacri del Figlio del Cielo.

Secondo l'astronomia cinese tutto è legato a tutto attraverso il Tao, relazione primaria di appartenenza attraverso la quale l'uomo viene messo in stretto rapporto con il resto dell'universo.[30] Un passo (il 25°) del *Libro del Tao* (*Tao-teh-ching*)[31] di Lao-Tzu, può illustrare la natura del Tao (la "Via"):

C'era qualcosa di caotico e perfetto prima che il cielo e la Terra nascessero. Silenziosa, vuota, sta sola e non cambia. Gira intorno instancabile. Si può considerare la madre dell'universo. Io non conosco il suo nome, ma la chiamo con l'appellativo "Via". [...] L'uomo ha per modello la Terra; la Terra ha per modello il cielo; il cielo ha per modello la Via; la Via ha per modello se stessa.

Sulla struttura del cosmo ci furono più scuole. La più antica iniziò nel XII secolo a.C.; il cielo era rotondo e la Terra quadrata. Più tardi il cielo ebbe la forma di un cappello di bambù e la Terra quella di una scodella rovesciata. Il Sole, la Luna e le stelle si muovevano insieme con il coperchio. La seconda scuola, iniziata nel VII secolo a.C., pensò a una sfera celeste: il cosmo era fatto come un uovo il cui tuorlo, molto piccolo, era la Terra; essa galleggiava sull'acqua mentre il cielo poggiava sul vapore.[32] Questa teoria durò fino a quando il Padre Matteo Ricci introdusse in Cina l'astronomia europea.

Col tempo, all'astronomia (cioè alla conoscenza empirica dei fenomeni celesti) si aggiunse l'astrologia, con un nuovo tipo di sapiente: l'astrologo. Secondo un'opera del II secolo a.C.,[33] l'astronomo fa

[...] un piano generale dello stato del cielo: osserva inoltre il Sole nei punti solstiziali d'inverno e d'estate, e la Luna nei punti equinoziali di primavera e d'autunno per determinare la successione delle quattro stagioni.

Mentre l'astrologo

[...] si cura delle stelle nel cielo, registrando i movimenti dei pianeti, del Sole e della Luna per esaminare le vicissitudini del mondo terreno, allo scopo di pronosticare la buona e la cattiva fortuna.

Sotto lo sguardo della Sfinge

Gli Egizi praticavano il culto del Sole impersonato dal faraone e questo fu il limite delle loro idee sul cosmo. L'unico dato tangibile delle conoscenze egizie è l'orientamento dei monumenti verso i punti in cui sorgono o tramontano alcuni astri in particolari giorni dell'anno, i vertici della base quadrata delle piramidi che puntano verso i punti cardinali, e il guardare a Est, dove sorge il Sole agli equinozi, della Sfinge e dei templi della piana di Giza.

Il resto delle loro conoscenze astronomiche può essere dedotto dalle raffigurazioni dipinte sui coperchi dei sarcofagi dell'Antico e del Medio Regno o sulle pareti e sui soffitti delle tombe. In sostanza, sembra certo che gli Egizi sapessero poco di astronomia, benché già alcune migliaia di anni prima della nostra era avessero fatto scelte legate alla misura del tempo.

Giorgio Abetti scrive:[34]

> Forse la reputazione raggiunta dagli egiziani è stata alquanto esagerata appunto dai Greci, perché non si può dire che quelli avessero fatto dei progressi veramente notevoli nelle scienze astronomiche. [...] Nozioni completamente erronee essi avevano sulla distanza del sole, della luna e dei pianeti, di cui notavano il corso per arrivare ai loro scopi astrologici.

Hoyle, nel suo libro *L'astronomia*,[35] gli Egizi non li nomina nemmeno; Giorgio Dragoni e Giorgio Tabarroni ne fanno solo un brevissimo cenno nell'opera a molte mani *Astronomia*[36] e Giuliano Romano, nella stessa opera, ne parla solo a proposito delle ricerche di Lockyer,[37] il primo a notare l'orientamento della base delle piramidi. Con maggiore impegno ne riferisce Edoardo Proverbio nel suo, più recente e ben documentato, *Archeoastronomi*,[38] nel quale mette in rilievo il culto del Sole e l'interesse degli Egizi, fin dal principio del III millennio a.C., per il tempo e il calendario. Inoltre, già dal II millennio a.C. il giorno degli Egizi era diviso in 24 ore.

E Otto Neugebauer, in *Le scienze esatte nell'antichità*,[39] mette in rilievo il carattere non astronomico del calendario egizio, il quale carattere:

> [...] è sottolineato dal fatto che l'anno è diviso in 3 stagioni di 4 mesi ciascuna, aventi un significato puramente agricolo. L'unico concetto astronomico che vi compaia è il sorgere eliaco di Sirio,[40] che, però, derivava la sua importanza soltanto dalla sua connessione con l'innalzarsi delle acque del Nilo, l'avvenimento principale della vita dell'Egitto.

Altri autori hanno riconsiderato le conoscenze di carattere astronomico degli Egizi, ritenendole più vaste di quanto sia stato loro riconosciuto. Tuttavia, cercando di crearsi una mentalità il più possibile aderente a quella del sacerdote di quel tempo e senza dimenticare i miti (quasi sempre legati a fatti astronomici), cioè il linguaggio degli iniziati per gli iniziati, hanno lavorato con una certa libertà sui geroglifici delle tombe, sui numeri nascosti nel famoso "occhio di Horus"[41] sulle parole del *Libro dei Morti*[42] e dei *Testi delle Piramidi*.[43] Un tipo di indagine dal quale, pur se con ampi margini di incertezza, può venire il sospetto che sulle conoscenze degli Egizi riguardanti il cielo ci sia ancora molto da cercare.

Aggiungiamo infine che gli Egizi credevano nella "circolarità" del tempo e nel destino ciclico dell'universo: ciò che accade è già accaduto e accadrà di nuovo, ogni creazione porterà a una distruzione seguita da una nuova creazione. E forse conobbero il fenomeno della precessione degli equinozi e intuirono il sistema eliocentrico.

Di là dall'oceano

L'epoca glaciale Würm durò all'incirca dal 70 000 al 10 000 a.C. Lo stretto di Bering,[44] con una larghezza minima di 85 km, poteva essere attraversato a piedi e, secondo i più recenti risultati della genetica di popolazione, più o meno 15 000 anni fa[45] tribù di cacciatori nomadi siberiani arrivarono per questa via nel continente americano e, in tre ondate successive, lo colonizzarono, dando origine a nuovi popoli e culture. Finita l'epoca glaciale, la gente dell'Asia e quella dell'America si persero di vista e svilupparono "mondi" diversi. Ci soffermeremo un momento su quelli della parte centrale del continente americano.

Nell'America centrale e sugli altopiani delle Ande arrivarono varie tribù di cacciatori e qui diventarono agricoltori. Mais, fagiolo, pomodoro, cacao, agave e altri vegetali furono i prodotti di queste civiltà contadine. Costruirono armi, oggetti di ceramica e terracotta di grande pregio e lavorarono l'oro, l'argento, il rame (il ferro no, non lo conobbero). Usarono la selce e, più tardi, fecero spade, coltelli e altri oggetti taglienti di ossidiana, lavorata con grande maestria.

Non vi furono discontinuità nell'evoluzione di questi popoli, tuttavia si preferisce dividerla in alcuni grandi periodi. I più antichi: l'Arcaico, confrontabile col Mesolitico europeo, e il Formativo, corrispondente all'età del bronzo, durante il quale si formarono villaggi stabili e si svilupparono culture di tipo agricolo, con i relativi culti della pioggia e della fertilità della terra e le associate attività di tipo magico. Nel deserto di Sechura, lungo la costa peruviana, nel dipartimento di Ancash, c'è Chankillo, un sito di 4 km^2, rovine di una città risalente al III millennio a.C. Qui gli archeoastronomi hanno scoperto un osservatorio astronomico solare, noto col nome di Tredici Torri, il quale permette di individuare i punti del sorgere e del tramontare del Sole durante un anno in modo da creare una specie di calendario solare.

Molto tempo dopo, prima del VI secolo a.C., lungo la costa del Golfo del Messico, il popolo degli Olmechi sviluppò una civiltà paragonabile a quella dei Sumeri e degli Egizi. Inventarono un sistema di numerazione comprendente lo zero: un simbolo – un numero – apparso da quest'altra parte dell'oceano molti secoli più tardi. Scomparvero tra il III e il II secolo a.C., lasciando dietro di sé statue enormi, molte sculture più piccole e una cultura diffusa e sovrapposta a quelle già sviluppate nell'altopiano.

Qui comincia il periodo classico della civiltà mesoamericana, finito nel IX secolo d.C., dopo una lenta involuzione (periodo postclassico o del militarismo) a causa di invasioni provenienti dal Nord. In questo lungo arco di tempo sorsero grandi centri cerimoniali come quello di Teotihuacán, sull'altopiano messicano, e quello dei Maya nello Yucatán, ricchi di templi straordinari, molti dei quali ricordano la grandiosità degli edifici dell'Egitto e della Mesopotamia. Ad esempio, la base della piramide del Sole di Teotihuacán, la Città degli Dei, è grande quanto quella di Cheope; il volume della piramide più grande del mondo (500 m per lato), quella di Cholula de Rivadavia, che si trova là dove sorgeva la capitale dei precolombiani Mixtechi, è tre volte quello della piramide di Cheope, e nella città di Palenque, in gran parte ancora coperta dalla foresta tropicale, ci sono varie tra le più belle opere di architettura e scultura Maya. Furono realizzate costruzioni suggerite da accurate e prolungate osservazioni del Sole: nel complesso dei Maya di Uaxactún (Otto Torri), dalla cima della scala di uno dei templi si vedono gli altri secondo linee dirette al sorgere del Sole negli equinozi e nei solstizi. E a Chichén Itzá, nella penisola dello Yucatán, fu costruito l'osservatorio del Caracol nel quale componenti della struttura guardano i punti dell'orizzonte in cui, in momenti particolari dell'anno, sorgono il Sole e Venere.

Dal XIV secolo, provenienti dalla California, subentrarono gli Aztechi, i quali ebbero la loro capitale a Tenochtitlá. Essi estesero il loro potere dal Golfo del Messico a quello di Tehuantepec sull'Oceano Pacifico, a sud delle terre occupate dai Maya che, dalla metà del II millennio a.C., si erano stanziati nella parte meridionale del Messico, in Guatemala, nella penisola dello Yucatán e in El Salvador.

Dal XIII secolo, invece, nell'area del Cuzco sulle Ande, si erano stanziati in via definitiva gli Inca.

Poi, nel Cinquecento, sulle coste del Messico sbarcarono gli invasori spagnoli, spietati e sanguinari più o meno come i loro avversari, ma tecnologicamente più forti. E poiché erano avidi, pieni di pregiudizi e di fantasie religiose, e intolleranti dei pregiudizi e delle fantasie religiose dei locali, tutto finì con la distruzione quasi totale delle civiltà centroamericane. Chi ha armi da fuoco, spade d'acciaio e cavalli può sgominare chi usa frecce, spade di vetro, benché taglienti, e va a piedi. E tanto più se l'avversario crede che l'invasore sia il mitico re-sacerdote Quetzacoatl ritornato dal passato remoto.[46] Proprio in base a questa certezza, Montezuma, il re-sacerdote azteco, non fermò l'invasore quando forse sarebbe stato ancora in tempo. Egli "sapeva" che «quello che gli astri avevano deciso, [...] si sarebbe verificato. Lui non poteva che attendere passivamente la volontà del cielo».[47]

Storia tormentata. Non c'era da dubitarne: nel DNA dell'uomo ci deve essere il gene della violenza e si estrinseca in innumerevoli modi. Per follia religiosa, ad esempio, l'azteco straccia il petto della vittima sacrificale umana e ne estrae il cuore da offrire al dio Sole, e il cristiano manda al rogo l'eretico. Ma nel nostro DNA c'è anche altro (per fortuna): le arti, le piramidi, i monumenti capaci di sfidare i secoli, l'ammirazione e l'amore verso la natura, le teorie, le scienze, le cosmologie per dirci come è fatto il mondo. E i mesoamericani videro il cielo, il Sole, la Luna, le stelle, e si convinsero che proprio lì stavano le risposte alle domande, spesso tormentose, poste dall'uomo, e che le regolarità del mondo "alto" erano un regalo degli dei agli uomini per aiutarli. Questi, infatti, le usarono e svilupparono un'agricoltura ricca e varia.

Nella Mesoamerica, benché fossero presenti popoli differenti tra loro nella lingua e nei costumi, si svilupparono culture abbastanza omogenee, eredità di quella olmeca e frutto delle invenzioni e delle scoperte maya. Il fondamento comune fu il sentire religioso di quei popoli, il sistema di numerazione e il calendario. Quest'ultimo era l'elemento cardinale: serviva all'agricoltura e permetteva di fissare le scadenze religiose. Fu costruito sulla base di due numeri: il 13 e il 20. 13 erano gli dèi del giorno e 13 le costellazioni dello Zodiaco; il 20, introdotto nel periodo classico, fu suggerito, è molto probabile, dal numero delle dita del nostro corpo. Il numero 20, come per noi il 10, costituì la base di una numerazione a scrittura posizionale. Il calendario era basato su due periodi fondamentali: l'anno ordinario di 365 giorni e l'anno sacerdotale di 260. Di conseguenza, i due periodi iniziano insieme solo ogni 52 anni. Per gli Aztechi, i giorni prossimi alla fine di ognuno di questi cicli erano l'epoca della cerimonia del "fuoco novello". Doveva essere acceso sul petto di una vittima umana al passaggio delle Pleiadi e di Aldebaran al meridiano:

> Dodici giorni prima, gli Aztechi spensero i fuochi, e cominciarono a digiunare. [...] La notte, milioni di occhi ansiosi e terrorizzati scrutarono il cielo – il cielo, così incerto, così fragile, così soggetto a perire –, dove apparve finalmente il piccolo punto luminoso e mobile di Aldebaràn. Un sacerdote uccise una vittima, e le accese una fiamma sul cuore.[48]

> Se non si fosse acceso, tutto sarebbe stato perduto, il Sole non avrebbe più ripreso il suo corso e l'umanità sarebbe stata inghiottita dalle tenebre. Quando la prima fiammella invece si fosse accesa, il fuoco avrebbe indicato che un nuovo ciclo era iniziato e quindi potevano scatenarsi le grandi feste.[49]

Effetto del caso? la durata media dell'anno civile era di 365,2420 giorni. Una differenza, dalla durata dell'anno tropico, di appena 2 decimillesimi di giorno, circa 17 secondi: un valore più preciso di quello dell'anno gregoriano. Questo fatto comporta osservazioni astronomiche di grande precisione e prolungate per un tempo assai lungo. L'astronomia dei Maya aveva radici molto profonde. Lo dimostrano i codici di Parigi, di Dresda e di Madrid, presumibili copie di documenti del periodo classico (IV-VIII secolo).[50] Con analoga precisione, erano noti i periodi sinodici[51] della Luna e di Venere.

Giocando con i numeri qualcosa salta sempre fuori. Ad esempio, la rivoluzione sinodica di Marte dura 780 giorni e ciò fu di grande importanza. Infatti è tre volte la durata dell'anno sacerdotale. E tre rivoluzioni di Marte (2340 giorni) corrispondono a quattro rivoluzioni di Venere. Di conseguenza i due pianeti sono in congiunzione ogni 13 anni: 13 come gli dèi del giorno, come il numero delle costellazioni dello Zodiaco! Inoltre, due cicli di 52 anni, cioè 104 anni, corrispondono a 65 rivoluzioni di Venere. Allora il 104 non può essere un numero qualsiasi. Ogni 104 anni, infatti, i due calendari e il ciclo di Venere ricominciano nello stesso giorno.

Le conoscenze astronomiche non finivano qui. Ad esempio, si sapevano predire le eclissi lunari con risultati molto più precisi di quelli dei loro contemporanei europei. A Chichén Itzá, la grande piramide quadrata detta il "Castello" fu edificata sulla base di conoscenze già acquisite da lungo tempo: ogni faccia ha nove terrazze, tante quanti sono i cieli maya, divise da una grande scalinata che ne raddoppia il numero, e $2 \times 9 = 18$, il numero dei mesi del calendario civile. Ogni scalinata ha 91 gradini, e $91 \times 4 = 364$; con l'aggiunta della terrazza del culmine si arriva a 365, il numero dei giorni dell'anno civile. Su ogni faccia della costruzione, poi, ci sono 52 pannelli scolpiti. E così via. Potremmo dedicare un intero capitolo ai monumenti astronomici sparpagliati su tutto il territorio mesoamericano.[52]

Nonostante le loro notevoli conoscenze (fra l'altro, sapevano l'origine delle eclissi e che Venere era la stella della sera e quella del mattino), il grande potere di suggestione dei numeri o l'aspetto magico e mistico di quanto osservavano devono aver impedito ai sacerdoti-astronomi di immaginare – come, invece, da quest'altra parte dell'oceano, avevano fatto i Greci – una geometria che giustificasse i risultati delle osservazioni. Nel loro modo di pensare il mondo, la sorte dei popoli dipendeva dagli astri; bisognava conoscerli in modo da evitare di offenderli e ottenere la loro benevolenza. Perciò, intendere il significato dei presagi – apparizioni di comete, cadute di meteoriti – era di grande importanza. Un atteggiamento mistico-religioso del quale sono rimasti alcuni documenti scampati alla distruzione seguita all'invasione spagnola. Come il seguente brano di Nezahualcoyotl,[53] re degli

Acolhua, poeta e filosofo di Texcoco, vissuto nel XV secolo:

Io, Nezahualcoyotl, lo chiedo: / Si vive veramente con le radici sulla Terra? / No, non sempre sulla Terra: / solo per poco qui. / Anche la giada si spezza, / anche l'oro si rompe, / anche la piuma del "quetzal" si corrompe. / No, non sempre sulla Terra: / solo per poco qui / [...] / Non finiranno i miei fiori, / non cesseranno i miei canti. / Io poeta li innalzo, / si spargono, si diffondono. / E anche quando i fiori / appassiranno, marciranno, / saranno portati là, nell'interno della casa / dell'uccello dalle piume d'oro.

I mesoamericani credettero in una Terra piatta, appoggiata su un alligatore posto in un grande bacino. Quattro dèi si trovavano ai quattro punti cardinali a sorreggere il cielo. In alto c'era il mondo superiore dei 13 dèi, ognuno dei quali governava uno dei 13 livelli del mondo superiore. Sottoterra c'era il mondo inferiore costituito da 9 livelli retti da 9 dèi malvagi. Ciascuno dei 13 livelli del mondo superiore corrispondeva alle 13 ore della giornata e ciascuno dei 9 livelli del mondo inferiore alle 9 ore della notte. Il dio Gugumatz aveva creato il mondo, e altri dèi erano il Sole, la Luna, il pianeta Venere, il dio della pioggia e quello del vento. Il mondo attraversava le ere o "Soli": quella attuale, in cui stiamo vivendo, è la quinta la cui fine, lo assicura la profezia, sarà la distruzione per terremoto. Le altre quattro sono passate: la prima nel freddo e nelle tenebre; la seconda, tormentata da uragani, ha visto la trasformazione degli uomini in scimmie; la terza è stata caratterizzata da un'immensa pioggia di fuoco; la quarta da un diluvio universale e dalla trasformazione degli uomini in pesci. La rinascita del mondo per il quinto "Sole" è coincisa con la nascita del dio Sole Tonatiuth sulla sommità della piramide del Sole di Teotihuacán.

Nella famosa "Piedra del Sol" – il monolite circolare azteco di 25 000 kg, del diametro di 3,6 m e dello spessore di 1 m, rinvenuta nel 1790 e conservata al Museo nazionale di antropologia di Città del Messico – è scolpita quasi una sintesi delle concezioni cosmologiche mesoamericane in cui si mescolano motivi astronomici, religiosi, astrologici e mitologici. Qui, come altrove, si manifesta la stessa necessità di immaginare "enti" regolatori, dèi, angeli o demoni, impegnati a determinare i destini dell'uomo, al quale resta solo tentare di accattivarsene i favori.

4. Primo intermezzo

Abbiamo accennato alle relazioni dell'uomo col cielo durate numerosi millenni e ci siamo soffermati un momento sugli ultimi quattro precedenti la nostra era. Quattro millenni sono un tempo abissale e occorre tenerne conto quando cerchiamo di indovinare i pensieri di quei nostri lontani parenti. Se la lettura della storia degli Egizi, pur ricca di documenti scritti, è controversa, quella di popoli dai quali ci sono arrivati solo figurazioni e monumenti di pietra potrebbe ben essere affetta da un alto grado di arbitrarietà.

Dobbiamo poi fare un altro paio di osservazioni: oggi "scienza" vuol dire matematica + fisica + biologia + elettronica + eccetera; nell'antichità, invece, tutto è legato a ciò che si vede o si immagina; inoltre, una società, una cultura, non sono solo quanto lasciano dietro di sé e sicuramente non abbiamo colto tutto ciò che ci sarebbe stato da sapere di quelle antiche società umane. Da questo, purtroppo, discende l'inevitabile più o meno grande grado di arbitrarietà delle nostre interpretazioni dei documenti che sono arrivati fino a noi. Non importa; basta non dimenticarlo.

Un ultimo aspetto, davvero importante, del nostro discorso. Civiltà lontanissime, estranee l'una all'altra, mostrano come fin dai tempi più remoti, mitici addirittura, l'universo abbia colpito la fantasia degli uomini, i quali vi hanno messo tutto ciò che li agitava. Per questo motivo le immagini, pur dissimili, provengono da un fondo comune, una stessa vena ispiratrice, e riguardano l'uomo più che l'universo e, benché differenti, esprimono una

Mario Rigutti

medesima necessità di comunione col cielo e con le presenze in esso intraviste.

In tutte quelle immagini, c'è la certezza di aver "visto giusto", di aver capito. Di sapere. Non sarà capitato anche a noi, oggi, di aver giudicato la nostra visione delle cose il quadro "vero" del mondo?

5. Accadde in Grecia

Nel VI secolo a.C. gli universi delle civiltà pre- e protostoriche sono tramontati mentre continuano a essere coltivati i mondi dominati da entità celesti e ctonie delle civiltà più recenti. Ma, come per incanto, lungo le coste dell'Egeo e del Mar Nero spira un'aria nuova che ai miti fa preferire la forza della ragione. Nelle fiorenti colonie greche arriva gente da ogni luogo e nasce una cultura nella quale si bada non tanto alla contemplazione più o meno fantastica dell'esperienza quanto alla sua elaborazione razionale. Meno poesia, religione e mitologia e più pensiero e concretezza. A Mileto, Efeso, Colofone, Clazomene, Samo, Chio... si vive questa atmosfera tutta speciale e qui nasce la filosofia.

I primi filosofi pensano e nello stesso tempo fanno. Sono matematici e astronomi, fanno affari, partecipano al vivere cittadino, collaborano alla stesura delle leggi. Nella loro filosofia c'è il riflesso della loro esperienza personale. Credono in una natura regolata non da dèi volubili, ma da leggi che l'uomo può riuscire a conoscere. Perciò i loro sforzi sono diretti a trovare l'*arché*, il principio di tutte le cose. Di loro, Aristotele, nella *Metafisica*[1] scrisse:

> La maggior parte di coloro che hanno filosofato per i primi, reputarono principi di tutte le cose soltanto quelli di specie materiale: giacché quello di cui tutti quanti gli esseri sono costituiti, ed è il primo di cui si generano, e l'ultimo in cui si corrompono, permanendo la sostanza anche se muta di affezioni, quello dicono elemento, quello

> principio degli esseri; e perciò credono che, serbandosi sempre tal natura, niente cominci a essere o perisca del tutto.

Talete di Mileto è il primo di questi arditi del pensiero: filosofo, matematico, ingegnere e astronomo. Dopo il suo, si susseguono nomi che tutti conosciamo perché sono i padri della nostra cultura occidentale: Anassimandro, discepolo di Talete, che per primo immagina la Terra circondata da cielo, Anassimene, Pitagora di Samo, Ecfanto, Filolao, Iceta, Eraclide Pontico, Enopide di Chio, Anassagora, Aristotele, Parmenide, Zenone, Eraclito, Empedocle, ognuno con le proprie idee diverse da quelle degli altri, pure interpretazioni personali dei fenomeni. Il famoso *quot homines, tot sententiæ* potrebbe essere nato allora.

Individuare l'*arché* non è un gioco da ragazzi e chi lo trova nell'acqua (Talete), chi nell'*ápeiron*, infinito e fuori dal tempo, dal quale hanno origine e al quale ritornano tutte le cose (Anassimandro), chi nell'aria (Anassimene), chi nel numero (Pitagora), chi propone la filosofia dell'Essere immutabile ed eterno (Parmenide), chi quella del Divenire, tutto scorre (*Panta rei*) mosso dal *Logos* cosmico, chi l'idea che tutto ciò che esiste viene da un continuo unirsi e dividersi di semi originari di diverse qualità, sotto il controllo del *Nous*, l'intelligenza cosmica (Anassagora).

Anche su come sia fatto il mondo le idee variano da un filosofo naturalista all'altro. La Terra ha una forma che varia dal piatto al cilindrico, allo sferico, e si trova al centro dell'universo il quale è una grande sfera, che ruota intorno all'asse polare e sulla quale stanno le stelle. Intorno alla Terra ruotano il Sole, la Luna e i pianeti. I pitagorici la pensano diversamente: al centro del mondo non c'è la Terra ma Hestia, il fuoco centrale che dà luce e calore al Sole che li passa alla Terra (la quale ha una rotazione diurna) e alla Luna; c'è anche un'Antiterra, invisibile dalla Terra. Serve per portare a 10 (numero triangolare)[2] il numero dei corpi che ruotano intorno a Hestia e producono la ben nota "musica delle sfere", inudibile dall'uomo. Oltre la sfera celeste c'è l'Olimpo, e più in là ancora l'Indeterminato. Filolao, l'autore di questo sistema, adotta il "grande anno" di 59 anni solari – introdotto da Enopide di Chio – il quale contiene un numero intero di anni solari e di lunazioni, due rivoluzioni di Saturno, circa cinque di Giove e permette la predizione delle eclissi.

Insomma, non avendo alcuna possibilità di prova, si immagina. La cosa non è nuova, fin qui si è sempre fatto in questo modo a tutte le latitudini e a tutte le longitudini. Però il modo è nuovo, diverso. Si cerca di interpretare il mondo delle cose, quel poco che sembra di capire di esso, restando con i piedi per terra e poi di astrarre, generalizzare, concettualizzare. Gli dèi non hanno una gran parte nel nuovo congetturare. La ricerca dei principi va all'acqua, all'aria, al fuoco, alle particelle materiali che si combinano tra loro per dar vita alle cose e al loro disperdersi. La fantasia, comunque, è padrona e non vengono date giustificazioni quando viene superato il concreto per l'astratto. Un vezzo, questo, d'altronde, che non è dispiaciuto nemmeno a scienziati dei tempi moderni. Tant'è vero che, in un dibattito del 1937, un grande dell'epoca, il fisico Herbert Dingle – opponendosi a scienziati come Edward Milne e Eddington, convinti dell'inutilità dell'esperienza in quanto le leggi della natura si possono trovare usando le nostre capacità di ragionamento –[3] dichiarò:[4]

> Si è perso, in gran parte, il criterio per distinguere ciò che ha senso da ciò che non ne ha: le nostre menti sono pronte a tollerare qualsiasi affermazione, per quanto puerile e risibile, purché venga da una persona generalmente stimata e purché sia accompagnata da un corredo di simboli matematici.

Più o meno un secolo e mezzo dopo Talete, si lavora dunque, ancora, abbastanza di fantasia. D'altronde i filosofi hanno sempre fatto molte affermazioni sul mondo senza preoccuparsi di dare prove, ma qui quello che conta, come s'è osservato, è il significato rivoluzionario di quanto accade; dopo millenni il fondamento dei ragionamenti è la natura.

Poi appare Platone secondo il quale la realtà non è questa che vediamo, la realtà è altrove e il mondo sensibile è solo l'ombra di quello vero: il mondo delle Idee, entità, non semplici concetti. Bisogna riuscire a ritrovare quanto l'anima, immortale, ha intravisto del mondo delle Idee e ha dimenticato precipitando nel corpo. Il vero sapere è dentro di noi e possiamo ritrovarlo tramite la "reminiscenza", "ricordando". Per cogliere l'essenza delle cose si dovrebbe essere ciechi, sordi e non soggetti ai sentimenti, perché disturbano il corretto pensare. Suo è il "mito della caverna"[5] secondo il quale gli uomini, incatenati dalla loro materialità, del Vero percepiscono soltanto un'ombra che scambiano per realtà.

Nel *Timeo* parla del mondo fisico regolato dall'armonia delle leggi matematiche e uscito dal caos per opera di un Demiurgo. Poiché il cerchio e la sfera sono perfetti, l'universo è sferico e il moto dei pianeti (corpi viventi) risulta da opportune combinazioni di moti circolari e uniformi. Gli astronomi devono solo trovare quelle combinazioni in modo da "salvare i fenomeni": una visione del mondo che durerà fino al XVII secolo della nostra era.

I primi a seguire queste indicazioni sono gli allievi della scuola platonica: Eudosso di Cnido, Eraclide Pontico e Aristotele di Stagira. Un trio formidabile che riempì di sé il IV secolo a.C.

Eudosso: la Terra è immobile nel centro di un gruppo molto complicato di 27 sfere, su alcune delle quali sono incastonati i pianeti. Questi ruotano con velocità differenti intorno ad assi diversi. È il primo serio tentativo di "salvare i fenomeni". Purtroppo, l'accordo tra l'idea e le osservazioni non è entusiasmante.

Eraclide: lo spazio è riempito di etere e gli astri hanno natura divina; la Terra ruota e Mercurio e Venere si muovono intorno al Sole. Nessuno condivide quest'idea, ma sarà ripresa da Tycho Brahe, diciannove secoli dopo!

Aristotele: scava in tutti i campi dello scibile e lascia tracce profonde. Dureranno fino a Galileo. Sull'universo condivide le idee di Eudosso ma tenta di migliorarle e per salvare (meglio) i fenomeni celesti porta il numero delle sfere a 55, senza riuscire, peraltro, a ottenere una migliore riproduzione dei moti planetari.

Secondo il suo pensiero, a muovere tutto il marchingegno è

la sfera delle stelle fisse e questa è mossa dall'amore del divino motore, immobile.[6] Il moto circolare è "moto naturale" e non ha bisogno di essere giustificato.[7]

Cielo e Terra sono diversi e distinti. Il cielo è perfetto, la Terra è la sede dell'imperfetto. È una trovata un po' buffa ma aiuta a risolvere vari problemi e trapasserà i secoli. Oltre a ciò, l'universo è costituito da cinque elementi: la terra, l'acqua, l'aria, il fuoco e l'etere del quale, comunque, sulla Terra, non c'è traccia. Il vuoto non esiste poiché per Aristotele la velocità di un corpo è inversamente proporzionale alla resistenza che si oppone al moto e nel vuoto sarebbe infinita. I pianeti non sono divini, né corpi viventi, sono corpi celesti incastrati nelle sfere, le quali sono fatte di un cristallo incorruttibile.

Intanto, il tempo del mito diventa sempre più remoto. A dire il vero, la gran parte della gente continua (lo facciamo ancora) a coltivare e a vivere le vecchie credenze, le feste religiose, quelle del ritorno della primavera e del solstizio d'inverno, e continua a credere negli dèi e a raccomandarsi alla loro benevolenza con l'offerta di animali o di frutti, i più belli del raccolto. C'è comunque chi non si contenta di tutto ciò e porta idee nuove. Ce ne saranno sempre di più. Spesso, se si vuole, un po' strampalate, ma talvolta originali e feconde. Il fatto fondamentale è comunque l'aver cominciato a interrogarsi su questo mondo in cui viviamo per cercare risposte che soddisfino la ragione e qualcosa, magari non rivelabile in modo immediato, che ci permetta di comprenderne la natura. Nonostante la confusione e benché le divinità continuino a far parte del dramma, si sta facendo un grande passo verso l'autonomia del pensiero.

6. L'ellenismo

Nel 336 a.C., Alessandro il Grande diventò re della Macedonia e in dodici anni fece tutto. Costruì il suo impero e morì a Babilonia. Ad Atene, il Liceo e l'Accademia continuarono a operare e si svilupparono importanti correnti filosofiche (dei cinici, degli stoici[1] e di quella poi divenuta la base della corrente degli epicurei), ma il passaggio di Alessandro produsse profondi cambiamenti socio-politici e la cultura "ellenica" si diffuse in tutto l'impero diventando "ellenistica".

Sorsero nuovi centri culturali: Rodi, Pergamo, la stessa Alessandria d'Egitto fondata da Alessandro. Qui, i Tolomei istituirono il Museo e la Biblioteca[2] che fecero della città il luogo della scienza per circa tre secoli. Lo spirito della società greca, se non del tutto, andò in gran parte perduto. La *polis*, spinge, infatti, a partecipare alla vita della città-stato, mentre lo Stato, anzi l'Impero, rendono nullità i singoli individui. Più o meno come noi, del 2000, che, quando va bene, possiamo esprimere soltanto un voto col quale dire da chi vorremmo farci comandare.[3] Di conseguenza, l'interesse dei filosofi, oltre ad andare ai sistemi del mondo si sposta anche ai problemi del privato, alla ricerca delle vie che portano alla saggezza e alla serenità oppure alle attività e agli studi collegati a temi naturalistici e tecnici.[4]

Alcuni uomini di spicco di questa grande epoca: Euclide, Aristarco di Samo, Archimede di Siracusa, Eratostene di Cirene, Apollonio di Perga, Ipparco di Nicea, Claudio Tolomeo.

Euclide: il più grande matematico dell'antichità.

Aristarco: fece ruotare la Terra intorno a un proprio asse inclinato rispetto al piano dell'eclittica e mise il Sole al centro del mondo.[5] Non ebbe successo perché per il moto della Terra intorno al Sole le stelle avrebbero dovuto mostrare un effetto di parallasse.[6] Obiezione superata supponendo valori delle distanze stellari molto più grandi di quello dell'orbita terrestre.[7] Ma l'ipotesi non ebbe comunque seguito.

Archimede: il massimo scienziato e inventore dell'antichità.[8]

Eratostene: calcolò il diametro della Terra col quale ottenne una circonferenza di 252 000 stadi.[9]

Apollonio di Perga: per "salvare i fenomeni", invece delle sfere omocentriche propose gli "epicicli", circonferenze sulle quali i pianeti si muovono con moto uniforme e il cui centro si muove con moto uniforme intorno alla Terra, lungo una circonferenza più grande, detta "deferente". Dal momento che si può soltanto "salvare i fenomeni" tanto vale adottare un modello puramente matematico nel quale si utilizzano modalità di moto diverse per i diversi pianeti tali che riproducano le traiettorie osservate tra le stelle fisse.

Ipparco: osservò il cielo da Rodi. L'accuratezza dei suoi risultati complicò il quadro dei moti planetari. Inoltre, compilò un catalogo stellare e, attraverso il confronto con raccolte di dati più antiche, scoprì il grandioso fenomeno della precessione degli equinozi. Misurò la durata del mese lunare, le distanze della Luna e del Sole dalla Terra, la durata dell'anno tropico[10] e la differente durata delle stagioni lo indusse a rimuovere la Terra dal centro dell'orbita solare, per Aristotele il suo "luogo naturale".

Per assistere a qualcosa di nuovo occorre aspettare l'arrivo di Claudio Tolomeo.

Nel 31 a.C., con la vittoria navale di Ottaviano ad Azio e il suicidio di Marco Antonio e Cleopatra, l'Egitto dei Tolomei era finito. Poi, nel 116 Marco Traiano portò le insegne della Roma imperiale anche in Assiria e in Mesopotamia.

Tolomeo visse e operò proprio in questo periodo di massima espansione dell'Impero romano.

Poiché non può credere all'idea di Aristarco (è assurda, piena di conseguenze inaccettabili), Tolomeo perfeziona il meccanismo geocentrico aristotelico ma, mantenendo le sfere omocentriche per le stelle fisse (moto diurno) e della precessione degli equinozi, per il moto dei pianeti usa gli epicicli. Poiché sa bene che si tratta di un puro mezzo di calcolo per sapere in quale punto del cielo si trova in un certo momento un certo pianeta, nel tentativo di arrivare a riprodurre le più minute "irregolarità", non esita a introdurre nuovi punti fissi, gli "equanti",[11] e nuovi epicicli di ordine superiore. Il risultato è una specie di gigantesco insieme di ingranaggi. Non essendo perfetto, ha bisogno, ogni tanto, di essere rimesso a punto attraverso un aggiornamento delle tavole che danno la posizione dei pianeti in funzione del tempo.

L'opera più importante di Tolomeo, però, sono i suoi libri, soprattutto la *Mathematikè synthaxis* (*Trattato matematico*) – l'*Almagesto* (il più grande) degli Arabi – che è la nostra migliore fonte di informazioni sull'astronomia "europea" più antica.

Tolomeo non fa scoperte, scrive, però, sul moto delle sfere celesti, sull'orologio solare e prepara tavole astronomiche. Ma non può essere astronomo senza essere astrologo. Da tempo immemorabile, l'astrologia riflette il pensiero e il sentire dell'uomo "consapevole" di essere parte di un universo, in qualche modo, "vivo". Il mondo è uscito dal caos e ora non procede a caso: ha un fine ed è guidato dalla mano degli dèi, dalle forze occulte della natura, dagli spiriti benigni e da quelli maligni. E se il mondo risponde a un fine – misterioso ma evidente – tutto: le montagne, il mare, le nuvole, il cielo, i fiumi…, ha dentro di sé un'anima tale da farlo essere quello che è. Tutto l'esistente è animato.

I molti miti dell'antichità sono il risultato dell'unione di questa filosofia cosmica e delle conoscenze acquisite sul mondo fisico. Dunque l'astrologia, lungi dall'essere, qual è oggi, il passatempo o il frutto della superficialità, era un campo della conoscenza al quale un astronomo non avrebbe rinunciato. Perciò Tolomeo scrisse il *Tetrabiblos* (*I quattro libri*), per cancellare da questa disciplina i frutti dell'insipienza e del pregiudizio accumulati nei secoli e per ridare all'astrologia il posto a lei spettante nell'ambito del sapere. Fin dalle prime pagine (1.2.13) avverte, infatti:[12] «[...] non è la scienza da sconfessare, ma i ciarlatani che se ne fanno schermo».

Nel secondo secolo vive Galeno di Pergamo, il quale, come Tolomeo, per lungo tempo (un migliaio d'anni) influenzerà il mondo colto. Sulle basi di osservazioni, esperimenti e pregiudizi, costruisce un quadro del funzionamento del corpo umano, superato, in seguito, solo con enormi difficoltà. Medico, non crede nell'opera del caso nella natura e di ogni fatto osservato cerca una giustificazione. La sua convinzione si vale poi di quattro princìpi: lo stato di salute dell'organismo è determinato da quattro umori (flegma, sangue, bile gialla, bile nera); gli equilibri umorali presentano variazioni stagionali; il mondo emerge dal gioco dei quattro elementi (terra, acqua, aria, fuoco); i corpi e i temperamenti individuali dipendono dalla mescolanza di quattro qualità elementari (caldo, freddo, secco, umido). Inoltre, poiché per ogni effetto ci deve essere una facoltà (causa), quando non riesce a spiegarsi un fenomeno (effetto) inventa la causa che lo produce (ad esempio: se si digerisce è perché lo stomaco è dotato della facoltà digestiva). E poco dopo Galeno la scienza ellenistica si ferma.

7. Verso la crisi

Dunque, i popoli antichi, chi in un modo chi in un altro, hanno osservato il mondo, hanno assistito a fenomeni di ogni specie, alcuni catastrofici, altri utili al sostentamento degli individui. Hanno raccolto dati, li hanno interpretati in modo più o meno favoloso e, salvo rare eccezioni, Aristarco ad esempio, l'uomo è rimasto sempre al centro del mondo. Intorno a lui hanno volato dèi e potenze occulte, non sempre irraggiungibili.

L'approdo all'ellenismo avrebbe potuto portare a una grande fioritura di idee e di innovazioni. Invece, perse forza e i fiori rinsecchirono. Già nel II secolo, la grande esperienza scientifica ellenistica era un fatto concluso e, quando nel 641 d.C., arriverà la distruzione della Biblioteca di Alessandria, tutto sarà finito. In un mare di niente.

Il quadro dell'universo è chiaro: la natura dell'uomo e quella del cielo e della Terra hanno una forma e un funzionamento che tutti accettano e accetteranno nei secoli futuri. È concepibile solo l'elaborazione di nuove filosofie, cioè di nuove storie senza riscontri. Parole. La massa continuerà a credere nelle solite storie per bambini.

Già Traiano aveva dovuto affrontare disordini e rivolte in Oriente, lungo la costa africana e alla frontiera danubiana, ma intorno alla metà del II secolo le cose si aggravarono. I Parti occupano l'Armenia e la provincia romana della Siria. Di lì a poco, i confini settentrionali e orientali dell'Impero cominciarono a essere violati da scorrerie di barbari che, nel seguito, si intensificarono fino a diventare vere e proprie migrazioni di popoli prementi sull'Impero, scardinandone la forza. Tra gli altri, i Pitti, i Caledoni, i Sassoni in Gran Bretagna; i Frisi, i Franchi, gli Alemanni, i Burgundi, i Marcomanni, i Vandali e gli Eruli nel Nord Europa; i Goti, i Carpi, i Sarmati, gli Alani, gli Sciti, i Borani, i Sasanidi e gli Unni a oriente e in Africa le varie tribù berbere: tutti impegnarono senza sosta le capacità romane di resistenza.

In questa atmosfera di "prossima chiusura", la filosofia ha un nuovo, e ultimo, sussulto. Appare un filosofo di statura antica, il quale avrà un forte peso sul pensiero del futuro: Plotino. Si considera l'erede di Platone e fonda il neoplatonismo. Scrive le *Enneadi*, 54 trattati raccolti, in 6 parti di 9 trattati ciascuna, dal suo discepolo Porfirio di Tiro – autore, fra l'altro, dell'opera *Contro i cristiani* destinata a difendere il neoplatonismo e il paganesimo dalla montante presenza della cultura cristiana. Per secoli, le *Enneadi* saranno il riferimento preferito da teologi, mistici e metafisici di ogni colore: pagani, ebrei, cristiani, musulmani, gnostici.[1]

Per Plotino i fenomeni e le forme sono un'immagine di qualcosa che sta "oltre". Il mondo dei sensi è pura apparenza e, su questa via, Plotino complica la filosofia di Platone. Secondo lui, essere e pensiero, pur essendo realtà distinte, coincidono e formano un'identità in cui si pone l'Uno, il quale sta sopra a tutto e precede tutto l'esistente. Non sorprende se questa storia, abbastanza intricata, pur rappresentando un'opposizione al contemporaneo dilagare della cultura cristiana, può ritrovarsi nel mistero dell'unità e trinità del Dio cristiano. Secondo la dottrina gerarchica di Plotino, l'Uno è il limite superiore e la materia è l'estremo inferiore della realtà: ciò induce nell'uomo il desiderio, o la volontà, del superamento della propria materialità e del raggiungimento della propria unità interiore con quella dell'Uno, cioè di Dio.

Nella sostanza, l'aveva già detto Platone: l'uomo ha già visto la verità e da questo viene l'anelito al ritorno al mondo delle Idee. E dunque ecco l'estraniarsi, la fuga dal mondo, la sola che consenta l'arricchimento spirituale, la quale, soprattutto nel Medioevo, sarà la scelta di molti individui i quali troveranno nella vita solitaria e ritirata dei monasteri il compimento dei propri desideri terreni.

Con Plotino si conclude il lungo periodo della filosofia classica ed ellenistica. Il cristianesimo è già molto diffuso. La cosmologia cristiana, elementare, primitiva e centrata sull'uomo e sui suoi rapporti con la divinità, è priva di idee sull'universo verso il quale, tutto sommato, non ha alcun interesse. C'è la Terra, sulla quale Dio – il quale sta "altrove", o "dovunque" – è calato salvando l'umanità dall'abisso in cui era caduta. In cielo, ci sono Dio e la corte di santi e di angeli, mentre da qualche altra parte c'è la sottospecie di angeli – i demoni – responsabili del male. Anche loro, nonostante le apparenze, portano un po' d'acqua al mulino del Padreterno perché aiutano a terrorizzare gli uomini.

Poi viene sant'Agostino di Tagaste. Filosofo, vescovo e teologo, di etnia berbera e di cultura ellenistico-romana, trova la sua strada nel neoplatonismo. Non offre nuove visioni del mondo, occupato com'è a considerare i rapporti dell'uomo con un Dio-persona uno e trino entrato nella storia dell'uomo (e in maniera non indolore).

Intanto, il mondo mediterraneo subisce profondi cambiamenti. Roso dalle lotte e dalle guerre di contenimento, dagli scontri interni che indeboliscono le frontiere, dall'instabilità creata dal susseguirsi di decine di usurpatori e di imperatori nominati sul campo di guerra, dallo sperpero di risorse, dalle continue guerre civili, l'Impero romano scricchiola in modo pauroso mentre la forza del cristianesimo aumenta sempre più.

Costantino avvia l'adozione della religione cristiana, diventata ufficiale nel 380 con Teodosio I, fervente cattolico per la forte influenza di sant'Ambrogio.

Dopo la morte di Teodosio I e la definitiva divisione dell'Impero, i barbari cominciano a varcarne i confini e, pezzo dopo pezzo, l'Impero Romano d'Occidente, agonizzante, diventa un insieme di regni romano-barbarici e si sfascia. Nel 476 i mercenari germanici, tra i quali gli Eruli di Odoacre, conquistano Ravenna e depongono Romolo Augustolo. Mezzo secolo più tardi Roma è una città desolata, circondata dalle paludi, con una popolazione intorno alle 100 000 persone. Al tempo di Augusto, ne contava un milione.

Una data importante come il 476 non poteva non essere presa come simbolo di qualche cosa. Gli storici l'hanno scelta come lo spartiacque tra l'Evo antico e il Medioevo.

È una pura convenzione: la stragrande maggioranza dei viventi, miserabile era prima del 476, miserabile restò dopo.

8. Dieci secoli di silenzio

Dunque l'Europa si è fermata. Ogni spazio spirituale e intellettuale è stato riempito con pregiudizi e superstizioni. L'astrologia, l'alchimia, la magia e la stregoneria riempiranno i secoli successivi fino ai tempi di Pico della Mirandola che crederà nella magia, di Filippo Paracelso[1] che sarà convinto alchimista, di Giovanni Keplero che sarà astrologo e di Isaac Newton che, con grande convinzione, si dedicherà allo studio dell'Apocalisse. Sono "scienze" provenienti dall'antichità millenaria, dalle quali si traggono segni, speranze, certezze. L'irrazionale e le gratuità dell'immaginazione diventano fondamenta della conoscenza. In fondo, pure Marco Tullio Cicerone, non privo di raziocinio, aveva ritenuto che, pur non funzionando più molto bene, l'oracolo di Delfi doveva aver dato grandi soddisfazioni a re e popoli se aveva goduto di tanto credito.[2]

In Occidente, la Terra è ridiventata piatta. Cosma Indicopleuste,[3] pur viaggiando, non rileva il variare dell'altezza della Polare sull'orizzonte, rifiuta anche la teoria geocentrica perché la Terra è troppo pesante per star sospesa (d'altronde, dove?) e non può trovarsi che alla base dell'universo. Sopra vi è il cielo che ha la forma del tabernacolo dell'Alleanza di Mosè o di una tenda, come pensava Isaia. I disegnatori di carte cosmografiche lo seguiranno nei seguenti 600 anni.

La Chiesa diventa un vero centro di potere materiale oltreché spirituale e tale rimarrà fino all'epoca moderna. Attraverso il contatto secolare con l'Impero ha imparato a darsi struttura e regole.

In Arabia, le cose, pur non proprio brillanti, sono abbastanza diverse. Qui, oltre all'interesse verso le cose dello spirito (sempre quelle, però: astrologia, magia, religione ecc.), il passato non è dimenticato. Si progredisce nelle scienze applicate, benché in astronomia non si superi quanto serve per scandire i momenti della preghiera, a stabilire l'inizio dei mesi, a preparare mappe per i fedeli in viaggio verso la Mecca o tavole planetarie per gli astrologi.

Nel VII secolo il califfo Omar, compagno del profeta Maometto, assoggetta la Siria-Palestina, l'Egitto, la Mesopotamia e la Persia occidentale ponendo le basi dello Stato islamico. Dopo non molto, alla corte di Baghdad del califfo al-Mansur, arrivano sapienti indiani i quali portano nel mondo arabo gli elementi della cultura greca ricevuti al tempo di Alessandro Magno come le nozioni sul moto della Luna, utili nel computo del tempo (calendario) e in astrologia.

Nell'829, il califfo al-Mamun riscopre l'*Almagesto* e fa costruire un grande osservatorio astronomico a Baghdad. Così, dopo più di mezzo millennio dalla morte di Tolomeo, viene ritrovata l'astronomia antica. In ogni modo, l'universo arabo rimane aristotelico.

Poi, cosa non nuova, gli Arabi, diventati potenti, vogliono esserlo ancora di più. Si volgono quindi all'Occidente: nell'VIII secolo raggiungono la Spagna e pongono fine al regno dei Visigoti, poi nel IX conquistano la Sicilia e scorrazzano in tutto il Mediterraneo. Ma con loro arrivano in Europa conoscenze tecnologiche – i mulini, la carta, la bussola, le tecniche bancarie, la coltura di molte specie vegetali – e scientifiche: la numerazione decimale degli Indù, il concetto di zero, la trigonometria, la medicina, l'alchimia, l'astronomia e l'astrologia e, con la traduzione in arabo dei testi dei più importanti filosofi e scienziati dell'antichità, il pensiero ellenistico e quello della Grecia classica.

Oltre a ciò, gli Arabi introducono l'uso di strutture pubbliche di insegnamento. Saranno famosi nei secoli i nomi dei medici arabi Razī e Avicenna, del filosofo Averroè, dell'alchimista

Geber, scopritore dell'acqua regia e da alcuni studiosi moderni considerato un "ponte" tra alchimia[4] e chimica, degli astronomi Alfragano, Albatenio e Arzachel, inventore di un tipo di astrolabio e autore delle *Tavole di Toledo*, con le posizioni degli astri sulla sfera celeste e le date delle eclissi, ancora valide due secoli dopo, al punto da essere usate nella stesura delle *Tavole alfonsine*.

La riconquista della Spagna[5] da parte della cristianità, significa l'acquisizione di molta arte e di molta scienza: libri. Come d'incanto, nel XVII secolo riappare la voglia di sapere. I classici greci vengono tradotti dall'arabo in latino[6] e vengono ritrovati i maestri dimenticati da un millennio. La fame di sapienza greca e araba diventa inesauribile.[7] Chi avrebbe immaginato tanto pensiero in quei libri? Gli Europei sono pieni di meraviglia e di sconfinata ammirazione. Il cristianesimo, infatti, non aveva inventato nulla sull'universo. Accolta la cosmogonia elementare degli Ebrei, aveva vietato di pensare ad altro. Se il mondo presente nella testa dei papi andava bene ai papi, poteva andare altrettanto bene, se non di più, a chiunque altro.

In realtà qualche anomalo c'era stato. Ad esempio, il frate francescano inglese Guglielmo di Ockham, il quale, avendo espresso idee personali in campo teologico, s'era guadagnato la condanna di papa Giovanni XXII. Il suo maggior contributo filosofico è il "rasoio di Ockham" secondo il quale fra le varie teorie elaborate per rendere conto dei fenomeni, bisogna scegliere quella basata sul numero minore di ipotesi *ad hoc*. Sembra la scoperta dell'acqua calda, ma allora non era così.

Porsi domande sul mondo in cui viviamo non è, certamente, molto importante nel Medioevo e non succede quasi niente che meriti di essere ricordato. Gli uomini sono in continua guerra, si lanciano contro "l'infedele" per annientarlo e circolano storie in cui la gente crede come fossero verità dimostrate. Le crociate (ce ne furono otto), prime prove di nefando colonialismo dell'Europa cristiana, sono combattute dalla fine dell'XI secolo fino alla fine del XIII. La Chiesa cattolica partecipa in prima persona a queste truci avventure guerresche, segnate da massacri e saccheggi, e le riempie di ideologia sacra. Poi, finita la buriana in Oriente, l'Europa si rituffa nella violenza fatta in casa. Inghilterra e Francia si riscoprono nemiche e si combattono tra il 1337 e il 1453 (Guerra dei Cent'anni). Durante questo interminabile conflitto, Giovanna d'Arco, fatta prigioniera e benché solo diciannovenne – *à la guerre comme à la guerre* –[8] viene processata, dichiarata eretica e arrostita. Il grande trittico di Hieronymus Bosch *Il giardino delle delizie*, dipinto intorno al 1503, è il quadro che ben rappresenta l'epoca cupa vissuta dall'artista: un'epoca in cui l'uomo cade dall'Eden e finisce negli orrori dell'inferno.

Ma a un certo punto anche la Chiesa, pur non portata ai cambiamenti perché, di solito, ai dominatori non piace che la gente pensi, si informi, sappia, dubiti, ritiene utile uscire dalla sua immobilità e incaricare Tommaso d'Aquino,[9] massimo cervello della Scolastica, di trovare un accordo tra la sapienza dei pagani e la dottrina cristiana. Ne esce la *Summa theologiæ* che mette d'accordo il diavolo con l'acqua santa, trasposta poi in poesia nella grande *Commedia* di Dante Alighieri.

L'universo, sempre aristotelico, è descritto nel *De sphæra mundi* di Giovanni Sacrobosco apparso intorno al 1230 in un gran numero di copie manoscritte. È il trattato più diffuso del Medioevo, usato in tutte le università e, dal 1472 al 1669, apparirà in molte edizioni a stampa. Riporta nozioni tratte dall'*Almagesto* di Tolomeo e da testi di Alfragano e di Albatenio. Non piace a tutti. Il cardinale Niccolò Cusano, ad esempio, benché non del tutto libero dai legami col Medioevo, nel suo *De docta ignorantia* (1440) afferma che l'uomo non è in grado di parlare dell'assoluto, né ha paura di supporre che l'universo sia infinito e, di conseguenza, privo di un centro in cui far stare la Terra. Oltre a ciò, dice Cusano, questa ruota intorno a se stessa e si muove come tutti i corpi celesti. Nell'universo tutto è fatto con le stesse sostanze e la Terra non è l'unico corpo celeste abitato; dovrebbero esserlo pure il Sole e le stelle. Sono parole che non colpiscono la fantasia di nessuno e nei secoli successivi il lavoro di Tommaso, come quello di Sacrobosco, faranno testo e chi non li seguirà, pagherà caro. Tre per tutti: Giordano Bruno, arso sul rogo; Galileo Galilei, costretto all'abiura e agli arresti domiciliari fino alla morte, Tommaso Campanella, torturato e imprigionato per circa trent'anni.

Nel complesso, importanti passi in avanti non vengono fatti e nel Medioevo, come sarà durante il Rinascimento, arti occulte e tecniche magiche e divinatorie continuano ad essere coltivate da uomini di prestigio scientifico. Ad esempio, l'eminente medico del tardo Medioevo Johannes de Mirfield suggerisce la seguente tecnica di "onomanzia" (divinazione attraverso calcoli sui nomi):[10]

> Prendi il nome del paziente, il nome del messaggero mandato a chiamare il medico, e il nome del giorno in cui il messaggero è venuto da te; conta le lettere che compongono i vari nomi, e se risulta un numero pari, il paziente non si salverà, se il numero è dispari, il paziente guarirà.

Come gli antichi, questi uomini di scienza raccomandano grande riservatezza. Nella sua opera astrologica *Lo specchio dell'astronomia*, Alberto Magno[11] raccomanda la segretezza, e per Thomas Norton l'alchimia è un'arte sacra; si può insegnare previo «solennissimo e terribile giuramento» di non divulgare ciò di cui si viene a conoscenza. Bisogna stare attenti perché i malvagi possono impadronirsi di quest'arte.[12]

Oltre le Alpi, l'opposizione al Papato è molto forte e si ripercuote all'interno della Chiesa. Clemente V arriva ad abbandonare Roma e va ad Avignone, dove il Papato rimane settant'anni. Poi scoppia il Grande Scisma d'Occidente; si hanno due papi e, in seguito, addirittura tre. Una lotta per il potere senza quartiere, conclusa al Concilio di Costanza (1414-1418). In ogni modo, durante tutto il Rinascimento i pontificati continuano a susseguirsi tempestosi. I papi sono veri e propri regnanti e fanno guerre, cambiano alleati a seconda degli interessi, ordiscono complotti e assassinii, forse sono incestuosi (Alessandro VI, Borgia), sono nepotisti, corrotti e simoniaci.[13] Si sentono gli eredi della grandezza di Roma,[14] vogliono dominare ed essere riconosciuti capi spirituali dai governanti europei.

In questi secoli, nel bene e nel male, la religione (fede, ideale di vita, via di elevazione spirituale, superstizione, apparenza, pretesto, strumento di dominio, violenza mascherata) è uno dei motori principali della vita nell'Europa cristiana, il fondamento dell'unità sociale e, di conseguenza, i doveri religiosi sono anche doveri sociali. Perciò l'eretico e il bestemmiatore sono colpevoli sia di fronte alla Chiesa che verso le leggi del Paese. Scovare questi peccatori diviene molto importante.

Così, i nuovi troppo deboli interessi verso l'uomo e le sue aspirazioni, espressi anche da cambiamenti sociali, non impediscono la comparsa di qualcosa che presto diventa un'ossessione: la caccia al demonio. Il diavolo è in ogni luogo, fa schiave le persone e, a un certo punto, l'esistenza delle streghe diventa cosa certa. Non è facile trovarle ma, a volte, un atteggiamento, o certe fattezze, possono essere rivelatrici e per il proprio bene e quello delle stesse streghe, bisogna farle confessare i loro infami commerci col demonio. Molto spesso, purtroppo, il ricorso alla tortura è necessario e spesso ci si ritrova in piazza, sacerdote in testa, a guardare il rogo avvolgere l'impura assatanata, per purificarla.

Nel Medioevo erano già state perpetrate feroci persecuzioni contro gli eretici, in particolare contro i Catari, ma la caccia al singolo individuo comincia verso la fine del XV secolo.[15] Il *Malleus maleficarum* (1486-1487),[16] una raccolta allucinante di deliranti informazioni su come i diavoli possono agire sulle loro vittime e di sconvolgenti istruzioni su come si debba comportarsi al fine di individuare streghe e stregoni,[17] è il fondamentale riferimento degli inquisitori ed è l'opera appassionata dei domenicani Institor Heinrich (Krämer) e Jacob Sprenger, autorizzati al compito con la bolla *Summis desiderantes affectibus* del 5 dicembre 1484 di Innocenzo VIII, preoccupato del dilagare dei fenomeni di eresia e di stregoneria nella regione della Valle del Reno. E a metà del Cinquecento, il rogo illumina di luce tragica l'intera Europa.

La caccia alle streghe (che durerà fino alla fine del XVIII secolo) raggiunge incredibile durezza dopo la Riforma protestante,[18] in Francia, in Gran Bretagna e in Germania. La Riforma tuona contro il vizio, le efferatezze, la simonia dei papi e si estende a tutta l'Europa del Nord che si allontana dalla Chiesa, della quale vengono confiscati i beni di monasteri, abbazie e conventi. Ogni cristiano viene chiamato alla responsabilità personale e a una vita rigorosa, esemplare, santa, poiché nulla potrebbe aiutare il peccatore: non la benedizione, non l'acqua benedetta, non gli amuleti, non le immagini dei santi appese alle pareti di casa o portate addosso. Anche in Italia ci sono richieste di riforma e il bisogno di cambiamento è sentito pure nel clero,[19] ma il movimento non è estremista e intransigente come nei Paesi del Nord Europa.

La risposta della Chiesa alla Riforma è il braccio di ferro: la Controriforma[20] elaborata dal Concilio di Trento (1545-1563). Ma la chiara volontà di restaurazione approfondisce il solco tra i cristianesimi. Il protestantesimo viene condannato come eretico e al Sant'Uffizio è affidato un rigoroso controllo su aspetti e prodotti letterari, filosofici e scientifici (in seguito, pure artistici) in modo da non far sfuggire la benché minima deviazione dall'ortodossia cattolica. Allo scopo, nel 1559, papa Paolo IV istituisce l'*Index librorum prohibitorum* il quale colpirà, fra gli altri, fin dall'inizio, molti autori di grande rilievo.[21]

L'intolleranza religiosa, dilaga ovunque con innumerevoli vittime. La notte di San Bartolomeo (24 agosto 1572), ha luogo la strage degli Ugonotti, in gran parte calvinisti, scatenata dai cattolici seguaci di Enrico I duca di Guisa. Nella sola provincia di Parigi, i morti sono15 000. La strage è salutata con manifestazioni di giubilo religioso e pure il giovane re Carlo IX partecipa alla processione, mentre a Roma, il papa Gregorio XIII celebra il massacro con *Te Deum* e processioni.[22]

Per circa un secolo dopo il Concilio di Trento i roghi ardono senza sosta in tutta Europa. Donne e uomini bruciati a migliaia (50 000, forse 100 000 o più, in un'Europa assai meno popolosa di quella attuale),[23] villaggi e province decimati. Un vero e proprio delirio collettivo di religiosi e civili (giudici, tribunali, parlamenti), una lotta continua contro il Maligno.

Questo oscuro periodo di persecuzioni finisce intorno alla metà del Seicento, benché qua e là qualche rogo bruci ancora. In Francia si esaurisce per vari motivi, fra cui l'azione del libertinismo colto[24] e i giudizi ridicolizzanti degli intellettuali. In Germania il processo è più lento, e qui comunque, nel 1631, in piena Guerra dei Trent'anni (1618-1648), appare il libro *Cautio criminalis*[25] del gesuita Friedrich von Spee, confessore delle streghe, il quale afferma che, sulla base delle prove ritenute valide, nessuna di loro poteva essere dichiarata strega senza dubbi.

La storia dell'umanità non è fatta a compartimenti stagni, è tutta un groviglio di azioni e controazioni. Qui, abbiamo ricordato soltanto il "clima" in cui visse l'Europa nei secoli considerati, il tragico paesaggio umano, l'ignoranza, le prepotenze, le persecuzioni, le sofferenze senza fine, per mettere in evidenza, chiunque lo direbbe, che su quello sfondo non sarebbe potuta crescere che disperazione e miseria intellettuale. Invece, in quei secoli si assisté, in Italia, all'avverarsi dell'impossibile: l'Umanesimo prima e il Rinascimento poi – incredibili fiori nati da semi antichi nella melma di quelli che furono chiamati i secoli bui –[26] e successivamente, nell'Europa intera, la rivoluzione scientifica e l'inizio della scienza moderna.

E tuttavia, tra il XII e il XV secolo, nonostante tutti gli ostacoli e la difficoltà cui abbiamo accennato, qualcosa si muove, dapprima molto debolmente poi, via via, in modo sempre più forte. Oltre alle conseguenze dell'influsso arabo, dai nuovi commerci con l'Oriente arrivano idee diverse, compare la borghesia mercantile, si formano i liberi comuni e le prime università. A Bologna, nel 1088, nasce la prima università europea. È una fiorente scuola giuridica e qui nel XIV secolo si insegneranno aritmetica, astronomia, medicina, logica, filosofia, grammatica, retorica, teologia, greco ed ebraico. Sorgono poi a Padova, nel 1222, a Napoli, nel 1224, a Roma, nel 1303, a Firenze, nel 1321, a Pisa, nel 1343, a Pavia, nel 1361, a Camerino, nel 1377, a Torino, nel 1404, e così via.

Nel XVI secolo, a Bologna, si aggiungerà la magia naturale, cioè le scienze sperimentali e pur nell'atmosfera di quei secoli, a tratti veramente fosca, l'alba di un tempo nuovo si avvicina, suggerita da nomi che non occorre commentare: Francesco Petrarca, Giovanni Boccaccio, Leon Battista Alberti, Marsilio Ficino, Lorenzo il Magnifico, Leonardo da Vinci, Pico della Mirandola, Niccolò Machiavelli, Michelangelo Buonarroti...

E altre cose nuove accadono che preparano un futuro diverso. Ad esempio: Richard of Wallingford, abate di St. Albans, in Inghilterra, costruisce un orologio meccanico di grande precisione; Giovanni Dondi, in Italia, inventa un astrario, un orologio astronomico sul quale si possono leggere i 10 minuti; Johann Gutenberg, in Germania, inventa la stampa a caratteri mobili, un'invenzione che dà la possibilità di far circolare libri, carte, opuscoli di ogni genere, non più rarità, uno straordinario mezzo di diffusione della cultura; Regiomontano pubblica l'*Ephemerides astronomicæ* che dà le posizioni dei corpi celesti dal 1475 al 1506, del quale, durante il suo quarto viaggio in America, Colombo porterà con sé una copia.

E occorre rammentare le esplorazioni del pianeta. Già nel XIII secolo, uomini come Marco Polo e il grande esploratore berbero Ibn Batuta avevano dato dimostrazione di quella inquietudine che nel XV secolo, quello dei grandi navigatori, sarebbe diventata vera e propria volontà di scoperta del nuovo: Enrico il Navigatore, Bartolomeo Diaz, Cristoforo Colombo, Amerigo Vespucci, Giovanni Caboto, Vasco da Gama, Ferdinando Magellano, Sebastiano Caboto, Jacques Cartier... solcarono tutti i mari e gli oceani. Di conseguenza il XVI secolo fu il tempo dei cartografi, i quali presero nota delle scoperte e dei nuovi rilievi geografici via via riportati dai navigatori. Gerardo Mercatore visse in questo secolo e fu l'autore del famoso planisfero *ad usum navigantium* in 18 fogli (1569).[27]

Alle novità il Papato fu sordo. Per i papi il problema dell'universo era stato risolto da un pezzo: quaggiù, la Terra, piena di imperfezioni e di peccato, lassù il cielo, luogo di bellezza suprema, al quale salgono in gloria i santi. Inutile perdere tempo prezioso; meglio dedicarlo ad altro, più terreno, più concreto, più utile. Ai piaceri e ai dispiaceri dell'esistenza. Alle feste, agli amori, agli inganni, alle conquiste, alla persecuzione di chi sembra non abbastanza inginocchiato.

Accadde verso la fine del secolo: la piccola flotta di Cristoforo Colombo approdò a rive che nessuno, all'epoca, pensava potessero esistere. E come il 476 d.C. fu poi scelto per indicare l'inizio del Medioevo, così quell'evento fu assunto come momento di inizio dell'Evo Moderno.[28]

9. Si prova a pensare con la propria testa

Come abbiamo appena detto, lo squallore di questi tempi potrebbe ben giustificare un imbarbarimento senza precedenti. Invece, l'Occidente, proprio adesso, imbocca una strada alla fine della quale viene a trovarsi in una nuova dimensione. Piano piano cambia il modo di esprimersi, di studiare, di indagare. Al morire del Medioevo nelle università si discute il sapere antico, e già poco più tardi i limiti della dotta discussione vengono superati per andare incontro alle cose e ai fatti col preciso disegno dell'indagine diretta.

Alcuni esempi. Alla fine del Quattrocento, Antonio Benivieni, medico dell'ospedale fiorentino di Santa Maria Nuova,[1] fa le prime ricerche di anatomia patologica e, nei primi anni del Cinquecento, Leonardo da Vinci studia la struttura del nostro corpo, pratica la dissezione di cadaveri[2] e confronta le nuove conoscenze con quelle da lui acquisite sulle macchine. Ancora in Toscana, vengono istituite scuole di chirurgia,[3] e grazie agli studi anatomici di Andrea Vesalio,[4] la chirurgia non è più affidata a barbieri e cerusici ed entra nel sapere di ogni medico. E già nel Seicento William Harvey pubblica il suo *Exercitatio anatomica de motu cordis et sanguinis in animalibus* sulla circolazione del sangue e Marcello Malpighi, investigando sul corpo umano, acquisisce conoscenze di altissimo valore sul suo funzionamento: dal meccanismo della respirazione a quello della circolazione sanguigna, dalla struttura dei reni a quella degli organi di tatto e gusto e del cervello.[5]

Nonostante l'orrendo sfondo della caccia all'eresia, nel passaggio tra Medioevo ed Evo Moderno appare qua e là strana gente la quale, pur ispirandosi all'antica sapienza ritrovata, pensa con la propria testa. Saranno sempre più numerosi e tutti vorranno parlare. Non sarà un facile esercizio e, data l'intolleranza del potere di quei tempi, non pochi finiranno in galera e al rogo, tuttavia arriverà il giorno della fine della paura e la Terra volerà in cielo. Da quel momento in poi, le novità si susseguiranno a un ritmo sempre più rapido.

Nel 1543 Copernico pubblica il *De revolutionibus orbium coelestium* nel quale recupera e ripropone l'immagine del mondo di Aristarco di Samo. Copernico è convinto del fatto che il geocentrismo tolemaico è solo uno strumento per calcolare la posizione in cielo del pianeti e non una proposta di come sia fatto il mondo. Il suo universo è ancora sferico,[6] grandissimo e finito, ma al centro non c'è la Terra bensì il Sole, intorno al quale, come tutti i pianeti, il nostro ruota descrivendo un'orbita circolare.[7] La fisica non c'entra, è ancora da inventare, valgono ragioni ideali, estetiche, magiche. Il cambiamento di visuale, comunque, è fondamentale. La Terra ruota su se stessa con un periodo giornaliero e ciò spiega il moto apparente dei corpi celesti. Ed effetto del moto di rivoluzione della Terra[8] è il moto annuale del Sole lungo lo Zodiaco. Ma le effemeridi di Copernico non migliorano quelle antiche perché le orbite circolari comportano anche i vecchi epicicli. Tuttavia è il primo passo in un mondo fermo da secoli.

Il *De revolutionibus* uscì[9] con una presentazione del curatore Andrea Osiander, teologo e astronomo luterano, il quale, tradendo lo spirito dell'opera,[10] la presentò come semplice ipotesi matematica, utile nei calcoli astronomici, l'antico "salvare i fenomeni". Il libro non fece comunque un grande effetto. Scritto in latino, poteva esser letto solo dai sapienti. Copernico, d'altronde, non aveva alcuna intenzione di superare la soglia dell'Accademia. Perciò non dette fastidio alla Chiesa, nessuno avvertì la possibile bomba a orologeria e lo stesso papa Paolo III accettò la dedica del libro. Lo criticarono, aspri, invece, Martin Lutero e Filippo Melantone. Il primo gli dette dell'imbecille[11] – come non si sapesse che Giosuè fermò il Sole e non la Terra – e il secondo dichiarò che il dovere di un governo avveduto era quello di non tollerare la diffusione di idee assurde di quel genere.[12]

Il Papa e i suoi consiglieri capirono il pericolo solo settant'anni dopo e, nel 1616, il *De revolutionibus* fu inserito nell'*Index librorum prohibitorum* (ne uscì nel 1835). Un provvedimento inutile: l'onda di piena della scienza moderna non si sarebbe più potuta fermare.

Comunque, all'epoca della sua pubblicazione non successe nulla. Per la gente tutto fu come prima, e i dotti fecero del libro di Copernico motivo di discussione accademica, niente di più. Come sempre. Ancora oggi molta gente crede nelle favole dei nostri avi, benché possa significare vivere in grande contraddizione con se stessi. Forse perché, come scriveva Blaise Pascal:[13] «Il cuore ha le sue ragioni, che la ragione non conosce». Sennò come spiegare i milioni di fedeli delle religioni o le credenze prive di qualsiasi base razionale? Perché nella Toscana di oggi (o almeno di qualche decina di anni fa), come risulta dall'inchiesta di Alfonso Di Nola,[14] gente di un mondo traboccante tecnologia e scienza crede nella presenza del diavolo, consulta il mago, lo stregone, il cartomante e usa amuleti contro il malocchio?

A parte quest'ultima osservazione, ormai entrati nel "tempo nuovo", da qui in avanti diremo degli scienziati e delle loro "invenzioni". Senza spirito di sufficienza. Non possiamo ritenere "superiore" chi mette la razionalità, anziché, poniamo, la generosità, o l'empatia, sopra ogni altro aspetto dell'essere. Chi non sa, infatti, dell'esistenza di individui molto razionali che "sperimentarono" sugli uomini nei campi di concentramento, e di altri, anch'essi molto razionali, i quali senza troppi problemi prepararono una bomba capace di uccidere 100 000 persone in un solo colpo?[15] Oltre a ciò, sull'effettivo potere della razionalità di comprendere la realtà si potrebbe discutere a lungo. Tanto per fare un esempio: se la specie umana è un frutto dell'evoluzione – e come dire di no? – i poteri del cervello dell'uomo devono essere il risultato di questo faticoso processo. Quindi, pur tenendo conto dell'enorme contributo dell'evoluzione culturale, si può aspettarseli illimitati? Scrive Noam Chomsky:[16]

> Di sicuro, nessun ratto può imparare a risolvere un labirinto che richieda di svoltare a destra ad ogni incrocio che corrisponde a un numero primo, e a sinistra a tutti gli altri [...].

Il ratto, infatti, è un prodotto dell'evoluzione e la specificità e i limiti delle sue possibilità non meravigliano nessuno. Allora, dovrebbe sembrare corretto supporre che anche l'uomo, *in quanto prodotto dell'evoluzione*, abbia possibilità e limiti (certo diversi da quelli del ratto, dello scimpanzé, della rondine, del ragno...) oltre i quali non possa andare. E se sembra corretto, non potrebbero esistere per l'uomo problemi inconcepibili (come i numeri primi per il ratto) o problemi insolubili benché concepibili?

In ogni modo, non vi può essere alcuna certezza di superiorità da parte di chi affronta le cose con razionalità. Da dove trarrebbe tale certezza? Si può seguire la ragione, si possono seguire i sentimenti. Chi è nel giusto? Se pensiero e sentimenti sono, entrambi, prodotti del cervello, sulla base di che cosa si potrebbe dare maggior "valore assoluto" (sul valore "pratico" si potrebbe discutere tutta la notte) all'una o all'altra scelta?

È evidente (a me sembra evidente) che la spinta a essere razionali non è razionale e chi la segue risponde a una tendenza personale, un gusto, un piacere, un sentirsi meglio così. Non ha alcuna giustificazione (spiegazione) per sentirsi "migliore" di chi fa scelte diverse.

Ne *L'imitazione di Cristo*, questo libro che viene dal lontano Medioevo, si legge:[17] «È più sicura strada per andare a Dio l'umile cognizione di te, che non il profondo scrutamento della scienza».

Noi, razionali, di chi la pensa così pensiamo, compatendo un po', che non capisce. Esattamente come chi la pensa così, compatendo un po', pensa di noi che amiamo la ragione.

Lo scienziato, come tutti, spinto dalle motivazioni più diverse, sulle quali non discutiamo, fa certe cose, altri non le fanno, non gli piacciono o non gli riescono. E qui finisce il discorso. Il resto è propaganda. Con questa convinzione (irrazionale) dirò della scienza.

10. Si leva l'ancora

Dalla morte di Copernico sono passati trentatré anni quando, in Danimarca, nell'isola di Hven, per opera di Tycho Brahe, sorge il primo osservatorio astronomico d'Europa: Uranienborg e, dopo altri otto anni, un secondo osservatorio, Stjerneborg.

Copernico non ha fatto breccia nella mente di Brahe. Ciò perché, Bibbia a parte, le osservazioni stellari non rivelano alcun cambiamento delle posizioni tra le stelle, cosa necessaria, almeno per quelle più vicine, se la Terra girasse intorno al Sole. Invece, niente.[1] Non solo: anche la storia della rotazione diurna non può esser vera; se lo fosse, si potrebbe accorgersene con facilità perché l'alta velocità di rotazione causerebbe un forte vento da est. Senza contare che, ad esempio, un sasso caduto dalla sommità di una torre non potrebbe arrivare proprio ai suoi piedi e una bocca da fuoco che sparasse verso est dovrebbe avere una gittata più grande. Dunque Brahe non è copernicano. Tuttavia abbandona anche Tolomeo perché vede cose nuove. Ad esempio, nel 1572, una stella molto brillante (la chiama "nova"), mai vista prima, che un anno e mezzo dopo, sempre più debole, scompare. Il che significa che i cieli non sono immutabili. Poi, nel 1577, misura la parallasse diurna di una cometa[2] e ne deduce la distanza: la cometa non si trova nel mondo sublunare ma nella sfera di Venere. Di conseguenza, non è un fenomeno ottico o meteorologico come voleva Aristotele.[3] Le conferme gli vengono dalle comete del 1580, 1582 e del 1585. E c'è dell'altro. Le osservazioni dell'opposizione di Marte[4] del 1582-1583 mostrano che, all'opposizione, la distanza del pianeta dalla Terra è minore di quella del Sole e poiché per Tolomeo quella distanza dovrebbe essere sempre maggiore Marte dovrebbe attraversare la sfera cristallina del Sole. E poiché ciò è impensabile, sono impensabili le sfere cristalline. Tycho, dunque, ha ottime ragioni per sentire di dover inventare un mondo nuovo. E poiché ci sa fare lo inventa davvero. In esso la Terra non vola come fosse una rondine, come vorrebbe Copernico, ma sta ferma, come è sempre stata, e la Luna e il Sole le ruotano intorno come hanno fatto sempre. Però, tutti gli altri corpi ruotano intorno al Sole (e con questo, ovviamente, intorno alla Terra, la quale, però non si trova al centro delle loro orbite). I moti continuano a essere circolari. Le orbite di Mercurio e di Venere sono più piccole di quella solare, le altre più grandi. Fine dei problemi.

Dal punto di vista del calcolo, l'idea di Tycho è equivalente a quella di Copernico,[5] ma la Chiesa (pure a quella protestante) la preferisce. Lascia la Terra dove è giusto che sia, salva le apparenze e comporta calcoli più semplici di quelli propri del sistema tolemaico tuttora in uso. L'universo di Brahe è finito; il raggio della sfera celeste è maggiore, ma non troppo, di quello di Saturno: 14 000 raggi terrestri.

Nel 1597, Brahe abbandona Hven[6] e va al castello di Benarek, vicino a Praga, come matematico imperiale di Rodolfo II d'Asburgo. Si direbbe un fatto voluto dal destino perché lì, nel 1600, arriva Giovanni Keplero, ottimo matematico, a fargli da assistente. Giusto in tempo. Infatti, nel 1601 Brahe muore.

Keplero, da uomo mite qual è, forse non gioisce della morte di Brahe, ma una cosa è certa: grazie ad essa gli son piovuti nelle mani i più abbondanti e migliori dati sul sistema solare mai esistiti da quando si studia il cielo. Ebbene, volgerà questa fortuna alla costruzione di un sistema del mondo col quale manderà definitivamente in soffitta quello di Tolomeo.

Copernicano, astrologo con una certa fama, sente un legame profondo tra l'uomo e il cosmo e procede, senza perdere tempo. Trovata l'orbita circolare (così deve essere!) di Marte, ottiene differenze fino a 8' tra le longitudini eliocentriche[7] da lui calcolate e quelle osservate: ben quattro volte maggiori degli errori possibili per Brahe, al quale crede ciecamente. Dunque ci deve essere qualcosa di sbagliato. Un anno andato in fumo. Allora ricomincia. Altro tempo buttato. Così prende la grande decisione: basta con i cerchi e gli epicicli, basta con i pre-giudizi. Invertiamo il procedimento. Si parte dai dati e si deduce l'orbita. Fa e rifà annosi calcoli finché, nel 1609, può pubblicare *Astronomia Nova*[8] con le sue prime due leggi sul moto dei pianeti che stabiliscono il carattere fantastico dei "luoghi naturali" aristotelici.

L'universo, benché grandissimo, rimane finito e chiuso dalla sfera celeste,[9] ma è geometrizzato e in esso i "luoghi" sono equivalenti. Il suo diametro è 4 milioni di volte quello del Sole, la sfera delle stelle fisse racchiude dunque uno spazio 64×10^{18} (64 miliardi di miliardi) di volte il volume del Sole.[10] Inoltre, non c'è distinzione tra moti "naturali" e moti "violenti".

Nell'*Astronomia Nova* scrive quello che Arthur Kostler chiama un grido di guerra:[11]

> Ecco per quel che riguarda l'autorità della Sacra Scrittura. Quanto alle opinioni dei santi in quel che ha tratto alle materie naturali, risponderò in una parola che il peso dell'Autorità conta in teologia, mentre in filosofia solo conta il peso della Ragione [...]: per me tuttavia più santa di tutto è la Verità quando, con tutto il rispetto che devo ai dottori della Chiesa, dimostro in base alla filosofia che la Terra è rotonda, abitata in ogni dove da degli antipodi, di piccolezza del tutto insignificante e che essa viaggia rapida, tra gli astri.

Nel 1612, Keplero deve trasferirsi come *mathematicus* provinciale a Linz e nel 1619 pubblica l'*Harmonices Mundi* con la sua terza legge che completa il quadro del sistema planetario. Di quello che si era creduto per secoli non rimane più nulla. Scrive:[12]

> L'ispirazione che mi è venuta venticinque anni or sono [...] questa idea, con l'aiuto di Dio [...] l'ho finalmente messo in chiaro [...] il

grande sole della visione più meravigliosa, adesso nulla mi tratterrà. [...]. Ecco, ho gettato i dadi e scrivo un libro sia per i miei contemporanei che per i posteri. La cosa mi è indifferente. Può aspettare cento anni un lettore, Dio ha ben aspettato un testimone seimila anni [...].

Il grande lavoro di Copernico, Brahe e Keplero, e quasi un secolo di tempo non furono sufficienti per muovere le acque stagnanti. Tutto restò confinato ai dotti e c'era chi trovava interessanti le nuove idee e chi non le condivideva. Si legge, si critica, si discute, e si tira avanti. Saluti e inchini. Vita di accademia.

In realtà, capire qualcosa del cielo interessa pochi individui un po' "folli" o "sonnambuli",[13] non contenti di seguire le istruzioni per vivere, piovute dall'alto. La stessa accademia li ostacola. Come dirà Max Planck, spesso le nuove idee, prima di diventare comune sentire, devono aspettare la scomparsa degli oppositori perché la nuova generazione le abbia familiari fin da quando apre gli occhi sul mondo. Ciò è comprensibile: se lavori una vita intera credendo in certe idee, e poi arriva uno a dire cose che, se si affermano, sei certo che avresti speso meglio il tuo tempo se tu avessi contato i sassolini della strada davanti a casa tua, è difficile accettare le novità con cuore tranquillo.

Inoltre, nel passato, la scienza, oggi un fatto sociale, un lavoro, un mestiere, era tutt'altra cosa. I grandi scienziati, come gli artisti, vivevano sotto la protezione di re, principi, nobili, alti prelati più o meno illuminati o desiderosi di possedere tutto ciò di cui si può godere: palazzi e giardini di sogno, belle donne, cervelli fini e abili artisti.

La gente comune ha sempre contato poco più, o forse meno, di niente. Avete presente ciò che nel film *Il marchese del Grillo*, Alberto Sordi, che impersona il marchese, dice a un poveraccio qualunque dell'epoca della Roma papalina ottocentesca? Ecco, quello; e se non lo sapete potete facilmente immaginarlo. Non si tratta di un documento storico, ma la considerazione in cui era tenuto il popolo era, e tutto sommato è tutt'oggi – anche se non in modo così plateale –, proprio quella. Figuriamoci se la gente comune del Seicento si interessava al cielo dei signori. Nel 1789, in piena rivoluzione industriale, la folla lanciata alla presa della Bastiglia sarà folla di straccioni. Non ci guadagnerà molto, poiché la rivoluzione industriale rivestirà di nuovi panni l'eterno sfruttamento del debole da parte del forte.[14]

E nel 1917 sarà sempre una folla di diseredati ad entrare, senza essere stata invitata, nel palazzo d'inverno dello zar. Questo tipo di moltitudini non ha mai partecipato a dotte discussioni,[15] ha avuto altro da fare e, al più, ha seguito l'insegnamento della Madre Chiesa o di altra paragonabile e notevole madre.

Torniamo ai nostri "sonnambuli". Nel passato, i capi e i sacerdoti dicevano com'era fatto e come funzionava il mondo: di sotto la Terra, di sopra il cielo. C'era bisogno d'altro? Però, ora, nascono troppo spesso "sapienti", filosofi e scienziati disfattisti, e pian piano tramonta il tempo di una fede buona per tutti. Chi la scrive in un modo, chi in un altro.

La Chiesa si difese e spesso diventò cattiva. Bruno, domenicano, accusato di eresia, fuggì all'estero e, diventato luterano, riempì il mondo, infinito, di stelle e di pianeti abitati come il nostro.[16] Magia e astrologia furono per lui mezzi di conoscenza e la sua filosofia fu un po' confusionaria ma coraggiosa. L'avventato tornò in Italia, naturalmente finì in prigione e ci restò otto anni. Alla richiesta di abiurare, cocciuto, rifiutò. Era il 17 febbraio 1600 quando

> [...] tanto perseverò nella sua ostinazione che da ministri di giustizia fu condotto in Campo di fiori, e quivi spogliato nudo e legato a un palo bruciato vivo, accompagnato sempre dalla nostra Compagnia cantando le litanie, e li confortatori sino all'ultimo punto confortandolo a lasciar la sua ostinazione con la quale finì la sua misera ed infelice vita.[17]

Pure Campanella era domenicano. Si occupò di magia naturale e di occultismo. Anche lui mise nella sua filosofia un po' di tutto: naturalismo, spiritualismo, trascendenza, Tommaso d'Aquino, Agostino di Tagaste, Ermete Trismegisto, Galileo Galilei, principi attivi del caldo e del freddo, il Sole padre e la Terra madre. Finì in prigione, dove rimase per 27 anni, e non fece una brutta fine solo perché fu ritenuto pazzo.

In ogni modo, piaccia o no, benché con lentezza quasi esasperante, passi avanti sono stati fatti. Ma chissà quanto ci sarebbe voluto se, a un tratto, uno scossone non fosse venuto da un professore di 45 anni dell'Università di Padova, Galileo Galilei, uomo brillante, matematico, fisico, scrittore, musicista, inventore, ambizioso e certo del proprio genio. Conosce Euclide, Apollonio, Archimede e vuole riprendere il loro cammino arrestato dall'accettazione secolare del pensiero aristotelico-tolemaico. Nel 1610 pubblica un libro dal curioso titolo *Sidereus Nuncius* le cui prime parole sono:[18]

> Grandi invero sono le cose che in questo breve trattato io propongo alla visione e alla contemplazione degli studiosi della natura. Grandi, dico, sia per l'eccellenza della materia per se stessa, sia per la novità loro non mai udita in tutti i tempi trascorsi, sia anche per lo strumento, in virtù del quale quelle cose medesime si sono rese manifeste al senso nostro.

E grandi sono davvero. Con uno strumento da lui chiamato "cannocchiale",[19] e da lui costruito dando credito alla voce dell'esistenza di una specie di giocattolo, circolante in Europa, capace di far vedere vicino ciò che è lontano, ha scoperto alcune cose sensazionali: la Luna non è un corpo perfetto, ha monti, valli e pianure come la Terra!; la Via Lattea è una distesa infinita di stelle; quattro stelline ruotano intorno a Giove e questa è davvero una notizia perché mostra che la Terra non è l'unico centro intorno al quale possono muoversi altri corpi.

Galileo sta lavorando sui problemi del moto con risultati più che sufficienti per scuotere non solo l'astronomia ma l'intera fisica aristotelica. Tuttavia decide di metterli da parte per dedicarsi al cielo. Con intuito odierno sa che le idee hanno bisogno di farsi conoscere. Pubblicità.

Il *Sidereus Nuncius* lo scrive in latino. Non ha certo la forza, l'arguzia, l'efficacia rappresentativa e l'eleganza del suo italiano. Pur tuttavia è una cosa diversa dal solito: asciutto, privo o quasi di partecipazione emotiva, scientifico in modo moderno.

Il momento è cruciale e Galileo vuol disporre di tutto il suo tempo. E trova il modo di farlo. Chiama "Pianeti Medicei" le stelline che ruotano intorno a Giove e dedica il suo libro rivoluzionario al Granduca di Toscana, Cosimo II de' Medici[20] il quale, grato, nello stesso 1610, lo chiama presso di sé e lo nomina "Primario matematico e filosofo del Granduca". Quel "filosofo" dà a Galileo l'autorevolezza necessaria per discutere del senso delle cose. La tradizione secolare, infatti, vede nel matematico un "tecnico", prezioso ma tecnico, e un tecnico non sa filosofare. È certamente vero che nel mondo, la vita attiva stia prendendo sempre maggiore importanza su quella contemplativa,[21] però benché le arti meccaniche perdano, col tempo, la connotazione di arti servili, rimane l'idea della loro inferiorità rispetto all'arte liberale. D'altronde, ancora oggi, tempo di scienza e di tecnologia, nell'opinione corrente i rappresentanti della cultura sono, essenzialmente, i letterati, i filosofi e gli artisti. Molto di rado si pensa agli scienziati e, quando accade, li si nomina a parte, con espressioni del tipo: "erano presenti rappresentanti del mondo della cultura e della scienza" con evidente distinzione tra cultura e scienza. Gli scienziati si dedicano a un'attività molto vicina alla prassi, non al libero pensiero, alla fantasia, alla creazione. È una tara che, specialmente nel nostro Paese "crociano" e non poco baciapile, ci portiamo dietro da secoli e sarà difficile liberarcene.

Galileo, dunque, cambia strada. Scopre le fasi di Venere dalle quali trae una nuova conferma della correttezza della teoria copernicana,[22] studia le macchie solari scoprendo che il Sole, oltre a non essere perfetto e incorruttibile, mostra "nubi" e gira su se stesso. Nello stesso tempo costruisce cannocchiali e li regala a persone importanti e a potenti. Uno di quei cannocchiali arriva nelle mani di Keplero che, come è del suo carattere, si butta a capofitto sulla novità sollevata da quelle lenti e già nella primavera del 1611 pubblica il *Dioptricæ* aprendo la strada all'ottica moderna.[23]

Domenicani e gesuiti sono subito sul piede di guerra. E tuttavia, nel 1611, a Roma, Galileo ha il plauso degli studiosi del Collegio Romano (aristotelici), è ricevuto dal papa Paolo V e dal cardinale Maffeo Barberini, che nel 1623 sarà il papa Bonifacio VIII,[24] e il principe Federico Cesi lo vuole tra i soci della sua Accademia dei Lincei. Insomma, il "potere" sembra dalla sua parte. Ma Galileo cerca anche l'appoggio della Granduchessa, madre del Granduca di Toscana, la quale, bigotta com'è, potrebbe fargli venir meno la protezione del figlio. Così, scrive la *Lettera a Madama Cristina di Lorena granduchessa di Toscana*[25] in cui cerca di spiegare il suo pensiero sui rapporti tra la scienza e la fede. Ma la lettera diventa una nuova arma in mano ai suoi nemici, ne è impensierito e nel 1616 torna a Roma a spiegare la sua buona fede. E gli va bene. Non gli succederà niente, ma non parli più dell'opera eversiva di Copernico che proprio ora viene bandita.[26] Tranquillizzato, nel 1623 pubblica *Il Saggiatore,* un nuovo saggio del suo pensiero riguardo alla scienza e sulla potenza della matematica nell'indagine della natura. Sulla quale scrive di nuovo nel *Dialogo sopra i due massimi sistemi del mondo* (1632), usando anche, però, parole che a orecchie di fedele non possono non suonare grave bestemmia. In un passo arriva a dire, chiaro e tondo, che vi sono momenti in cui le capacità del nostro intelletto uguagliano quelle di Dio.[27]

Ed è la caduta. Nel 1633, Galileo deve risponderne: doveva dimenticare la teoria copernicana e invece l'ha addirittura difesa. Il processo non finisce con un rogo perché Galileo abiura e maledice anche l'odore del copernicanesimo, ma non evita la reclusione perpetua nella villa "Il Gioiello", ad Arcetri, sulle colline di Firenze.

Se l'è vista brutta, questa volta si è spaventato davvero e l'ha capita: non parlerà più di Copernico, è ovvio. Ciò nonostante, non la vuol dare per persa, ha altri mezzi per demolire la fisica aristotelico-tolemaica e li userà. Riprende i suoi vecchi lavori e li sviluppa. E nel 1638, in Olanda, l'editore Louis Elsevier pubblica, in italiano, il nuovo libro:[28] *Discorsi e dimostrazioni matematiche intorno a due nuove scienze attinenti alla meccanica ed i movimenti locali.* Non è un libro "politico" come il *Dialogo,* è scienza, è la scienza nuova. Parla di meccanica, del moto dei corpi, del comportamento delle travi sottoposte a un carico, di una possibile struttura atomica della materia e degli indivisibili.

Galileo muore nel 1642. Un secolo quasi esatto dopo Copernico e può sembrare che le cose non siano molto cambiate. Invece l'antico edificio presenta vistose crepe. Basteranno ancora poche spallate e tutto si sfascerà, come un castello di carte.

Contemporanei di Galileo sono Francesco Bacone in Inghilterra e Renato Cartesio in Francia.

Bacone, pur non essendo uomo di scienza ne capisce l'importanza e, nel *Novum Organum* (1620), propone l'organizzazione di una comunità scientifica con programmi di lavoro sostenuti dallo Stato e coordinati sul piano internazionale. Pensa che sia ora di smetterla col principio di autorità e con l'osservanza fedele della tradizione. Ora abbiamo la stampa, la bussola, la polvere da sparo, nuove terre oltre oceano. Ha limiti ma porta acqua al mulino del modo nuovo di guardare l'universo.

Cartesio vuol trovare un metodo per individuare le leggi messe da Dio nella natura. Come matematico crea la geometria analitica, un mezzo potente per fare scienza. Non apprezza l'opera di Galileo che, in sostanza, non ricerca le "cause prime". È copernicano, però prudente. Visto cosa è successo a Galileo? Comunque, poiché i pianeti non possono muoversi da sé riempie l'universo di vortici di una sostanza sottile in grado di trascinare i corpi celesti come verrebbe fatto da un grandioso meccanismo[29] è metafisica pura, tuttavia, in Francia, piace e l'idea sarà difesa contro quella dell'attrazione tra i corpi, poco dopo introdotta da Newton. Il *Discorso sul metodo* è del 1637 e *Il mondo o trattato della luce*, in cui il quadro meccanicistico del mondo appare chiarissimo, esce dopo la sua morte (1664).

Il 4 gennaio 1643 Newton nasce,[30] per sua fortuna, in Inghilterra. Il suo interesse va, fra l'altro, alla dimostrazione della necessità dello spostamento della Terra dal centro alla periferia, pur non estrema, dell'universo, e all'universo stesso, che ritiene creato da Dio, insieme con l'uomo, 6000 anni prima,[31] privo della rassicurante struttura aristotelica.

Nel 1687 Newton pubblica il libro-svolta: il *Philosophiæ Naturalis Principia Matematica*, o *Principia*, in cui la nuova meccanica, cominciata da Galileo e Keplero, trova una coerente sistemazione. Non è meccanica terrestre o celeste, è "meccanica". Ed è la pietra tombale dell'invenzione cosmologica aristotelico-tolemaica.

Intorno alla gravità e ai moti planetari, Newton aveva lavorato, in modo più o meno discontinuo, già dal 1664,[32] ma di questi problemi si erano occupati anche altri scienziati, ad esempio, il suo amico Edmond Halley[33] e Robert Hooke.[34] Nessuno però aveva saputo dar forma matematica alla legge che rendesse conto della sua azione.

Per Newton, i corpi si attraggono con una forza direttamente proporzionale al prodotto delle masse in gioco e inversamente proporzionale al quadrato della loro distanza.[35] Torna, trasformata, l'idea di Keplero dell'esistenza di un'influenza del Sole sui pianeti, o quella di Galileo secondo la quale i corpi celesti devono avere una "gravità" come quella della Terra, oppure una possibile esistenza di un effetto di tipo "magnetico" come quello proposto da William Gilbert nel suo libro *De magnete*, pubblicato nel 1600.

Sulla gravitazione piovono critiche. Una forza a distanza? Cioè? Una specie di magia esercitata da lontano? Questo Newton vuol far rientrare nella scienza quello di cui non si voleva più sentir parlare: le influenze, le simpatie, gli orrori medievali?[36] Newton, tutto sommato, è d'accordo con chi non ci crede e scrive:[37]

> Che la gravità debba essere innata, inerente ed essenziale alla materia, cosicché un corpo possa agire su un altro a distanza attraverso il vuoto, senza la mediazione di alcun'altra cosa, mediante e attraverso la quale la loro azione e forza possano essere trasportate dall'uno all'altro, è per me un'assurdità così grande, che penso che nessuno

che abbia un'adeguata facoltà di giudizio in campo filosofico possa mai neppure pensarla.

E tuttavia non cambia strada. Non gli interessa sapere se quella forza ci sia o no, e dichiara di non fare ipotesi sulla sua natura. Oggi si direbbe: lo so, è un'assurdità ma funziona, e per quanto mi riguarda tutto avviene come se una forza esistesse davvero.[38]

Nell'universo di Newton il tempo è assoluto. Nella pratica, invece, serve a stabilire dove si trovi quel pianeta: ora è qui, e ora è lì, e ora, invece, è di nuovo qui. L'universo non si evolve. Com'è rimarrà fino a quando il Creatore lo vorrà perché sarà giunta l'ora di passare al giudizio dei vivi e dei morti. Newton crede in un Dio trascendente l'universo e, precorrendo il deismo settecentesco, concepisce il rapporto tra Dio e l'universo come quello dell'orologiaio col suo orologio.

A Newton interessa la matematica (sviluppando e dando forma organica ai lavori dei suoi predecessori: Bonaventura Cavalieri, Pierre de Fermat, Gilles Personne de Roberval, John Wallis, Johann Hudde, Isaac Barrow inventa il calcolo differenziale), la luce e l'ottica. Nel 1668 inventa il telescopio a riflessione (avrà un futuro straordinario) e nel 1672 pubblica la memoria *Una nuova teoria sulla luce e sui colori* in cui afferma la natura corpuscolare della luce. Suscita polemiche e le sue *Lezioni di ottica* appaiono soltanto nel 1704, inserite nel trattato *Ottica*.[39]

Sulla scia di Galileo, con Newton, la matematica della natura entra nella storia della scienza, e non ne uscirà più. Quando muore (1727), gli vengono tributate onoranze regali.

In vena di modestia, Newton, pur riconoscendo di aver visto più lontano di altri, aveva attribuito i suoi meriti ai giganti apparsi sulla scena prima di lui, sulle cui spalle era potuto salire.[40] Ma fu veramente un grande, e il mondo, come disse Voltaire, non poteva essere che suo scolaro.[41]

A questo punto, il più sulla strada del cambiamento era stato fatto. Comunque, i pilastri della rivoluzione scientifica – Copernico, Brahe, Keplero, Galileo e Newton – non sono vissuti in un deserto di idee. Molti altri scienziati contribuirono a instaurare il profondo cambiamento culturale che in tre soli secoli ha portato l'uomo sul suolo lunare. È giusto ricordarne alcuni.

Nel 1617, Willebrord Snellius misura il meridiano terrestre; nella prima parte del Seicento Pierre de Fermat porta importanti contributi matematici e Pascal sviluppa il lavoro di Evangelista Torricelli sulla pressione atmosferica, chiarisce i concetti di pressione e di vuoto, si occupa di geometria proiettiva – un campo aperto dal matematico Girard Desargues –, studia (con Fermat) una teoria delle probabilità e nel 1652 costruisce un calcolatore meccanico capace di eseguire addizioni e sottrazioni. Nel 1647 Johannes Hevelius costruisce il più grande osservatorio del mondo e pubblica mappe del suolo lunare nel suo *Selenografia*. Christiaan Huygens, nel 1655, scopre Titano e gli anelli di Saturno,[42] nel 1656 costruisce l'orologio a pendolo che, col telescopio, diventa strumento fondamentale degli astronomi, nel 1678 formula la teoria ondulatoria della luce (pubblicata nel 1690). Nel 1661, Robert Boyle, mostra il carattere dei quattro componenti aristotelici della materia: sono parole campate in aria; esistono, invece, gli atomi, non scomponibili, diversi da sostanza a sostanza; si occupa dei gas e dei loro comportamenti, scopre i legami tra aria, combustione e respirazione, studia la propagazione del suono nell'aria, fa esperimenti sulla rifrazione, sui cristalli e sui colori. Nel 1665, Francesco Grimaldi scopre il fenomeno della diffrazione della luce, gettando così le basi sulle quali sarà costruita la teoria ondulatoria della luce. Nel 1667 Ismael Boulliau e nel 1671 Geminiano Montanari osservano, rispettivamente, le stelle variabili Mira Ceti e β Persei (Algol).[43] Giovanni Domenico Cassini osserva da Parigi l'opposizione di Marte del 1671-1672 mentre Jean Richer l'osserva da Cayenne con lo scopo di determinare l'unità astronomica; inoltre, Richer, ipotizzando per la Terra la forma di un ellissoide di rotazione, apre il capitolo della geodesia moderna. Nel 1676, Ole Rømer, osserva le eclissi dei satelliti di Giove da parte del pianeta[44] e stabilisce la finitezza del valore della velocità della luce. Tra l'altro, Halley pubblica un catalogo di 341 stelle dell'emisfero australe (1679) e un saggio su alisei e monsoni, individua nel riscaldamento solare la causa dei movimenti atmosferici e trova la relazione tra l'altezza sul livello del mare e la pressione barometrica; dal 1698 passa due anni nell'Oceano Atlantico, fra le latitudini 52°N e 52°S, e fa osservazioni del magnetismo terrestre i cui risultati, pubblicati nel 1701, formano la prima carta di questo tipo; nel 1718 scopre i moti propri stellari.[45] Nel 1727, James Bradley scopre il fenomeno dell'aberrazione della luce[46] il quale rappresenta la prova sperimentale della rivoluzione terrestre intorno al Sole.

L'elenco potrebbe continuare, a testimonianza del grande movimento di pensiero che portò alla scienza moderna, basata, questo è certo, come l'antica, su impressioni, parole e intuizioni, ma, a differenza dell'antica, solo come primo passo di un cammino fatto di osservazioni, misurazioni, discussione dei risultati, deduzioni, induzioni,[47] seguendo non tanto un preciso metodo di lavoro, inesistente nella scienza, quanto una metodologia la quale, seppure un po' vaga, comporta sempre la verifica dei risultati. La scienza, nel giro di un paio di secoli costruì un nuovo quadro dell'universo. L'ennesimo. L'ultimo?

11. Secondo intermezzo

Riassumiamo quanto visto fin qui.

Detto alla Thomas Kuhn,[1] è cambiato il paradigma di riferimento. Il mondo è sempre lo stesso, ma fatti nuovi non inquadrabili nella vecchia scienza hanno prodotto la crisi e qualcuno ha cambiato le carte in tavola. Il nuovo modo di figurarsi l'universo sostituisce le "proprie" ragioni a quelle del vecchio e – se non li nega – rende conto sia dei fenomeni noti e spiegati dalla scienza tramontata sia di quelli nuovi, via via incontrati e studiati. In genere, non c'è un solo nuovo modo di vedere le cose, ma ce n'è uno vincente. Tipo selezione naturale. E la proposta di Galileo-Newton ebbe la meglio su quella di Cartesio.

La visione di Kuhn tocca, tra l'altro, quanto gli scienziati dicono di sé. Questi si dicono spinti dalla curiosità, dalla sete di conoscenza e simili. A volte, magari, è così (e soprattutto finché sono giovani), ma secondo Kuhn lo scienziato "normale" si limita a darsi da fare nell'ambito del paradigma in cui viene a trovarsi a lavorare per dargli sempre maggiore attendibilità: cerca nuovi risultati e approfondimenti, fa verifiche, porta ampliamenti (comunque non è un lavoro da bambini!). Insomma porta acqua al mulino esistente.

Poi, di quando in quando, saltano fuori fenomeni inconciliabili col quadro vigente o nuovi "modi" di inquadrare e vedere le cose e si arriva alla rivoluzione successiva. Morte del vecchio paradigma e nascita di quello nuovo.

Forse Kuhn aveva in mente le botteghe dei pittori del Rinascimento che tenevano una scuola. Il maestro tracciava le linee principali di un quadro lasciando i particolari agli allievi, bravissimi pittori anch'essi ma non innovatori. E se il maestro era proprio un grande, il suo stile poteva avere una grande influenza sul mondo della pittura. Allora, per qualche tempo, i pittori, pur di grande talento, dipingevano "alla maniera di...". Finché all'orizzonte non spuntava un altro grande a "fare epoca"... e tutti dietro. Così, Giotto, Leonardo, Michelangelo, Raffaello, Caravaggio: ognuno dette avvio a un tipo di pittura ricordato con il loro nome e si parla di pittori giotteschi, leonardeschi, caravaggeschi e così via.

A mio parere, questa dei paradigmi è un'inutile complicazione. I ricercatori non sono una specie di schiavetti (psicologici) impegnati nello sforzo di giustificare in modo sempre più convincente il paradigma all'ombra del quale sono nati. Inoltre, i cambiamenti profondi di mentalità accompagnati dalla comparsa di nuovi strumenti intellettuali e materiali sono avvenuti ben di rado. Il resto è stato lenta evoluzione.

Il primo cambiamento importante avvenne intorno a 10 000 anni fa, quando l'uomo, con una transizione durata *alcune migliaia d'anni*,[2] divenne agricoltore e quindi fabbricatore di granai, accumulatore di cibo e di ricchezza, con la conseguente comparsa della divisione del lavoro, delle specializzazioni, della formazione di gruppi considerevoli fino alla costruzione di città e di Stati.

Il secondo è segnato dall'invenzione della scrittura, circa 6000 anni fa, presso il popolo dei Sumeri. Coincide con l'inizio della storia. Da ora in poi, il pensiero di un individuo potrà non morire con lui e arrivare in qualsiasi parte del mondo e in ogni tempo futuro. Le esperienze umane, non più costrette dalla comunicazione orale e limitate dal ricordo, possono accumularsi nel tempo, diventare patrimonio comune, conoscenza da tramandare con le generazioni. L'invenzione della scrittura rappresenta la base ed è lo strumento indispensabile di ogni futuro sviluppo culturale.

Il terzo è la comparsa dei filosofi-naturalisti nell'ambito della civiltà greca classica, poco meno di 3000 anni fa: al pensiero mitico dominante sostituiscono quello razionale. Un'innovazione che da un certo punto, a causa di motivi di carattere politico-sociologico, verrà messa da parte per più di mille anni.

Il quarto è la rivoluzione scientifica dei secoli XVI e XVII. Fu come se dopo un lungo periodo speso al livello prescientifico e un altro, più breve, di incubazione, l'umanità avesse ritrovato la strada, abbandonata con la fine dell'ellenismo, sulla quale sta ancora camminando.

Sulla scia degli apripista, prese sempre più piede la fisica teorica fino a formulare un pensiero talmente convincente e affascinante al quale nessuno (o quasi) intenzionato a esplorare il mondo, poté sottrarsi. Da allora la ricerca non si arrestò più, non ebbe più confini e si allargò a tal punto che, come osservò quel grande fisico che fu Ludwig Boltzmann,[3] l'ultima persona in grado di raccogliere in sé l'intero sapere del suo tempo fu Gottfried Wilhelm von Leibniz, filosofo e matematico, inventore, con Newton, del calcolo differenziale. Dopo di lui la scienza si frammentò in discipline sempre più numerose e di respiro limitato, con i relativi specifici linguaggi, e queste si suddivisero in specializzazioni per arrivare alla quasi inevitabile conseguenza che oggi, salvo rare eccezioni, gli scienziati conoscono e sanno lavorare in un campo molto ristretto senza poter fare incursioni nemmeno in campi attigui al proprio, e nella scienza le cose vanno un po' come in una grande fabbrica di automobili dove ogni operaio lavora solo a un particolare, in genere molto minuto, del prodotto finale, senza saper mettere le mani in nessun'altra parte della catena.

Con l'affermarsi della rivoluzione scientifica, la scienza cercò nell'universo quanto più è possibile della nostra razionalità. Secondo Boltzmann:[4]

> Nessuna teoria può essere qualcosa di oggettivo, effettivamente coincidente con la natura, che anzi ogni teoria è solo un'immagine mentale dei fenomeni, che si comporta con questi come fa il segno con ciò che designa. Ne consegue che non può essere nostro compito trovare una teoria assolutamente corretta, mentre lo è quello di trovare un'immagine il più possibile semplice[5] che rappresenti i fenomeni nel modo migliore possibile.

A questo proposito, si può ricordare l'entusiasmo dei primi tempi post-rivoluzione scientifica. Esso spinse gli scienziati a credere verità oggettiva quanto dicevano della realtà. Abbastanza presto, però, il continuo fiorire di nuove idee, i molti ripensamenti e cambiamenti di strada, mostrarono come di quadri della realtà ritenuti fedeli non ce ne fosse uno solo. Cominciavano a essere troppi. La conseguenza è immediata: non è possibile ritenere "giusto" l'*ultimo* dipinto perché è il più recente, o di poter dire d'uno di essi: «ecco, questo è il quadro». Accanto alla scienza, quindi, si sviluppò la filosofia della scienza: riflessione sulla stessa scienza, su quanto questa possa fare con i suoi metodi, i suoi esperimenti, le sue teorie.

Ricordiamo ancora, a questo proposito, l'opinione del grande Henri Poincaré:[6]

> [...] fin dagli albori della speculazione, sempre si ebbe il vago sentore che la scienza non miri a intendere, a valutare, a giudicare la realtà, bensì soltanto a descriverla, cioè a darcene un quadro abbreviato.

Ci occuperemo ora dei secoli più densi della storia della scienza. Non ricorderò l'opera di ogni scienziato importante di questo periodo. Oltre a essere un'impresa impossibile, non servirebbe al nostro scopo. Il quale è soltanto quello di constatare come, nel tempo, sia cambiata la visione dell'uomo sul mondo in cui vive. Quindi, al fine di non perdere di vista l'obiettivo, andrò via veloce.

12. Andare al lasco o di bolina

Allora, è successo qualcosa di nuovo e siamo partiti verso l'ignoto. All'inizio la navigazione sarà incerta, ma si andrà avanti. Di traverso, o al gran lasco, dipenderà dal vento. Nonostante tutto, la nuova scienza è nata. Sarà vista con sospetto, in alcuni Paesi con ostilità, però vincerà e cambierà il mondo al punto che regnanti, principi e governi di ogni tipo diventeranno il "braccio secolare" degli scienziati (quello con i soldi). Dal canto loro, gli scienziati impareranno a non sottilizzare troppo. In primo luogo per una buona parte di loro, come, in genere, per gli uomini comuni, il denaro non avrà odore, e poi, quando se ne parlerà, la gran parte dirà che se il nuovo coltello, scoperto o inventato, verrà usato per tagliare il pane o la gola di qualcuno, la scienza non c'entra, la scienza è neutra, semmai dovete pigliarvela con chi usa male i suoi prodotti.

Quindi, pur sapendo di mentire, non stupisce, sottili come sono, che non si attribuiscano nemmeno parte della responsabilità, lasciandola sulle spalle dei politici, della società e dei singoli individui. Lo sanno tutti che 5300 anni fa Ötzi, oggi la mummia del Similaun, se ne stava tranquillo, seduto in terra, a mangiare, quando è stato ucciso, a tradimento, con una freccia e un probabile successivo colpo di mazza o di scure alla testa.[1] C'era la scienza a quel tempo? Ecco, appunto! se gli uomini sono malvagi, se hanno dentro di sé qualcosa che li fa ingordi, predatori, sanguinari, la scienza può sentirsi responsabile? No di certo. Al contrario, è giusto affermare che la scienza lavora per il bene dell'umanità, e pertanto deve difendere la sua "libertà di ricerca" e ha diritto di essere finanziata (meglio se ben finanziata) dai poteri politici, militari o economici per poter superare i traguardi già raggiunti. Annota in proposito Umberto Galimberti:[2]

> Ebbene, è caratteristica propria della tecnica produrre effetti imprevedibili. E ciò perché la mentalità degli scienziati non è finalistica, ma procedurale, nel senso che un biologo, ad esempio, studia per dieci anni una determinata molecola; un altro, senza una ragione e senza uno scopo, studia per altri 10 anni un'altra molecola, perché l'etica della scienza impone di sapere tutto ciò che si può sapere. [...] la ricaduta antropologica non è lo scopo primario dello scienziato, il quale, nella sua ricerca, prescinde da qualsiasi utilità, scopo e destinazione. [...] Come ci ricorda Günther Anders, nel mondo di oggi le potenze nucleari hanno la possibilità di distruggere la terra diecimila volte, ma questo fatto non determina l'interruzione della ricerca sul perfezionamento della bomba atomica. Siamo dunque al limite dell'assurdo. Ma è proprio l'assurdo che ci fa vedere la caratteristica dell'apparato tecnico-scientifico che, essendo la condizione imprescindibile per la realizzazione di qualsiasi fine, non ha altro scopo che non sia l'auto-potenziamento.

Accademie, riviste e musei

Riprendiamo la nostra storia. Dal Seicento in poi, oltre alle vecchie accademie letterarie appaiono quelle scientifiche, e c'è un aspetto nuovo nella neonata scienza: pretende che i suoi risultati non siano opinioni di questo o di quello studioso, di questo o di quel gruppo di sapienti, ma siano validi per tutti. Con questo spirito, nel 1603 il diciottenne principe Federico Cesi fonda e finanzia l'*Accademia dei Lincei* a Roma, la quale, fin dall'inizio, ha soci stranieri ed è dotata di biblioteca, gabinetto di storia naturale e orto botanico. Con lo stesso spirito, nel 1657 il principe Leopoldo de' Medici fonda a Firenze, insieme col fratello Ferdinando II, granduca di Toscana, l'*Accademia del Cimento*. Caratterizzata dal motto "Provando e riprovando" (che non significava "prova-re e provare ancora" bensì "provare e rifiutare", cioè discutere, approfondire), si occupa, per un decennio, di ogni campo delle scienze naturali e costruisce apparecchi sempre più precisi: termometri, igrometri, microscopi, pendoli. Alcuni anni dopo (nel 1660), Carlo II Stuart istituisce la *Royal Society*, destinata allo studio delle scienze naturali e a esprimersi con un linguaggio adatto alla scienza. Il motto "Nullius in verba" (all'incirca: non c'è niente nelle parole) sottolinea, inoltre, come nella scienza contino solo le prove dei fatti. Nel 1665 la *Royal Society* pubblica le *Philosophical Transactions*: primo periodico scientifico del mondo e tuttora in vita, considerato un veicolo di promozione e di divulgazione della scienza per il bene dell'umanità.

Nuove accademie e società scientifiche sorgono un po' dovunque: a Berlino, a New Haven, a Breslavia, a Uppsala, a Bologna, a Madrid, a Pietroburgo... e nello stesso tempo nuovi istituti vengono dedicati alle tecnologie, alle scuole di medicina e di chirurgia, alle nuove, grandi biblioteche.

Oggi, le accademie, anche le più importanti, sono una gloriosa testimonianza storica, un'onorevole memoria vivente, ma, di fatto, sono una specie di "salotti" di intellettuali, la cui attività non ha quasi alcuna influenza sulla vita di un Paese. La ricerca, infatti, si fa nelle università e in migliaia di istituti e laboratori pubblici e privati; ogni anno appaiono milioni di articoli su quarantamila riviste specializzate (nel 2010: 1,5 milioni di articoli approvati da comitati di lettura)[3] riguardanti ogni ramo, anzi ogni rametto, della scienza; ci sono associazioni in ciascuna delle quali convergono centinaia, in vari casi migliaia, di ricercatori; vengono organizzati, ogni anno, innumerevoli congressi, simposi, workshop, tavole rotonde. Inoltre, i ricercatori non lavorano quasi mai da soli ma in più o meno folti gruppi internazionali costituiti da elementi che portano con sé competenze diverse in modo da formare, per così dire, una nuova specie di ricercatore, un "super-ricercatore". Il super-ricercatore che faceva capo al nostro premio Nobel Carlo Rubbia era formato da un centinaio di fisici e, naturalmente, da un adeguato numero di tecnici. È normale, quindi, che i ricercatori girino come trottole viaggiando da un continente all'altro grazie a programmi di interscambio che li coinvolgono fin da quando sono studenti universitari. E, come è noto, esiste una serie di legami telematici – come internet e altri specifici – divenuti una rete immensa e istantanea di comunicazione tra uomini, istituzioni e biblioteche, la quale fa sì che il mondo della ricerca funzioni, in certa misura, come un unico immenso laboratorio.

Nel Sei-Settecento e nell'Ottocento, una situazione come questa non poteva essere nemmeno nei sogni più arditi dei più arditi sognatori. A quei tempi i contatti erano affidati alle lettere tra i singoli studiosi e, a parte i libri, le accademie e le società scientifiche erano gli unici – e perciò importantissimi – luoghi di incontro diretto tra chi era dedito alla ricerca. Perciò fiorirono ovunque. I periodici comparvero solo un po' più tardi.

Il Settecento, con la grande *Enciclopedia* in 28 volumi – il capolavoro dell'Illuminismo – realizzata da Denis Diderot e Jean Baptiste Le Rond d'Alembert ebbe interessi classificatori e descrittivi. Ma il Settecento aveva ben capito come la scienza, oltre a essere erudizione, ricerca della soluzione di problemi più o meno astratti, potesse rappresentare, con le sue applicazioni tecniche e pratiche, un sicuro aumento della ricchezza e del benessere generale.

Con Antoine-Laurent Lavoisier, nasce, infatti, la chimica moderna; Benjamin Franklin, Luigi Galvani e Alessandro Volta fanno i loro primi esperimenti sull'elettricità e, nel 1765, James Watt costruisce la prima macchina a vapore,[4] un'invenzione che, rendendo possibile usare la forza del vapore al posto di quella dell'uomo, dell'acqua o del vento, ebbe un'enorme importanza sociale. Prima della fine del secolo, questa macchina, alimentata dal carbone, fu già nelle fabbriche, nelle fonderie e nelle filande. Dal 1760 circa al 1830 l'estrazione mondiale del carbone e la produzione del ferro aumentarono vertiginosamente. Nel 1830, nella sola Inghilterra funzionavano (in terra e in mare) 15 000 motori a vapore.

In seguito, il nuovo modo di fare scienza dell'Ottocento e, a maggior ragione, del Novecento, portò alla produzione di riviste dedicate all'approfondimento e alla considerazione di singoli campi di studio e di ricerca. Apparvero le ben note riviste *Scientific American* (1845), a carattere divulgativo, *Nature* (1869) e *Science* (1880), destinate agli studiosi e tuttora diffuse in tutto il mondo. Dopo i primi esempi di riviste dedicate ai problemi dell'agricoltura,[5] presero il via i periodici, che oggi sono migliaia, dedicati agli aspetti più disparati della scienza. E si moltiplicarono quelle accademie e quelle società scientifiche che già dal Seicento erano nate in Europa, come l'*Académie Royale des Sciences* di Jean-Baptiste Colbert (1666), l'*Osservatorio astronomico di Parigi* (1672), l'*Osservatorio astronomico di Greenwich* (1675), che ebbe il compito di risolvere il grave problema della determinazione della longitudine in mare,[6] ancora irrisolto[7] e cruciale per l'Inghilterra dell'epoca. Sorsero gabinetti di fisica, osservatori astronomici, orti botanici, teatri anatomici, giardini zoologici, musei naturalistici tematici, musei dedicati alla scienza e alla tecnica, alla storia naturale, alla storia della scienza, ai prodotti dell'industria.

E dall'Inghilterra partì la prima rivoluzione industriale. Portò con sé un profondo cambiamento nel modo stesso di vivere. La macchina, infatti, creò la divisione del lavoro che nelle campagne diminuì la richiesta di mano d'opera con la conseguenza che parte della popolazione contadina si riversò nelle città industriali. Nacque così la classe operaia, una grossa novità, contrapposta alla borghesia industriale. Si svilupparono grandi capitali, nuovi impieghi industriali e aumentarono le vie di comunicazione (ferrovie, navi a vapore). Su tutto ciò, quasi un simbolo, nel 1783 si alzò in volo la mongolfiera dei fratelli Jacques e Joseph Montgolfier. Per la prima volta l'uomo si staccò dal suolo per andare fra le nuvole.

Questi cambiamenti formarono la cornice in cui si sarebbe sviluppata la ricerca scientifica dei secoli successivi. L'universo degli antichi sarebbe apparso sempre più come un racconto fantastico, e sarebbe arrivato il giorno in cui il pensiero si sarebbe volto a studiare il pensiero. Sarebbe stato come l'affacciarsi sul baratro della conoscenza, forse tautologia o gioco di parole, e, come il vecchio, il nuovo universo sarebbe apparso invenzione del cervello dell'uomo.

Ma non potendo liberarsi del cervello, non ci sarebbe più stata la certezza di non dire dell'universo solo ciò che di esso si è capaci di dire.

A questo proposito, il fisico Joseph Larmor sottolineò il fatto che non si può pensare di raggiungere la piena comprensione dei fenomeni, sia a causa delle effettive difficoltà non sempre superabili sia, e soprattutto, perché il nostro cervello, indispensabile in qualsiasi ricerca, è esso stesso un elemento (un fenomeno) di quell'universo di cui vogliamo capire le proprietà e il funzionamento.

13. Novità in cielo e sulla Terra

Pur riassumendo, avrò gravi difficoltà a dipingere il quadro assai complesso di quanto accadrà da qui in avanti perché avremo a che fare con storie che appartengono a campi diversi dell'attività umana ma che si svolgono contemporaneamente. Da ora in poi, infatti, gli avvenimenti saranno tutti con-cause e con-effetti di tutti gli altri e avranno importanti ripercussioni sull'immagine dell'universo. Non è facile raccontare questa cosa grande, nella sua totalità. Si potrebbe ricorrere a un ipertesto, ma, in tal caso, il tipo di comunicazione cambierebbe completamente e forse l'autore non saprebbe cavarsela. Bisognerebbe poter scrivere su più righe ed essere capaci di leggere come se si trattasse di una pagina orchestrale.

Allora non mi resta che confidare in chi legge chiedendogli di costruirsi una mappa mentale, a più dimensioni, nella quale accogliere e interpretare le dipendenze reciproche, gli scambievoli suggerimenti e i mutui condizionamenti dei diversi campi del sapere di cui parleremo.

All'alba del Settecento, Bacone, Keplero, Galilei e Cartesio erano morti da decenni, Huygens aveva chiuso gli occhi da qualche anno, Newton aveva pubblicato i *Principia* da più di vent'anni e, come Leibniz, stava concludendo la sua esistenza gloriosa. Avevano creato la fiducia di poter sapere come stanno le cose di questo mondo. Dopo tanto sonno (scientifico), il risveglio. Benché meno appariscente, la nuova scienza influì molto più profondamente di altri aspetti del Rinascimento sulla storia della civiltà europea e sul futuro dell'intero genere umano. Alla fine dell'Ottocento, infatti, nulla sarebbe stato più come due secoli prima e geni come Galileo o Newton avrebbero provato una specie di vertigine se fossero tornati tra i vivi.

Cominciò un tempo di invenzioni e realizzazioni pratiche che incisero sulla produzione industriale, cioè sulla varietà e sull'abbondanza dei beni di consumo, e provocarono lenti o turbinosi mutamenti sociali. Gli scienziati si impegnarono in un lavoro di verifica, correzione e consolidamento dell'eredità seicentesca e fecero ricerca in territori non ancora esplorati. Brillarono i matematici[1] i quali svilupparono fino alla perfezione la meccanica newtoniana e risolsero nuovi formidabili problemi. La voglia di sapere divenne imperiosa, irresistibile e i risultati della ricerca spinsero a costruire un nuovo quadro dell'universo nel quale, dopo millenni, non c'era più posto per gli dei, gli spiriti e le anime.

Vediamo, dunque, quello che successe nel Settecento e nell'Ottocento. Lo facciamo come quando da un aereo osserviamo il paesaggio, in modo riassuntivo, privo di quei dettagli che, quando sono troppi, possono distrarre.

Guardare il cielo con occhi nuovi

Ai grandi matematici dell'epoca possiamo accostare, abilissimi nel calcolo, Urbain Le Verrier e John Adams i quali, attribuendo a perturbazioni gravitazionali le irregolarità dell'orbita di Urano, il pianeta scoperto da William Herschel nel 1781, individuano (1846), col solo calcolo, il pianeta Nettuno. L'astronomia stava dando spettacolo!

Più o meno negli stessi anni, Jean Foucault, per mezzo di un pendolo di 67 metri di lunghezza fatto oscillare nel Pantheon di Parigi, dimostra la rotazione diurna della Terra (1851) che, insieme con quanto era già stato ottenuto nel 1729 da James Bradley sul moto della Terra intorno al Sole, pone la parola fine a un dibattito cominciato al tempo di Eraclide e Aristarco.[2]

Bisogna comunque tener presente che, come nel passato, per quasi tutti, le cose non sono cambiate. Occorre, come minimo, saper leggere, e nel Sette-Ottocento l'analfabetismo è una piaga sociale. Nel nostro Paese, ancora nel 1861 gli analfabeti rappresentano l'81% della popolazione.[3] Le stelle? La nonna di mio padre, vissuta in pieno Ottocento, le credeva "lumini attaccati alla volta celeste" e non sono sicuro che, in proposito, i miei nonni avessero idee molto diverse.

Ma proseguiamo. Nel 1750, per Thomas Wright, visto "da fuori" l'universo deve sembrare cilindrico e molto schiacciato. Immanuel Kant approva, e nel 1755 immagina che il sistema solare si sia formato da una nebulosa primordiale. L'idea, ripresa da Pierre de Laplace, nel 1796 diventa l'ipotesi di Kant-Laplace.[4] E Laplace aggiunge che le nebulose – già si contavano a centinaia –[5] appaiono tali solo perché i telescopi non sono in grado di mostrare la loro vera natura di agglomerati di stelle (potere risolutivo insufficiente).[6]

Verso la fine del Settecento, William Herschel costruisce i telescopi a specchio più grandi dell'epoca e, con la sorella Carolina, scandaglia il cielo in lungo e in largo. Scopre l'infrarosso, il pianeta Urano, due satelliti di Saturno e due di Urano, cataloga più di 2300 nebulose e descrive l'insieme delle stelle del firmamento come un agglomerato di forma discoidale, che noi vediamo dall'interno; lo dimostra la Via Lattea stessa, che non è che un effetto prospettico dovuto al fatto che la Terra deve trovarsi vicino al piano equatoriale del discoide. Nel 1805, poi, trova che il Sole va verso la stella ρ Herculis e riconosce il carattere di veri sistemi di due corpi di molte delle cosiddette "stelle doppie". E poiché tali sistemi seguono le leggi di Keplero, la legge di gravitazione di Newton diviene universale.

E poiché anche per Herschel, d'accordo con Laplace, il nostro sistema stellare non è l'unico nello spazio, da qui in avanti, si comincerà a parlare di universi-isola.

Nel 1825 Laplace pubblica il quinto, e ultimo, volume della sua grande opera *Meccanica celeste* (*Mécanique Céleste*: 1799-1825).

Rappresenta la *summa* dell'opera dei matematici e degli astronomi del Settecento e in essa sono considerate tutte le possibili problematiche: i moti planetari, la forma e il moto della Terra, le oscillazioni dei fluidi sulle superficie dei pianeti, i moti dei satelliti, le leggi dei gas e del calore. Per quanto riguarda i gas (trattati meccanicamente), accoglie elementi probabilistici, un aspetto che, sviluppato da Simeon Poisson, sfocerà nella fisica statistica.

Nuovi telescopi consentono di misurare le parallassi delle stelle più vicine (e quindi le loro distanze) e vengono realizzati grandi atlanti e cataloghi stellari di centinaia di migliaia di stelle delle quali si può studiare la distribuzione spaziale; viene formulata così la teoria della rotazione della Galassia. Insomma, il cielo comincia a non essere più così lontano, sconosciuto ed estraneo com'era sempre stato.

Ma c'è anche gente che vorrebbe sapere qualcosa della natura fisica degli astri nonostante che gli astronomi dell'epoca ritengano che si tratti di pure velleità.

Intanto, Claude Pouillet, col pireliometro[7] di sua invenzione, fa misure della cosiddetta "costante solare", cioè dell'energia emessa dal Sole e arrivata sulla Terra misurata in W/m^2 (1837-1838). È una "misura" di tipo fisico su un oggetto astronomico. Va be', pare niente, ma con questa misura nasce l'astrofisica. Non prenderà subito il volo – per il momento sarà piuttosto "astrochimica" – però non le occorrerà molto tempo per diventare l'aspetto principale della ricerca astronomica. Pouillet trova per la costante solare il valore di 1228 W/m^2 (contro gli attuali 1367) e con questo calcola la temperatura della superficie solare. Trova 1800 °C (contro il valore attuale di circa 5430 °C).[8]

Negli stessi anni (1844), Samuel Schwabe, che ha osservato il Sole per sedici anni, scopre il ciclo di circa 10 anni delle macchie solari.

Nel 1851 vengono introdotte le lastre fotografiche umide al collodio, e in pochi anni appaiono le prime fotografie di stelle e della Luna. Inizia la registrazione fotografica giornaliera del Sole e si scopre che la velocità all'equatore è maggiore di quella delle regioni polari e ciò significa che il Sole non è un corpo rigido. Nel 1887, l'invenzione delle lastre fotografiche secche al bromuro d'argento (1879) permette di dare il via al grande lavoro della *Carte du ciel* al quale partecipano diciotto osservatori astronomici sparsi nel mondo. Prima della fine del secolo, la fotografia viene impiegata nella ricerca di asteroidi e porta alla scoperta di Eros (1898) il quale, poiché si avvicina molto alla Terra, può servire a determinare la parallasse solare.[9] La scoperta della variabilità della stella δ Cephei; capostipite della categoria delle cefeidi (1894) apre insperate possibilità di determinare le distanze astronomiche maggiori di 300 anni-luce, limite delle misure trigonometriche.[10]

In questo tempo si impara ad usare gli spettri[11] delle sorgenti luminose. Sullo spettro continuo del Sole, scoperto da Newton, William Wollaston osserva varie righe scure e Joseph von Fraunhofer,[12] che le crede dovute a radiazioni di lunghezze d'onda assorbite da qualche sostanza (1814), varie centinaia. Fraunhofer osserva pure gli spettri di Venere, della Luna e di varie stelle dando inizio alla spettroscopia stellare una branca destinata a straordinari sviluppi. Nel 1859, infatti, la grande scoperta. Partendo dalla coincidenza di righe brillanti emesse da elementi diversi in laboratorio e righe scure dello spettro solare, Gustav Kirchhoff arriva a stabilire (1859) che le righe di un elemento possono apparire chiare (*righe di emissione*) o, se appaiono su uno spettro continuo, scure (*righe di assorbimento*). In tal caso sono prodotte dall'assorbimento di radiazione operato da un gas situato tra l'osservatore e la sorgente dello spettro continuo. Perciò, il confronto tra gli spettri di laboratorio dei vari elementi e quelli delle sorgenti celesti deve consentire l'analisi chimica di qualsiasi cosa brilli in cielo. Kirchhoff e Robert Bunsen si dedicano a questo lavoro e, nello spettro del Sole, identificano oltre al sodio vari elementi: il potassio, lo stronzio, il calcio, il bario. Lockyer scopre nello spettro della cromosfera il segno di un elemento sconosciuto (notato, nella stessa eclisse, pure da Pierre Janssen) che sarà osservato da Luigi Palmieri nei gas del Vesuvio

(1881), verrà isolato da William Ramsey, Abraham Langlet e Per Cleve (1895) e prenderà il nome di elio.[13]

In questo periodo, George Ellery Hale e Henry Deslandres inventano lo spettroeliografo col quale registrano i fenomeni solari in corrispondenza di uno stretto intervallo di lunghezze e, nel 1870, Jonathan Lane pubblica un lavoro: *Sulla temperatura teorica del Sole* in cui include il primo modello di stella. Degli atomi non si sa ancora nulla: bisognerà arrivare al 1926 per vedere *La costituzione interna delle stelle* di Eddington in cui, combinando la teoria dell'equilibrio radiativo e quella di Niels Bohr sulla struttura dell'atomo, verrà fatto il primo passo verso la descrizione di quanto accade nell'interno delle stelle.

William Huggins trova nelle stelle molti degli elementi individuati nel Sole (1864), e Angelo Secchi esamina circa 4000 stelle (1862-1868) e costruisce una classificazione spettrale di soli cinque "tipi spettrali".[14] Nel 1871, in Italia nasce la *Società degli spettroscopisti italiani*,[15] la prima del genere nel mondo.

Kirchhoff e Bunsen, intanto gettano le basi dell'analisi spettroscopica, la quale, oltre a permettere l'analisi chimica delle atmosfere stellari, diventa determinante nelle indagini sulla struttura della materia. Lo studio delle proprietà dei gas rarefatti, porta all'enunciazione della legge di Kirchhoff secondo la quale, a una data lunghezza d'onda e a una data temperatura assoluta del corpo studiato, il rapporto tra il potere di emissione e il potere di assorbimento del corpo non dipende dalla natura della sostanza di cui il corpo è costituito. Viene così alla ribalta il "corpo nero", l'ideale "radiatore perfetto", il cui potere di assorbimento è uguale a 1 (assorbimento completo) per tutte le radiazioni. Individuare la relazione tra il potere emissivo del corpo nero, la lunghezza d'onda della radiazione considerata e la temperatura diventa un punto focale della ricerca. Allo scadere del secolo, Planck ottiene una formula (in cui compare una nuova costante: $h = 6,63 \times 10^{-27}$ erg s) che riproduce quanto ottenuto in via sperimentale, ma comporta anche che l'energia radiante non è costituita da un continuo bensì da "elementi di energia" definiti dalla relazione $e = h\nu$.

Inoltre, la scoperta dell'effetto di un campo magnetico sugli spettri, messo in luce da Pieter Zeeman e giustificato da Hendrik Lorentz, consente nuove ricerche e ampliano la conoscenza della struttura della materia.

Come si vede, gli astronomi si muovono in ogni direzione e utilizzano conoscenze acquisite in altri campi: inventano e osservano le cose più disparate, lavorano in laboratorio e tentano approcci teorici. Nell'ultimo decennio del secolo vengono determinate con l'uso dello spettroscopio le velocità radiali delle stelle mediante l'effetto Doppler (1845), e Pierpont Langley, con il bolometro da lui inventato (1878), arricchisce le misure di Pouillet e produce una mappa dell'energia dello spettro solare continuo[16] fino alla lunghezza d'onda di 5,5 micron. Il valore dell'energia irradiata dal Sole[17] risulta enorme e sarà spiegato solo nel XX secolo. Ormai gli astri, la loro natura, il loro funzionamento, sono oggetti della ricerca.

Fisica e chimica affrontano il tema della materia

Nel 1758, Ruggero Boscovich, con il suo *Teoria della filosofia naturale*, non accetta l'esistenza dei corpuscoli e ritiene che gli "atomi", benché materiali, siano puntiformi, inestesi e indivisibili, e interagiscano con azione attrattiva o repulsiva in funzione della loro interdistanza. Non c'è nemmeno bisogno dell'impenetrabilità dei corpi se a distanze molto piccole tra i punti materiali l'azione repulsiva aumenta indefinitamente. Scrive:[18]

> Pertanto non può mai esistere una forza o una velocità finita, che possa annullare la distanza tra due punti, così come è necessario per la compenetrazione. Per far questo sarebbe necessaria un'infinita virtù Divina capace di esercitare una forza infinita, o di creare una velocità infinita.

In questo modo, Boscovich, sacerdote gesuita contrario ai concetti newtoniani di spazio e tempo assoluti, accetta l'azione a distanza e può fare a meno delle interazioni dirette della meccanica cartesiana escludendo dalla scienza l'incipiente meccanicismo. La sua idea "dinamistica" trova consensi, tra i quali quello di Kant al quale non piacciono i corpuscoli (gli atomi) dei quali non è verificabile l'esistenza. L'idea sopravvive decenni nell'ambito della *Naturphilosophie* dell'idealismo tedesco, mentre Michael Faraday ne trae ispirazione per il concetto di campo di forza, indispensabile nella fisica dei nostri giorni. Comunque, le leggi della meccanica newtoniana, corrette e sviluppate, continuano a essere preminenti e la scelta corpuscolare ha il sostegno di molti scienziati (non di tutti; non, ad esempio, di Lavoisier).[19] Nel seguente passo del *Saggio filosofico sulle probabilità* (1814) di Laplace,[20] si legge una delle espressioni più convincenti del determinismo ottocentesco, di questo "stato di grazia" della meccanica, regina delle scienze:

> Dobbiamo considerare lo stato attuale dell'universo come l'effetto del suo stato anteriore e come la causa del suo stato futuro. Un'intelligenza che conoscesse, a un istante dato, tutte le forze da cui è animata la natura e la disposizione di tutti gli enti che la compongono, e che inoltre fosse sufficientemente profonda da sottomettere questi dati all'analisi, ebbene, abbraccerebbe in una stessa formula i movimenti dei più grandi corpi dell'universo e degli atomi più leggeri; per essa nulla sarebbe incerto e ai suoi occhi sarebbero presenti sia il futuro sia il passato.

Dopo quanto Boyle (ricordato oggi dagli studenti per una legge sui gas perfetti)[21] aveva già fatto nel Seicento, a dare inizio deciso alle ricerche di chimica provvede Joseph Priestley. Isola l'ossigeno, ne dimostra l'importanza nei fenomeni vitali e chiarisce come siano le piante a produrlo. Dopo di lui arriva Lavoisier il quale, fra l'altro, riassume vent'anni di ricerche nel suo *Trattato elementare di chimica* (1789), un'opera destinata a influenzare in modo decisivo il futuro di questa scienza. In esso definisce l'elemento chimico come la parte più piccola alla quale può arrivare l'analisi, e afferma che, finché l'esperienza non dimostri il contrario, gli "elementi" sono corpi semplici. Enuncia inoltre la legge della conservazione della massa.[22]

Intanto, nella prima parte del Settecento, si sono messi tutti d'accordo sulla natura dell'elettricità: è un fluido presente nei corpi. Viene scoperta l'induzione elettrostatica, la differenza tra conduttori e isolanti, e viene supposta l'esistenza di due tipi di elettricità: vitrea e resinosa (in seguito, positiva e negativa). Ewald von Kleist inventa la "bottiglia di Leida" (1745) ed è la prima volta in cui si ha la possibilità di disporre di scariche di grande intensità: essa suggerisce a Franklin l'esistenza di un "fluido elettrico" dei corpi che, conservandosi, può passare da un corpo all'altro. Charles de Coulomb, invece, ragiona sulle cariche e trova una legge di interazione identica, nella forma, a quella di Newton relativa alle masse materiali. Di conseguenza, durante tutto l'Ottocento i fisici cercheranno di rappresentare ogni energia attraverso quella meccanica.

Nel 1799, appare la pila di Volta, una sorgente di elettricità di facile costruzione che dà la possibilità di sperimentare quanto si vuole.

Nel 1820, Hans Ørsted esamina in modo critico le conoscenze sui fenomeni elettrici e magnetici. Ne seguiranno, tra l'altro, l'unificazione di questi fenomeni e di quelli ottici e poi, per opera di André-Marie Ampère, l'elettrodinamica e l'unificazione dei fenomeni magnetici ed elettrici. Poi, nel 1826, Georg Ohm pubblica i suoi risultati sulle correnti elettriche nei conduttori metallici.

Pure i chimici si occupano di elettricità e assumono un ruolo sempre più importante nell'industria mineraria e metallurgica. Humphry Davy inventa la lampada di sicurezza e l'elettrochimica moderna; Joseph-Louis Proust enuncia la legge delle proporzioni definite (1797)[23] e John Dalton quella delle proporzioni parziali (1801)[24] e delle proporzioni multiple (1808).[25]

Sono leggi con cui si ottengono informazioni sulle caratteristiche degli atomi di cui è composta la materia. Dalton li immagina sferici e solidi e così li raffigura nelle pagine del *Nuovo sistema di filosofia chimica* (1808) e nei modelli in legno usati al fine di illustrare il suo pensiero.[26] E poco dopo (1811), Amedeo Avogadro riconosce differenti le molecole dagli atomi e questi come componenti delle molecole. Inoltre, fa l'ipotesi (oggi è un principio) che a parità di temperatura e di pressione, volumi uguali di gas contengano lo stesso numero di particelle (molecole o atomi). Sono risultati la cui importanza apparirà nel 1858, quando Stanislao Cannizzaro mostrerà come essi permettano di determinare i pesi atomici e molecolari.

Nello stesso tempo si scoprono, si isolano e si caratterizzano numerosi elementi e composti chimici. Nell'Ottocento, ai 32 elementi noti nel Settecento, se ne aggiungono 52, oltre alle "terre rare"[27] e ai gas "nobili".[28] Vengono formulate le prime teorie sui catalizzatori chimici, collegati (1835) da Jöns Berzelius a quelli biologici (i futuri enzimi). Si discute pure sui processi di fermentazione e si formulano due ipotesi: quella chimica e quella vitalistica.[29] Justus von Liebig, considerato il "padre" dei fertilizzanti azotati, si appassiona allo studio dei meccanismi di nutrimento dei vegetali (1840). Già verso la metà del secolo la ricerca si occupa di chimica organica teorica e di sintesi organiche. Dmitrij Mendeleev, ad esempio, conferma l'idea settecentesca di Michail Lomonosov secondo cui petrolio e metano sono il risultato della trasformazione di materiale biologico in idrocarburi (1877). Nelle mani di Carl Engler, questi studi diventano la scienza del petrolio.

Tuttavia, nonostante il già noto, nel 1844 la struttura della materia è ancora un mistero e si continua a discutere sull'esistenza reale degli atomi. Julius Meyer e Mendeleev tentano di classificare gli elementi chimici già noti. Nel 1857, Meyer scopre il legame tra l'ossigeno e l'emoglobina del sangue, pubblica una tavola con 28 elementi classificati secondo la massa e, tenendo conto dei volumi atomici, la divide in sei famiglie di diversa valenza (1864). Mendeleev, invece, pubblica una tavola con tutti gli elementi noti ordinati secondo il peso atomico e, tenendo conto delle proprietà chimiche note di ciascun elemento, la divide in righe, dove gli elementi sono posti in ordine crescente di peso e in colonne nelle quali si trovano gli elementi con caratteristiche fisico-chimiche simili (1869). Quando manca un elemento con le caratteristiche adatte, Mendeleev lascia uno spazio libero nella sua tavola. La scoperta di nuovi elementi corrispondenti proprio a quelli previsti dai "vuoti", fa della tavola di Mendeleev uno strumento di conoscenza, non soltanto di sistemazione delle conoscenze acquisite.

Luce, onde, campi elettromagnetici ed elettroni

Newton aveva risolto il problema della natura della luce supponendola formata di corpuscoli. Nel 1690 Huygens l'aveva contestato con la sua ipotesi ondulatoria, poi appoggiata dall'autorità di Eulero. All'aprirsi del XIX secolo, tuttavia, il dibattito è ancora aperto, benché presto si arrivi a una certezza: a parte l'origine – che rimane oscura –, la luce deve essere un fenomeno elettromagnetico.

Thomas Young ottiene una figura di interferenza facendo passare la luce solare attraverso due forellini praticati in uno schermo e spiega il fenomeno in base alla teoria ondulatoria (1802). Poi (1816) Augustin Fresnel e Jean-François Arago studiano l'interferenza tra fasci di luce polarizzata.[30] L'anno dopo, Young pensa che le onde luminose non siano longitudinali come quelle acustiche[31] bensì trasversali.[32] Ancora Fresnel (1826) tenta di ridurre l'ottica alla meccanica basandosi sull'esistenza dell'etere, un mezzo elastico costituito da particelle in grado di interazioni. Negli stessi anni (1849-1851), Armand Fizeau e Jean Bernard Foucault fanno misure di velocità della luce in mezzi con caratteristiche ottiche diverse e Michael Faraday immagina lo spazio come un mezzo permeato di linee di forza elettriche e magnetiche. In esso la propagazione dei segnali (in questo caso, della luce) ha luogo attraverso il contatto delle particelle materiali.

Nel contempo, fra gli altri, Gustav Kirchhoff e Lord Kelvin si occupano dello studio del moto dell'elettricità nei fili conduttori: darà risultati di grande rilevanza pratica come quello (al prezzo di sforzi organizzativi titanici) della posa sul fondo dei mari e dell'oceano Atlantico dei primi cavi per il trasporto dei segnali elettrici.[33]

Si sviluppano le ricerche sulla conduzione dell'elettricità nei gas rarefatti: porteranno a determinare il rapporto tra la carica e la massa dell'elettrone.

Poi, nel 1895, Wilhelm Röntgen scopre i raggi X, prodotti con l'uso di raggi catodici, e l'anno dopo, Antoine Becquerel scopre l'emissione spontanea e continua di una radiazione simile ai raggi X da parte dei sali di uranio. In seguito, Becquerel stesso, Ernest Rutherford, Marie e Pierre Curie trovano lo stesso tipo di emissione da altri elementi chimici come il torio, il polonio e il radio. I valori della carica delle varie particelle e i rapporti fra carica e massa verranno ottenuti solo nel 1911 con l'invenzione della camera a nebbia di Charles Wilson. Comunque, sulla base di tutto ciò, gli scienziati, oltre a essere portati a credere alla natura corpuscolare della materia, pensano sempre più all'esistenza di una struttura interna dell'atomo con cariche di segno differente.

Secondo James Maxwell, il quale accetta l'esistenza dell'etere, la luce è costituita da onde trasversali del mezzo in cui si propaga (1861-1862) e l'energia (comunque meccanica) dei fenomeni elettromagnetici appartiene al campo (1865-1868): cioè a spazio *e* materia. In questo tempo, oltre a Maxwell, si occupano delle teorie elettromagnetiche molti altri studiosi, tra cui Hermann von Helmholtz, Lorentz e George Fitzgerald alla ricerca di un chiarimento del concetto di campo. Tutti ricorrono al supporto dell'etere, il quale rimane comunque una sostanza misteriosa con caratteristiche contrastanti, la cui conoscenza viene rinviata al futuro.[34] Nel 1873, Maxwell pubblica il *Trattato sull'elettricità e il magnetismo* nel quale i campi elettrico e magnetico appaiono come manifestazioni di un unico ente: il campo elettromagnetico. È il primo passo dell'unificazione delle interazioni fondamentali della fisica ed è molto importante perché, con i lavori di Augusto Righi, Heinrich Hertz e Guglielmo Marconi, porterà alla scoperta delle onde elettromagnetiche. E benché la natura dell'elettricità e quella dell'etere rimangano oscure, la teoria di Maxwell ottiene conferme sperimentali.

Marconi comincia a lavorare con le onde elettromagnetiche verso la fine del secolo. È autodidatta e Righi gli consente di frequentare il suo laboratorio nel quale si impratichisce nell'uso di oscillatori hertziani e risonatori. Nel 1894 legge i lavori di Oliver Lodge[35] e di Hertz: il suo intuito e la sua abilità lo portano ben presto a conoscere quanto occorre per poter usare le onde elettromagnetiche nelle comunicazioni a distanza. Infatti, già l'anno dopo trasmette un segnale a oltre 1 km, superando l'ostacolo di una collina. Da qui in avanti, pur attraverso varie difficoltà e incomprensioni (lascerà l'Italia e andrà in Inghilterra), è un continuo susseguirsi di successi fino alla trasmissione di segnali radio verso ogni punto della Terra.

Sulla reale esistenza dell'etere, Lord Kelvin non ha dubbi: allo stato delle conoscenze, se si vuole salvare la teoria ondulatoria (di tipo meccanico) della luce, occorre accettarla. Tuttavia, poiché l'etere dovrebbe riempire lo spazio e costituire un riferimento assoluto, la velocità della luce dovrebbe dipendere dalla direzione in cui si misura e dunque è necessario misurare il moto della Terra rispetto all'etere (esistenza di un eventuale "vento d'etere"). Un compito difficile: nelle esperienze, dovrebbe entrare il rapporto $(v/c)^2$ (con v = velocità della Terra e c = velocità della luce), un valore piccolissimo, dell'ordine di 10^{-8} (un centomilionesimo). Ciò nonostante, nel 1881 Albert Michelson tenta l'esperimento. Il risultato è negativo, ma la precisione è insufficiente e non ci può credere; pertanto, nel 1887 lo ripete più volte insieme a Edward Morley. Poiché il risultato è sempre lo stesso, l'indipendenza della velocità della luce dalla direzione viene confermata. Pur essendo negativo, è uno degli esperimenti più importanti della storia della fisica.

E poiché da tempo si discute criticamente sul concetto di forza, ritenuto antropomorfico, e di spazio assoluto, considerato astratto e metafisico, cioè legato a una realtà assoluta, si comincia a riflettere sul significato conoscitivo della scienza e dei suoi risultati. Ernst Mach ritiene che le leggi fisiche siano solo un modo per organizzare i dati sensoriali e strumentali ottenuti con l'indagine scientifica. Quindi, oltre a dubitare delle teorie basate sull'esistenza reale di atomi e molecole, invita a riesaminare i concetti fondamentali della fisica – massa, forza, spazio e tempo – e a riferirli a valori empirici.

Anche Henri Poincaré porterà il suo contributo alle teorie elettromagnetiche (1904) e, tra l'altro, enuncerà il principio di relatività e quello della costanza della velocità della luce. Ancora un anno ed Einstein pubblicherà il suo riesame globale della meccanica classica.

Un altro confine: il calore

Un altro campo di ricerca di grande interesse in questo periodo è quello dedicato agli studi sul calore, la sua origine, la sua natura.

Nel 1697 Georg Stahl aveva spiegato il processo della combustione con la perdita, sotto forma di calore o di fiamma, di *flogisto*, uno "spirito" leggerissimo presente in tutti i corpi. A Hermannus Boerhaave questa soluzione non piace. Pensa, invece, alla materia come insieme di masserelle,[36] indivisibili, capaci di attrarsi dando origine alla coesione dei corpi. Il "fuoco elementare", invece, è costituito da particelle di peso inapprezzabile, la cui presenza è indicata dalla temperatura e dalla dilatazione dei corpi. Il "fuoco elementare" si conserva, si può trasferire da un corpo all'altro come un fluido e mantiene separate e in movimento le particelle materiali.

Nella seconda metà del Settecento, Lavoisier e Laplace preferiscono sostituire il flogisto con un nuovo fluido: il *calorico*. Anch'esso si conserva, si trova più o meno concentrato nei corpi a seconda della loro temperatura e nei corpi a contatto passa spontaneamente da quello a temperatura più alta all'altro.[37] La situazione non cambia molto, tuttavia si va avanti così fino al 1798, quando Benjamin Thompson, durante la rettifica delle canne dei cannoni, constata il loro riscaldamento a causa dell'attrito. Dunque, il calore non può essere una sostanza che si conserva poiché, nel suo caso, il calore deriva dal lavoro connesso all'attrito. Viene trasmesso moto. E poco dopo vengono considerati nuovi e svariati fenomeni nei quali entra il calore. Nel 1800, oltre il limite rosso dello spettro solare, William Herschel scopre effetti termici attribuibili a radiazioni che potrebbero essere termiche o luminose ma invisibili. È una grossa novità e Thomas Young propone (1801) di studiare il problema da un punto di vista ondulatorio con l'idea che il calore possa essere solo vibrazioni dell'etere dovute a oscillazioni molecolari.

Vent'anni dopo (1824), Sadi Carnot[38] studia l'efficienza di un motore termico ideale e dopo altri vent'anni (1841) James Joule, dopo aver mostrato come il calore possa essere prodotto con una corrente elettrica e un motore elettrico produrre lavoro meccanico, misura la quantità di calore generata da una data quantità di lavoro meccanico (1843). Conclude, come Benjamin Thompson che il calore è "moto" e stabilisce un principio di equivalenza tra calore e potenza meccanica (1845). Il calorico viene abbandonato. Rudolf Clausius e Lord Kelvin pongono le basi del secondo principio della termodinamica e Lord Kelvin introduce una scala di temperatura assoluta (1848) al cui zero (assoluto) non è possibile alcun trasferimento di calore.

Ben presto (1857), Clausius enuncia la teoria cinetica dei gas e Maxwell, alla ricerca di un modello molecolare, meccanico e probabilistico del comportamento di un gas, introduce (1860) la distribuzione delle velocità molecolari intorno a un valore medio legato alla temperatura. Questa distribuzione permette di valutare il numero "medio" di particelle con velocità comprese entro limiti prefissati e rappresenta un'intrusione grave nelle certezze meccanicistiche in quanto la presenza della probabilità nello stato di un sistema comporta l'impossibilità (di principio) di conoscere cosa succeda a ogni singola particella.

Nel 1865, Clausius introduce il concetto di entropia[39] e due enunciati fondamentali: l'energia dell'universo è costante e l'entropia (una funzione che esprime il "disordine") dell'universo tende sempre a crescere.

Secondo Boltzmann, il secondo principio della termodinamica esprime il fatto che, in una trasformazione spontanea, lo stato iniziale è meno probabile di quelli successivi e quindi il processo può continuare fino a quando si raggiunga l'equilibrio termico, cioè lo stato più probabile. L'entropia degli stati è proporzionale alla loro probabilità, cioè al numero dei complessi molecolari che realizzano i singoli stati. Nei processi termodinamici il numero delle particelle in gioco (atomi, molecole) è molto molto grande e l'irreversibilità dei processi è dovuta al fatto che si può passare da uno stato all'altro solo passando da una situazione meno probabile a una più probabile, da uno stato più ordinato a uno meno ordinato (o più disordinato).[40] Boltzmann riesce a trovare una relazione analitica tra il disordine microscopico e l'entropia. Inoltre chiarisce che il calore (considerato una forma di energia) perduto (secondo Carnot) durante i processi termodinamici, in realtà non lo è, o – meglio – lo è solo in quanto non recuperabile, ma non scompare, rimane nell'ambiente la cui entropia aumenta. In un sistema isolato, infatti, l'entropia può solo aumentare (o, se le trasformazioni sono cicli termodinamici reversibili, rimanere costante), ma non per sempre; a un certo punto, quando il sistema raggiunge lo stato di equilibrio, non aumenta più perché non vi più energia libera da convertire in lavoro.

Questa conclusione provoca molte riflessioni e discussioni. Oltre alla termodinamica, riguardano la natura della materia e gli stessi princìpi della meccanica.

E cosa dire dell'universo? Ha una massa finita e la sua energia totale deve rimanere costante (chi più isolato?). Però l'irreversibilità dei processi naturali comporta una continua trasformazione di lavoro in calore e ciò significa che l'entropia dell'universo aumenta senza interruzione. Cominciato con uno stato di massimo ordine, ovvero di entropia minima, l'universo si è evoluto e la sua entropia è aumentata con continuità. Dallo stato altamente improbabile dell'inizio, si sposta senza soste verso stati sempre più probabili, più caotici perché il disordine è più probabile dell'ordine.[41] Qua e là possono aver luogo processi con un aumento *locale* di ordine e una corrispondente diminuzione *locale* di entropia: sono fenomeni di questo genere la formazione di una galassia, l'evoluzione di una stella, la nascita di un filo d'erba o di un uomo..., ma ad essi corrisponde sempre una spesa di energia[42] e quindi un aumento dell'entropia dell'universo, che procede verso l'equilibrio, la temperatura uniforme, uno stato nel quale non può succedere più niente.

Chi se lo sarebbe aspettato? Le ricerche scaturite dall'uso dei combustibili, dalle macchine a vapore e da cose terra-terra di questo genere, si sono proiettate più in là del cielo, più in là di ogni distanza misurabile, dando una nuova immagine del mondo. Si è sempre detto che ogni cosa è destinata a perire e l'Ottocento lo conferma con questa scoperta: anche l'universo, qualunque cosa esso sia è destinato a fermarsi. Questo traguardo è stato chiamato "morte termica dell'universo".

14. La Terra e le sue creature

I naturalisti hanno bisogno di tempi lunghi

Tra altre infinite cose che fece, Leonardo da Vinci si occupò della Terra e di essa, ben prima della pubblicazione del *De revolutionibus orbium coelestium* di Copernico, pensava che non fosse il centro dell'universo.[1] Scrisse, infatti:

> Come la Terra non è nel mezzo del cerchio del sole, né nel mezzo del mondo, [...] e a chi stesse nella luna [...] parrebbe e farebbe offizio, tal qual fa la luna a noi.

Si interessò pure dei fossili marini trovati sui monti contestando la credenza che risalissero al diluvio. E scrisse:[2]

> [...] tal pioggia alzò di sei gomiti sopra al più alto monte dell'universo; e se così fu, che la pioggia fussi universale, ella vestì di sé la nostra terra di figura sperica [...] elli è impossibile che l'acqua sopra di lei si mova, perché l'acqua in sé non si move, s'ella non discende [...]. E s'ella si partì, come si mosse, se ella non andava allo in su? E qui mancano le ragioni naturali, onde bisogna per soccorso di tal dubitazione, chiamare il miracolo per aiuto, o dire che tale acqua fu vaporata dal calore del sole.

E tuttavia, poco meno di due secoli dopo, sulla Terra si hanno, su questo argomento, ancora soltanto annotazioni più o meno corrette o gratuite. Per Newton stesso l'età della Terra è di poche migliaia d'anni, e per gli studiosi i fossili sono curiosità della natura, concrezioni delle rocce. Nemmeno Niels Steensen (Stenone) esce dalla cronologia biblica.[3] Però il tempo della Bibbia non basta più e la domanda è bruciante: da quanto tempo esiste la Terra? Molti fenomeni richiedono tempi talmente lunghi da sembrare improponibili. I fisici, infatti, li giudicano tali, ma gli scienziati della Terra e della vita non si chiedono più *se* il pianeta sia antico, si chiedono *quanto* lo sia.

E nel Settecento si fanno i primi passi significativi verso la fondazione della geologia. Antonio Vallisnieri, ad esempio, segue il pensiero e il metodo sperimentale di Francesco Redi e nega la generazione spontanea. Secondo lui, i fossili sono di origine organica e sono emersi con i fondi marini. Suo contemporaneo, Luigi Marsili fonda l'oceanografia pubblicando la *Storia fisica del mare* mentre Georges-Louis Leclerc conte di Buffon pubblica i primi tre volumi della sua *Storia naturale* dove racconta un'origine della Terra ben diversa da quella della Bibbia. Nella sua monumentale *Storia naturale, generale e particolare*, in 36 volumi,[4] pubblicata tra il 1749 e il 1804, il sistema solare si forma in seguito a una collisione tra il Sole e una cometa. Per la Terra ipotizza (1778) un interno di ferro e un'età poco inferiore ai 75 000 anni. Sembrerà un valore esagerato anche a un illuminista come Voltaire. Non stupisce se la Chiesa cattolica di Francia si pronuncia in merito, condannando.

Negli stessi anni, Giovanni Arduino studia le stratificazioni rocciose e fonda la paleontologia stratigrafica (1749), attribuisce la formazione delle Alpi all'innalzamento della crosta terrestre e propone la divisione delle rocce nei quattro ordini ancora attuali;[5] risultati che vengono poi sviluppati da William Smith nella mappa geologica dell'Inghilterra[6] (1815). René Haüy fonda, invece, la cristallografia e la mineralogia (1780). Pian piano, la geologia supera le pastoie bibliche e il tempo diventa maturo per nuove idee.

Verso la fine del Settecento, Abraham Werner propone la prima classificazione dei minerali basata sulla composizione chimica anziché sugli aspetti morfologici, sviluppa la teoria del *nettunismo* secondo la quale la crosta terrestre si forma con il deposito di materiali durante il ritiro di un mare originario (finito non si sa dove) che ricopriva tutta la Terra. James Hutton, invece, si limita a prendere atto dell'esistenza del nostro pianeta e si domanda come funzioni. A suo parere si tratta di una macchina autoregolata, la quale funziona sempre allo stesso modo (uniformismo o attualismo).[7] Le forze operanti nel passato sono le stesse di oggi e perciò i fenomeni attuali si possono spiegare risalendo nel passato quanto occorre. I cambiamenti si realizzano con grande lentezza, con gradualità (gradualismo), durante le ere geologiche, e nel tempo di una vita umana sfuggono all'osservazione. Hutton è tra i primi ad accorgersi dell'origine magmatica di molte rocce (basalti e graniti) e a notare che, non contrastati da altri, i fenomeni di erosione spianerebbero le montagne. Pubblica *Teoria della Terra* (1788) nella quale i continenti sono il risultato del sollevamento di rocce marine prodotto dal calore sotterraneo (*plutonismo*) e sono strutture temporanee di un mondo di cui non siamo in grado di stabilire l'inizio né la fine. In questo quadro, la crosta terrestre è soggetta a un ciclo continuo di erosione, trasporto dei materiali verso il mare, sedimentazione e sollevamenti.

Jean-Baptiste de Monet, cavaliere di Lamarck accetta l'attualismo, si concentra sui molluschi, viventi e fossili: è il primo scienziato a enunciare un'ipotesi trasformista degli esseri viventi secondo la quale le specie non si mantengono sempre uguali a se stesse (così come Dio le ha create), ma possono mutare nel tempo. Pubblica *Filosofia zoologica*[8] (1809) in cui sostiene la comparsa nel tempo di organismi più complessi poiché l'uso sviluppa gli organi mentre il disuso li atrofizza o li fa scomparire e ogni organismo trasmette ai discendenti le proprie trasformazioni o i nuovi caratteri acquisiti. L'uso o il disuso di organi è funzione del bisogno e questo, per influenza dei mutamenti ambientali, cambia nel tempo. Le variazioni si stabilizzano col passare delle generazioni e ciò porta alla varietà dei viventi. Perciò i fossili, lungi dal rappresentare specie estinte, sono organismi primordiali che, nel tempo, si sono modificati in altri più complessi. Gli organismi semplici esistenti si spiegano con una creazione continua.

Georges Cuvier, contemporaneo di Lamarck, fondatore della paleontologia scientifica e dell'anatomia comparata, autore delle *Ricerche sulle ossa fossili di quadrupedi* (1812) e del *Discorso sulle rivoluzioni della superficie del globo* (1825), attribuisce i fossili[9] a specie estinte (gli organismi più fragili) durante ripetute catastrofi naturali (*catastrofismo*). Non nega il diluvio biblico, però a suo parere è solo l'ultima catastrofe in ordine di tempo, non l'unica. Le specie "nuove" sono il prodotto di migrazioni causate da eventi catastrofici, non di una nuova creazione. Come Carl Linneo, cioè, Cuvier crede nelle specie inalterabili (o fisse, da cui *fissismo*). Le omologie nelle strutture di organismi diversi non provengono, per lui, da antenati comuni, bensì dalla somiglianza delle loro funzioni. Considerato che molti scienziati dell'epoca appartengono al clero, il diluvio universale è, per loro, un fatto certo. Di conseguenza, Cuvier piace di più.

Nato nello stesso anno di Cuvier, Alexander von Humboldt ha la passione delle esplorazioni scientifiche e nel 1799 parte con Aimé Bonpland, naturalista, e con i migliori strumenti scientifici dell'epoca (barometri, cianometri, cronometri, igrometri, inclinometri, quadranti, sestanti, telescopi, teodoliti, termometri...). Il loro progetto è un lungo viaggio oltre oceano. Toccano le Canarie, e poi nel continente americano, visitano la Colombia, Cuba, il Venezuela, l'Ecuador, il Perù e il Messico: quasi 10 000 km a piedi, a cavallo, in nave, in canoa. Nelle Ande, scalano il vulcano Pichincha (quasi 5000 m) e il Chimborazo (fino a 5600 m); preparano mappe geografiche; misurano il campo magnetico terrestre; rilevano le strutture lineari secondo cui si sviluppano i vulcani del Sud America; studiano 60 000 piante, di cui più di 6000 sconosciute in Europa; scoprono molte nuove specie animali; esplorano i bacini fluviali dell'Orinoco e del Rio delle Amazzoni e individuano la corrente fredda che scorre da sud a nord lungo le coste del Cile e del Perù (oggi denominata "corrente di Humboldt").[10] Tornato a Parigi (1804), Humboldt cura per quasi vent'anni la pubblicazione dei risultati della spedizione: 34 volumi corredati

di mappe e illustrazioni. Poi, nel 1827 torna in Prussia e in breve riparte, insieme col mineralista Gustav Rose, con l'obiettivo di
esplorare gran parte della Siberia fino al confine con la Cina, un
viaggio finanziato dallo zar Nicola I. In sei mesi percorre 15 000
km, studia la chimica dell'acqua del mar Caspio, descrive famiglie
di pesci, raccoglie piante, fa misure del campo magnetico terrestre, di altitudini e di temperature, raccoglie campioni di minerali
e scopre una miniera di diamanti. Tornato a Berlino, si dedica alla
stesura della famosa opera in cinque volumi, intitolata *Il cosmo,
progetto di una descrizione fisica del mondo.*[11]

In quegli stessi anni lavora Charles Lyell il quale pubblica i
Principi di geologia (1830-1833) segnando, secondo alcuni, la
nascita della geologia moderna. Ritiene corretto l'attualismo di
Hutton, nel quale si inquadrano le tesi di Arduino. Geologia, secondo Lyell, significa storia della superficie terrestre, le energie
in gioco sono sempre state più o meno le stesse e hanno cau-
sato lente trasformazioni, svolte, all'incirca, sempre nello stesso
modo, e una breve durata della storia della Terra è soltanto un
pregiudizio da superare. Il tempo è il parametro essenziale capace di render conto dei fenomeni geologici e dei fossili. Il tempio
di Serapide, a Pozzuoli, è il giusto esempio – e visibile – di come
avvengono le cose in natura.[12] La Chiesa, è ovvio, condanna il
gradualismo, così come aveva condannato l'età spropositata della
Terra proposta da Buffon.

Poi viene Charles Darwin. Si imbarca come naturalista sul
Beagle, «quella buona, piccola nave» di Sua Maestà, al comando
di Robert Fitzroy. È la fine del 1831 e ha inizio una spedizione
cartografica descritta da Darwin nel suo *Viaggio di un naturalista
intorno al mondo.*[13] La nave toccherà l'America Meridionale, at-
traverserà l'oceano Pacifico, si fermerà sulla costa meridionale
dell'Australia, tornerà di nuovo in Brasile e poi, alla fine del 1836,
in patria. Durante il viaggio Darwin, osserva il mondo naturale in
ambienti assai diversi da quelli europei e, tornato in Inghilterra,
prima di renderli pubblici, coltiva durante i successivi vent'anni
i frutti del suo lavoro.[14] Conosce la teoria lamarckiana e quando

parte ha con sé il primo volume dell'opera di Lyell[15] dal quale gli verrà l'orizzonte temporale necessario alla teoria sull'evoluzione delle specie. In sintesi: Darwin dichiara di non conoscere le leggi di natura da cui dipende l'eredità dei caratteri[16] ma, appoggiandosi all'attualismo di Lyell e alla teoria di Thomas Malthus che, nel saggio *Sulla popolazione* (1798), aveva parlato di "lotta per l'esistenza" degli organismi viventi si convince del realizzarsi, nelle specie, di continue, piccole variazioni le quali, in parte, si trasmettono ai discendenti. Questi, perciò, risultano favoriti o sfavoriti nella lotta per l'esistenza. Di conseguenza, le variazioni favorevoli si conservano, quelle sfavorevoli tendono a scomparire. Così si ha la differenziazione delle specie.[17] Poi chiarisce:[18] il meno dotato non è destinato a scomparire, avrà meno discendenti o non si riprodurrà. Inoltre, nella competizione il vincitore non è, in genere, "il più forte" bensì il preferito (dalla femmina). E bisogna tener presente che, nelle diverse specie, le preferenze sono le più diverse (l'uccello dal canto migliore, il maschio dai colori più vivaci ecc.). In altre parole, la selezione non comporta di necessità un miglioramento,[19] come pensa Lamarck, ma assicura la variabilità, conservando i cambiamenti vantaggiosi. Inoltre, parla di un'origine comune dei primati, uomo compreso,[20] e questo scatena l'opposizione, fino al dileggio.[21]

Lord Kelvin, dall'alto della sua cattedra, critica con forza le pretese temporali dei biologi e di Darwin in particolare. Infatti, sulla base di ipotesi fisicamente plausibili, il calcolo attribuisce al nostro pianeta un'età intorno ai 100 milioni di anni e chi pensa di poter non tener conto delle leggi della fisica è solo uno di quegli ignoranti presuntuosi convinti di poter dare sapore al sale.

In sostanza, Kelvin nega la teoria della selezione naturale la quale, secondo lui, richiede un tempo molto più lungo di quello calcolabile per l'età della Terra. Di fronte alle decise affermazioni di un'autorità scientifica come quella, pure un genio come Darwin tentenna. Ha, tuttavia, una riserva: sull'universo e sull'interno della Terra, non ci potrebbe essere ancora qualcosa da imparare?[22] Un dubbio avanzato anche dal geologo Thomas

Chamberlin, il quale, a proposito della costituzione ancora sconosciuta degli atomi, scrisse sulla rivista *Science* (1899) che nessun chimico avrebbe potuto affermare che gli atomi erano enti veramente elementari e non enti complessi ed, eventualmente, sedi di enormi energie.

Comunque, Darwin, convinto dei risultati del suo imponente e straordinario lavoro, scrive:[23]

> Dunque dalla guerra della natura, dalla carestia e dalla morte, nasce la cosa più alta che si possa immaginare: la produzione degli animali più elevati. Vi è qualcosa di grandioso in questa concezione della vita, con le sue molte capacità, che inizialmente fu data a poche forme o a una sola e che, mentre il pianeta seguita a girare secondo la legge immutabile della gravità, si è evoluta e si evolve, partendo da inizi così semplici, fino a creare infinite forme estremamente belle e meravigliose.

La teoria evolutiva di Darwin dà nuovo impulso alla paleontologia e alla paleoantropologia. A Giava, Eugene Dubois trova (1891) i resti fossili di una creatura del Pleistocene[24] e le dà il nome di *Pithecanthropus erectus* (poi, *Homo erectus*). Sarà riconosciuta come un ominide, cioè un appartenente alla famiglia dei primati a deambulazione eretta. Uomo, insomma.

Non ci soffermeremo di più sull'opera di Darwin, ma bisogna sottolinearne l'importanza. Investì tutto ciò che riguarda l'uomo.[25] Dal tempo di Copernico non era successo nulla di simile. Copernico e i suoi successori avevano tratto la Terra dal centro del creato, lasciandoci l'uomo; Darwin lo trasse da lì e lo mise nella natura, animale tra gli animali. Più e meglio dotato di questi – gioco del caso e delle vicissitudini ambientali – è in grado di avere il predominio sugli altri viventi. Niente di più e, pertanto, possibile oggetto di indagine.

Nonostante le ricerche infruttuose dei fisici, sull'argomento "Terra" vengono avanzate molte idee.

James Dana sviluppa l'ipotesi delle "geosinclinali" secondo

la quale in certe parti del fondo marino potrebbero accumularsi grandi quantità di sedimenti i quali, in seguito a deformazioni, potrebbero evolvere in catene montuose (*orogenesi*). Eduard Suess, invece, nelle catene montuose trova tracce di compressioni laterali capaci di provocare rotture della crosta e scorrimenti orizzontali degli strati. A lui si deve l'idea di un supercontinente esistito alla fine del Paleozoico, detto "Terra di Gondwana" formato dalle masse continentali emerse nell'emisfero meridionale. Per Osmond Fisher, l'interno della Terra deve essere caldo e abbastanza fluido da permettere l'instaurarsi di correnti convettive in risalita verso la crosta, e da questa in discesa: esse trasporterebbero il materiale roccioso in circolo. Un meccanismo come questo dovrebbe portare all'espansione dell'oceano e al corrugamento dei margini continentali.

Si procede con lentezza, ma ci si avvicina alla soluzione.

John Pratt esegue misure gravimetriche. Risultano alterate dalla presenza della catena himalayana e dell'altopiano tibetano: suppone quindi che le montagne siano meno dense rispetto a quanto si trova sotto di loro (1854). Trent'anni dopo (1889), Clarence Dutton formula il fondamentale concetto di equilibrio isostatico:[26] i continenti, meno densi del materiale sottostante, "galleggiano" sulle rocce del mantello presente al di sotto della crosta terrestre.

Si arriva così alla fine del XIX secolo, quando succede qualcosa del tutto inaspettata: Becquerel scopre la radioattività e nel 1903 Marie e Pierre Curie scoprono che la disintegrazione radioattiva libera calore. Così Rutherford (1904), riconosce in questo fenomeno il motivo per cui la Terra non si raffredda: nel suo interno, gli elementi radioattivi continuano a liberare calore. Di conseguenza, sia la Terra sia il sistema solare possono essere più vecchi di quanto s'era creduto.

Tornando indietro nel tempo, già nel *De rerum natura* di Tito Lucrezio Caro c'era l'evoluzione, e non solo delle specie, anche della Terra e dell'universo.[27] Forse, con meno pregiudizi, il tema si sarebbe potuto sviluppare da tempo.

Si studiano i mari

Benché l'uomo lo abbia sempre navigato, nel XIX secolo il mare era del tutto sconosciuto. Per gli antichi Greci, Oceano era nato dagli amori di Gaia e Urano e, nei miti, «l'acqua è stata considerata tanto luogo di purificazione e rigenerazione quanto elemento di comunicazione con l'aldilà».[28]

Territorio misterioso, mobile, infido, magnifico, terribile o dolcissimo, può dare la morte e può portare a scoprire mondi sconosciuti. Fin dall'antichità ci sono individui che affrontano quell'elemento così estraneo alla nostra natura con imbarcazioni costruite con le proprie mani. Dal Paleolitico superiore ci arriva una costa intagliata in un corno di renna ritrovato a Husum, una cittadina tedesca affacciata sul Mare del Nord; deve essere appartenuto a un'imbarcazione di pelle.[29] Si direbbe che barche, piroghe e imbarcazioni di vari tipi siano nate con l'uomo.[30]

Gilgameš attraversa il mare e si reca da Utnapištim[31] e avendo distrutto il sartiame del battello di Uršanabi, il traghettatore, leverà le braccia e adopererà le proprie vesti come vela. Dunque la barca era dotata di vela, o vele. Da tempo l'uomo sapeva utilizzarla allo scopo di andare incontro all'ignoto con la sola guida del proprio coraggio, il Sole e le stelle.

I Greci vanno per mare già dal IX secolo a.C., e nell'VIII secolo a.C. percorrono tutto il Mediterraneo.[32] Nel VI secolo a.C. i Fenici circumnavigano l'Africa e raggiungono, sembra, le Canarie e Madera. Poi le navi dell'Impero romano solcano i mari di Europa, Africa, India e, forse, della terza India, il continente americano dove sarebbero già sbarcati pure i Fenici, i Cartaginesi, i Mauritani (sul lato orientale) e i Cinesi e i Giapponesi (su quello occidentale).[33, 34] Favoriti dal clima, nel secolo IX i Vichinghi sbarcano in Islanda e in Groenlandia, e poco prima della fine del X secolo approdano sull'isola di Terranova, da essi battezzata "Vinland".

Poi, nei secoli XV e XVI, i grandi navigatori europei attraversano ogni mare della Terra, nonostante ancora non sappiano determinare la longitudine del luogo, un'incapacità segnata da mille sciagure, superata (→ nn. 6, 7 cap. 12) soltanto nel XVIII secolo. Ma, benché attraversato in lungo e in largo, il mare rimane lo sconosciuto di sempre. Se ne misurano le maree,[35] si prende nota delle correnti e per il resto lo si affronta, se ne traggono alimenti, vi si muore. Nient'altro. Il mare è ricchezza e miseria, avventura e sventura: sulla sua origine si sa solo che, tra il secondo e il terzo giorno, Dio lo separò dalle terre.[36] Non molto più degli antichi Greci, secondo i quali i mari erano nelle mani di Poseidone, o degli antichi nordici, per i quali il mare era stato fatto dagli dèi con il sangue del gigante Ymir.[37]

Lo studio della fisica e della chimica degli oceani, dunque, nasce tardi. L'oggetto, infatti, non è dei più semplici. Non si può piantare una stazione d'osservazione in mezzo al mare, e non è agevole uno studio sperimentale dell'oceano stando su un'imbarcazione. Il mare si muove e l'imbarcazione con lui. E a volte colpisce il terribile uragano.[38] Quindi, nessuna sorpresa se in un testo di geografia del 1861 si legge: «La temperatura del fondo del mare sembra dover seguire quella dell'interno della crosta del globo nelle varie latitudini»,[39] un chiaro documento dell'ignoranza dell'epoca sull'argomento.

La stessa ignoranza si ha sulla dinamica della Corrente del Golfo:[40] benché già individuata da Juan Ponce de León lungo le coste della Florida (1513) e da Marc Lescarbot un po' più a nord (1606), entra nella storia soltanto nel 1770 con la carta di Benjamin Franklin,[41] molto simile a quella della temperatura delle acque oceaniche superficiali ottenuta dalle attuali misure satellitari. Ma una giustificazione fisica dell'esistenza della Corrente del Golfo verrà solo nel 1948, da Henry Stommel.[42]

Nel 1725, Marsili pubblica la *Storia fisica del mare*, frutto delle sue molte ricerche nel Mediterraneo dove ha osservato correnti, fatto misure di temperature e di profondità, individuando la piattaforma continentale del Golfo del Leone, e stime di salinità e colore. Ai livelli più profondi misura un valore costante della temperatura e ritiene questo risultato valido per le acque oceaniche; il che sarà confermato da altri. Nello stesso periodo si compie il viaggio del Beagle che rappresenta un momento di grande importanza anche per l'oceanografia.

In questi tempi, le misure di profondità si fanno calando in mare un grosso peso assicurato a un cordino di canapa, ma dal 1840 viene introdotta la sagola di filo metallico la quale, con l'argano a vapore, facilita i rilievi. L'analisi chimica quantitativa dell'acqua di mare serve a definirne la salinità, però non si fa prima di Lavoisier (1772), mentre Laplace affronta lo studio del moto ondoso e delle maree.

A questo punto i mari e gli oceani diventano uno dei nuovi campi da esplorare, così come le distese ghiacciate dei Poli.

Nel 1773 Charles Phipps arriva a un migliaio di chilometri dal Polo Nord, fa rilevamenti e misure di profondità e trova temperature analoghe a quelle ottenute da James Cook a 71° 10' di latitudine Sud (1773). Nel 1818, in una delle sue spedizioni polari John Ross[43] raccoglie sedimenti fangosi a 1800 m di profondità e dimostra la presenza di esseri viventi sul fondo dell'oceano. Negli stessi anni, il russo Otto von Kotzebue cerca un passaggio a nord-est, attraversa lo stretto di Bering e arriva all'oceano Pacifico, di cui esplora la parte settentrionale (1815-1818).[44]

Di grande importanza teorica per la comprensione della fenomenologia marina è la pubblicazione, nel 1835, della legge di Gaspard-Gustave de Coriolis: essa spiega come la rotazione terrestre causi un'accelerazione su qualsiasi cosa si muova alla superficie del pianeta. Intorno al 1840, William Whewell,[45] contemporaneo di Lyell, sviluppa una prima *teoria delle maree oceaniche* e nel 1865 Johann Forchhammer pubblica i risultati di vent'anni di lavoro sulla salinità di campioni d'acqua di mare prelevati nei luoghi più diversi.

Il grande evento nella storia dell'oceanografia è la crociera della corvetta Challenger (1872-1876) di 2300 tonnellate. Attrezzata con laboratori e strumenti di misura di alta qualità, percorre circa 125 000 km attraverso tutti gli oceani. Vi partecipano Wyville Thomson, il quale pubblica *Le profondità del mare,* il primo testo di biologia marina (1877), e Henry Moseley che in *Note di un naturalista sul Challenger* illustra l'anatomia di vari gruppi di animali acquatici. I risultati della spedizione, raccolti in 50 volumi, fanno della Terra (fondali marini compresi) un luogo conosciuto come non lo era mai stato. La crociera del Challenger non fu l'unica in questo periodo,[46] fu però la più importante e rappresentò il momento del passaggio dal periodo "eroico" della ricerca oceanografica a quello moderno. Altri preziosi contributi alla conoscenza della chimica talassografica vennero dalle esplorazioni di fine secolo nel mar Glaciale Artico, nel Mediterraneo orientale e nel Mar Rosso.

E adesso ci si occupa dell'aria

Benché l'atmosfera svolga un ruolo essenziale per la vita, nei due secoli che stiamo considerando studi e ricerche riguardanti quest'oceano tenue e trasparente sul fondo del quale viviamo più o meno felici sono poco numerosi in paragone a quelli di altri campi del sapere. D'altronde, se trascuriamo i lavori degli antichi,[47] fino a Galilei e Torricelli nemmeno si sospettava che l'aria avesse un peso. Poi, già nel 1735, George Hadley[48] dà uno schema della circolazione dei venti e li spiega con i moti convettivi: l'aria calda equatoriale sale verso l'alto, si raffredda, discende sulle regioni polari e si instaura così un sistema di moti verso l'equatore alle quote inferiori e verso i poli a quelle superiori. È un periodo in cui vengono perfezionati gli strumenti[49] con i quali si misurano le grandezze della meteorologia, si inventano le scale termometriche,[50] si pubblicano carte meteorologiche, si classificano le nubi,[51] si fanno ascensioni aerostatiche fino a 7000 m di altezza[52, 53] e si analizza l'aria, riconoscendone i principali componenti.[54] La Royal Society londinese crea (1750) una prima rete per le osservazioni meteorologiche e, in breve, viene proposto l'uso del telegrafo ottico di Claude Chappe per trasmettere informazioni meteorologiche (1793), sempre più necessarie all'agricoltura e alla navigazione.

Nel 1806, Francis Beaufort propone una scala della velocità del vento divisa in 12 gradi nella quale tiene conto degli effetti del vento stesso; nel 1842, a cinque anni dalla sua invenzione, viene proposto l'impiego del telegrafo elettrico; nel 1854 viene fondato l'Istituto Meteorologico Olandese e l'anno dopo il Servizio Meteorologico Francese; nel 1863, Robert Fitzroy[55] pubblica *Il libro del tempo: un manuale di meteorologia pratica* e nel 1873 ha luogo a Vienna il primo congresso meteorologico internazionale. Nel 1865, Francesco Denza fonda una società che diventerà la Società Meteorologica Italiana, mentre nell'ultima decade dell'Ottocento, Leon Teisserenc De Bort utilizza in modo sistematico palloni sonda in ricerche sull'alta atmosfera.

La navigazione oceanica ha bisogno di informazioni meteorologiche su vasta scala, ma la richiesta sarà soddisfatta soltanto con l'invenzione della radio. Al momento, viene incoraggiata la collaborazione internazionale per la raccolta di dati attraverso i quali si possa almeno dare stime del tempo nei vari luoghi della Terra e nei vari tempi dell'anno. Wladimir Köppen classifica i climi (1884); si studiano la distribuzione del calore sulla superficie terrestre e le correlazioni fra la radiazione solare, la distribuzione dei venti e le pressioni atmosferiche.

Così si arriva verso la fine del secolo. La meteorologia comincia a prendere forma di disciplina scientifica, perdendo quel carattere di mera raccolta di dati dai quali ricavare, in modo più o meno naïf, qualche grossolana previsione sul tempo che farà.

La scienza della vita

Sulla scia della teoria dell'evoluzione delle specie, le scienze della vita prendono nuovo vigore benché già intorno alla fine degli anni Trenta, grazie agli sviluppi della microscopia, Matthias Schleiden nel mondo vegetale e Theodor Schwann in quello animale, abbiano riconosciuto la costituzione cellulare degli organismi. Robert Remak e Rudolf Virchow negano l'autogenerazione

(1858)[56] delle cellule. La svolta cruciale, arriva da Louis Pasteur il quale dimostra[57] l'inesistenza della comparsa spontanea di microrganismi (1861).

Ernst Heinrich Haeckel, materialista e meccanicista alla Laplace, considerato il più famoso "darwinista" dell'Europa continentale, nega il dualismo anima e corpo: c'è un solo tipo di relazione tra i fenomeni, ed è quello di causa ed effetto. A lui, medico, biologo, zoologo e filosofo, si deve il termine "ecologia" con il quale indica lo studio di tutte quelle relazioni alle quali Darwin si riferì quando scrisse delle condizioni della lotta per l'esistenza. Dei suoi allievi, Anton Dohrn fonda la stazione zoologica di Napoli (1872), dedicata allo studio dei processi biologici riguardanti gli organismi marini. Anch'egli evoluzionista, è in contatto epistolare con lo stesso Darwin[58] ed è convinto che la vita abbia avuto inizio nel mare. Von Liebig applica la chimica organica allo studio dei viventi. Secondo lui la vita viene dalla non-vita; già nel 1804 Nicolas-Théodore de Saussure ha dimostrato come le piante vivano dell'anidride carbonica tratta dall'aria, di acqua e di sostanze minerali prese dal terreno, una scoperta rimasta ignorata forse perché troppo contraria al pensiero comune.

La microbiologia fa grandi progressi.[59] Nel giro di una decina d'anni, si scoprono i responsabili di molte gravi malattie come il tifo (1880), la tubercolosi (1882), il colera (1883), la difterite (1883-1884), la polmonite (1886), la meningite (1887). In questi anni (1885) Pasteur, ispirandosi alla scoperta di Edward Jenner che ha sviluppato in modo empirico un vaccino contro il vaiolo (1796), guarisce un ragazzo morso da un cane colpito da rabbia con un preparato contenente il virus attenuato, ed Emil von Behring annuncia il risultato degli esperimenti fatti insieme con Shibasaburo Kitasato su migliaia di animali: l'antidoto per la difterite è il siero dei cavalli ai quali sia stata inoculata la tossina difterica isolata nel 1888 da Émile Roux e abbiano superato l'infezione (1890). Un anno dopo, questa scoperta viene provata sull'uomo: col siero di Behring, un bambino guarisce dalla malattia.[60] Poi, via via, prima della fine dell'Ottocento, appaiono i sieri contro la tubercolosi, il tetano, la peste, il carbonchio, il colera, il tifo.

L'albero della scienza diventa sempre più frondoso, e nuovi rami spuntano senza sosta. Nel monastero di Brno, Georg Mendel, ignorato da tutti, comincia le sue ricerche (1858). Con i risultati delle sue esperienze su circa 28 000 piante di piselli scopre i meccanismi riassunti nell'affermazione che l'ereditarietà dei caratteri di un individuo è legata a specifici agenti (detti, in seguito, "geni") presenti nei genitori (1865). Di questi risultati rivoluzionari, però, non se n'accorge nessuno, nemmeno Darwin.

Verso la fine del secolo la frontiera è rappresentata dalla citologia e dalla batteriologia. Walther Flemming osserva al microscopio la divisione cellulare e nota come i filamenti di cromatina del nucleo si frammentino in componenti della dimensione del micrometro: Heinrich von Waldeyer li chiamerà "cromosomi" e stabilirà che ogni nucleo proviene da un nucleo preesistente,[61] una conclusione alla quale giunge anche Jean-Louis Guignard studiando cellule vegetali. Nel 1883, Wilhelm Roux suppone che le unità ereditarie siano proprio nei cromosomi. A questo punto, la citologia è pronta ad affrontare l'ereditarietà e tra breve tempo si parlerà di "neodarwinismo". Poco dopo (1886), Hugo de Vries indica la possibilità di mutazioni a livello cellulare: da ogni specie, quindi, possono venire nuove specie destinate a imporsi o a sparire come effetto della selezione naturale. Il *mutazionismo* sottolinea la casualità della variabilità darwiniana.

Flemming non conosceva i lavori di Mendel. Vengono riscoperti e citati, infatti, solo nel 1900 da de Vries, Erich Tschermack von Seysenegg e Carl Correns, le cui ricerche portano alla comprensione del profondo significato dei risultati di Flemming e, in breve, alla genetica.

Quest'ultimo scorcio di secolo è un'epoca entusiasmante in ogni ramo dell'arte medica: si sviluppa l'endocrinologia e, sulla scia della scoperta dei raggi X fatta da Röntgen (1895), la radiografia diventa presto una tecnica per esplorare l'interno del corpo senza dover ricorrere alla chirurgia. La neurologia fa passi da gigante: le ricerche sul sistema nervoso di Camillo Golgi e Santiago Ramon y Cajal – che osserva i neuroni della spina dorsale e della retina –[62] aggiungono nuove basilari conoscenze nel campo della neurologia organicistica. Da queste poi, per opera di Sigmund Freud e, in seguito, di Carl Jung,[63] spunta la psicanalisi la quale, con nuove e inaspettate prospettive nello studio dell'uomo, individua interazioni tra processi mentali e manifestazioni somatiche. Benché circondata da diffidenza, la psicanalisi, contribuirà alla comprensione e al trattamento dei comportamenti umani "anomali": i folli, o gli "indemoniati", diventeranno malati mentali e un altro aspetto delle antiche "fantasie", causa di tormenti, meschinità, violenze su poveri e infelici disgraziati verrà negato[64] e combattuto.

15. Terzo intermezzo

Abbiamo scorso rapidamente (sorvolando, trascurando) i due secoli più densi, dal punto di vista culturale, della storia dell'uomo. Provocarono un cambiamento che sarebbe potuto languire e finire nel nulla, come altre volte era successo. Invece si trattò di una vera e propria svolta e una partenza verso lidi sconosciuti.

Forse a qualcuno può essere venuto un dubbio che considerando molti fatti (in effetti, benché avremmo potuto ricordarne molti di più, non ne abbiamo ricordati pochi) e cose particolari, possiamo aver perso di vista il nostro obiettivo: mostrare che "l'universo", oltre a essere una nostra creazione, una nostra invenzione, chissà com'è.

In realtà, abbiamo cercato – e così continueremo – di raccogliere soltanto fatti notevoli i quali, sia perché richiesero spiegazioni nuove per ciò che veniva alla luce sia perché portarono a un aumento dell'autostima dell'uomo, furono causa e sostegno della costruzione di nuove immagini dell'universo. Ma, oltre a ciò, abbiamo voluto ricordarli anche per dare evidenza al fatto che, in ogni campo, la scienza è un fenomeno vitale, soggetto a cambiamenti, momenti di stasi, di regressioni, di sviluppi anche vertiginosi, in quanto interagisce e s'intreccia con la storia degli uomini, la cui evoluzione non è mai stata lineare.

Alla fine del Seicento, l'Europa era uscita dalla paura d'essere invasa dagli Ottomani,[1] e nel corso del Settecento si spensero gli ultimi roghi della rabbiosa e folle intolleranza religiosa. Se ne accesero altri, purtroppo, sotto forma di barricate e ghigliottine erette non per reprimere ma per la ricerca di "libertà, uguaglianza e fraternità". Parve non ci fosse mezzo più appropriato per l'abbattimento dell'ingordigia e della violenza dei potenti, e forse era proprio così. Lasciando però ad altri il quasi inutile discorrerne, nei due secoli considerati ci furono anche guerre, rivolte, rivoluzioni, riforme sociali e politiche profonde, cambiamenti epocali di mentalità. Le conseguenze si sentirono ovunque. Pure la creazione artistica vide un succedersi continuo di movimenti culturali non meno importanti delle novità scientifiche e tecnologiche.

Sull'onda del principio di autodeterminazione dei popoli portato in Europa dalle armate di Napoleone, nascono gli Stati Uniti d'America, mentre nell'America Latina, l'Argentina, il Venezuela, il Messico si liberano del potere europeo. E nuovi moti rivoluzionari sconvolgono l'Europa poco dopo il Congresso di Vienna, a metà Ottocento: i vecchi regni sono avviati verso la fine dei poteri assoluti e al riconoscimento dei diritti del singolo.

E, sia pur con lentezza e con fatica, aumenta il benessere, frutto delle nuove tecnologie e dei molti prodotti usciti dalla rivoluzione industriale e da quella agricola. Cambiano, di conseguenza, le leggi di mercato, comincia il fenomeno dell'inurbamento della popolazione rurale, si moltiplicano le scuole mentre la salute e l'istruzione degli individui diventano, pur nei limiti di una società di diseguali – un obiettivo sociale. Le ferrovie[2] e le navi avvicinano terre lontane. Nelle mani di Karl Marx – e non nelle sue soltanto – la lotta darwinista per la sopravvivenza all'interno di una specie diventa giustificazione "scientifica" della lotta di classe.

Tutto ciò – oltretutto in modo così repentino – non era mai successo né è più accaduto qualcosa che gli somigli, perché l'uomo del Novecento fu già diverso, preparato a qualsiasi evento.

Intorno alla metà del Seicento, la Terra era ancora al centro dell'universo (quasi per tutti), e l'uomo al centro della creazione. Alla fine dell'Ottocento, invece, una gran parte degli scienziati ha una visione materialistico-meccanicistica della natura indotta dalle molte nuove conoscenze relative al mondo delle cose e dei fenomeni alle quali abbiamo accennato fin qui. Molti parlano ancora di Dio, ma, salvo pochi, in termini generici, sentimentali e personali. Nel giro di un secolo, si passa dal pensiero di Linneo, antievoluzionista, convinto dell'immutabilità della natura, fatta da Dio così com'è, all'idea dinamica della natura in continua evoluzione di Adam Smith e Thomas Malthus.

Malthus pubblica il *Saggio sul principio della popolazione e i suoi effetti sullo sviluppo futuro della società* annunciando lo spettro della fame e della miseria quali effetti di una popolazione che aumenta in progressione geometrica mentre il cibo disponibile aumenta in progressione aritmetica (1798). Tale conclusione influenza Darwin ed economisti come David Ricardo e John Keynes, ma presto resta indebolita[3] dalla tumultuosa evoluzione della scienza e, in particolare, della tecnologia del tempo, con l'apparizione di potenti macchine agricole capaci di moltiplicare la forza lavoro e di arricchire in modo incredibile la produzione, e con l'uso sempre più diffuso di fertilizzanti, studiati da Justus von Liebig già dalla metà dell'Ottocento, che ridanno forza a terreni sfiniti. Dalla matrice illuminista nasce il concetto di "progresso", mentre lo sviluppo scientifico e tecnologico incide profondamente sulla struttura della società attraverso la prima e la seconda rivoluzione industriale.

È il frutto di quanto è successo con l'avvento della scienza moderna, alla quale hanno dato una mano non trascurabile i grandi viaggi di esplorazione e la scoperta dell'esistenza di una quantità e di una varietà insospettate di fatti, genti, animali, piante, fossili, tutti comprovanti l'esistenza di altre realtà, appartenenti al presente o al passato della Terra. Ed è pure frutto di quanto è accaduto all'umanità, strappata dalla posizione fino ad ora incontrastata di regina del creato e diventata in poco tempo specie animale che contende alle altre specie lo spazio e le risorse per vivere.

Tra gli artefici principali della svolta, sono la fisica e la biologia: la termodinamica di Carnot, l'elettromagnetismo, la fisica statistica di Maxwell e di Boltzmann, i principi di causalità e di conservazione dell'energia, la teoria cellulare di Matthias Schleiden e Theodor Schwann – la quale, pur non fissando un confine tra il vivente e il non vivente, trova conferma in Robert Remak e Rudolf Virchow – e le scoperte di Louis Pasteur, che stabiliscono in via definitiva, contro secolari convincimenti, che ogni cellula viene da una cellula, ogni essere vivente da un altro essere vivente.

Alla fine del XIX secolo la scienza ha fatto passi tali da non essere nemmeno confrontabile con quella dell'inizio del XVIII secolo. È arrivata a discutere il cuore della materia, i minimi corpuscoli di cui è fatta, e ci sono valide teorie per rendere conto di una congerie di fatti nuovi: l'elettricità, il magnetismo, l'ottica, la luce, l'immunità... Ci sono ancora molti punti oscuri da chiarire e molti motivi di indagine, ma tutto sommato, secondo l'idea dominante, il più è stato fatto. Ormai il mondo è nostro. Il grande Lord Kelvin ne è convinto e non teme di sbilanciarsi troppo affermando, nel 1900, in un suo indirizzo alla British Association for the Advancement of Science, che non c'è più niente di veramente nuovo da scoprire e ciò che rimane da fare è, in sostanza, affinare le misure per risolvere un paio di problemi non ancora del tutto chiariti.

Già alla fine del Settecento, credere in Dio non era più un obbligo sociale e cominciava a essere un atto di fede personale. Laplace era convinto della forza della scienza e, a differenza di Newton, non aveva avuto bisogno di Dio, per lui, un'ipotesi inutile.

Un secolo dopo si sa che, prima o poi – ci vorrà il tempo che ci vorrà –, l'universo raggiungerà il suo definitivo stato di massima entropia, ovvero l'equilibrio, e in esso non potrà succedere più nulla. Morto.

Con Arthur Shopenhauer, Ivan Turgeniev, Fëdor Dostoevskij, il nichilismo, che sarà sviluppato nel secolo successivo, appare nel mondo dei letterati e dei filosofi. E, nel 1882, Friedrich Nietzsche dichiara:[4] «Dio è morto» per sottolineare il rifiuto di credenze che abbiano a che fare con un ordine cosmico o fisico che attraverso la fede nell'esistenza di Dio impongono quella di leggi e valori morali oggettivi e assoluti, e la volontà e la capacità dell'uomo di darseli da sé. Come scrive nel 1883:[5]

> L'uomo è una corda, tesa tra il bruto e il superuomo – una corda tesa su una voragine.

Così si chiude il XIX secolo.

16. Lo tsunami del XX secolo

Sette e Ottocento sono stati secoli densissimi di novità, scoperte, pensamenti e ripensamenti, hanno cambiato la faccia del mondo e l'anima delle persone. È stata una specie di scalata e ora, arrivati in cima alla montagna, si vede il mondo sconfinato che ci sta davanti.

Mi viene in mente una figura che, da ragazzo, trovai in una Bibbia: Mosè al quale, prima di morire e di passare a Giosuè il compito di guidare il suo popolo, viene concesso dal Signore di vedere la terra promessa. Nella figura, Mosè, in fin di vita, dalla vetta del monte Nebo, guarda, commosso, la grande distesa che sarà la terra di Israele. Si sa che non sarà semplice possederla, che si dovrà ancora lottare per averla, ma si sa che il destino non può essere diverso.

Ecco, per quanto riguarda l'argomento di cui ci stiamo occupando fu una cosa così e nel XX secolo la scienza dilagò ovunque occupando tutti gli aspetti della vita dell'uomo. Al punto che per poter continuare a parlarne saremo ancora costretti ad affrontare separatamente i vari campi di nostro interesse, tenendo presente, comunque, che l'interazione fra le varie discipline è la norma, e spesso è difficile, se non arbitrario, distinguere scienza di base, scienza applicata e tecnologia perché formano ormai un intreccio inestricabile e non possono fare a meno l'una dell'altra.

La tecnologia cambia il mondo

Qualche dato. Ai primi decenni del secolo risalgono le fonti di energia termoelettrica e le linee ad alta tensione. Nel 1927 lo Spirit of Saint Louis di Charles Lindberg vola da New York a Parigi. Nasce e si sviluppa la radiodiffusione. Nel 1931, viene innalzato l'Empire State Building e l'anno dopo, in Gran Bretagna, si producono i primi frigoriferi. Dirigibili e aerei solcano i cieli e verso la fine degli anni Trenta il telefono collega tutti i Paesi. I film diventano sonori e in Inghilterra si fanno le prime trasmissioni radiotelevisive. Si diffonde l'uso del trattore con motore a scoppio e, sparsi dall'aereo, dei prodotti dell'industria dei fertilizzanti e degli insetticidi. La conservazione di alimenti si fa con congelamento e si afferma la fecondazione artificiale. Aumenta la produzione dell'acciaio, del rame, della gomma e delle fibre sintetiche, delle turbine a vapore di grande potenza, dei motori a scoppio (aviazione), dei motori Diesel (trazione su strada o su rotaia). Cresce l'uso del cemento precompresso e armato. Si costruiscono ponti colossali: il più grande ponte sospeso dell'epoca: il Golden Gate Bridge, di San Francisco, con una campata di 1282 m, è del 1937. Si costruiscono autostrade e vengono varati transatlantici sempre più grandi: nel 1932, il Normandie, 83 000 tonnellate; nel 1934, il Queen Mary, 81 000; nel 1938, il Queen Elizabeth, 83 700. Prendono il mare petroliere da 15 000 tonnellate e aeroplani volano con regolarità tra l'Europa e le due Americhe.

Buona parte dell'industria si serve sempre più spesso di automatismi invece di ricorrere all'opera dell'uomo. La prima calcolatrice elettrica dotata di memoria è del 1944; il primo calcolatore elettronico: l'ENIAC (Electronic Numerical Integrator And Computer) dell'Università della Pennsylvania, del 1946.

Durante il periodo bellico, a parte le ricerche sul nucleare, gli sforzi della tecnologia culminano con i razzi. Volano dalla Germania all'Inghilterra distruggendo tutto il possibile. Il primo aereo a reazione, sempre tedesco, raggiunge quasi la velocità del suono (circa 1200 km/h). La ricerca fornisce anche una difesa dalle incursioni nemiche: il radar, il quale emette un fascio di radioonde che, viaggiando alla velocità della luce, dà all'istante direzione e distanza di un eventuale ostacolo incontrato sul cammino. Le marine da guerra vengono dotate di armamenti di grande potenza. Ha inizio l'era atomica. Il "pubblico" ne viene a conoscenza nel 1945 con le terribili esplosioni del 6 agosto su Hiroshima e del 9 agosto su Nagasaki.[1] In poco più di cinquant'anni, il mondo cambia in modo radicale.

Finita la guerra, l'energia nucleare entra nelle applicazioni pacifiche,[2] gli Stati Uniti importano la tecnologia tedesca dei missili V-1 e V-2 – e il loro principale ideatore Wernher von Braun – e la sviluppano. Nel 1949 il razzo "Bumper" (statunitense) raggiunge la quota di 393 km. Si moltiplicano le esperienze del volo a reazione e si espande il trasporto aereo civile. Già nel 1947, viaggiano in aereo 21 milioni di persone contro i 2 milioni e mezzo di dieci anni prima. I problemi della fame nel mondo vengono affrontati con nuove tecniche e nel 1945 l'ONU fonda la FAO (Food and Agriculture Organization).

Negli anni Cinquanta e Sessanta, per l'aumentata produzione di energia elettrica, si espande pure in Europa l'uso degli elettrodomestici. Per la stessa ragione, la locomotiva Diesel-elettrica si afferma su quella a vapore.

Nella seconda parte del secolo la televisione e il computer diventano i simboli del tempo.

Il 4 ottobre 1957 vola lo Sputnik 1, primo satellite artificiale della storia e il 12 aprile 1961 Jurij Gagarin, con la navicella Vostok 1, compie un'intera orbita circumterrestre in 88 minuti. Si apre la corsa allo spazio e il 21 luglio 1969 Neil Armstrong scende sul suolo lunare. Sono passati soltanto 66 anni da quando i fratelli Wilbur e Orville Wright erano riusciti a staccarsi da terra con una specie di aliante dotato di un motore di 16 cavalli, ed erano arrivati all'altezza di 40 m con un volo di 12 secondi.

Oggi, lo spazio intorno alla Terra è popolato da migliaia di satelliti artificiali, dedicati a: ricerca scientifica, scopi militari, telecomunicazioni, telerilevamento, navigazione e rilievi meteorologici. Il più grande è la Stazione Spaziale Internazionale e uno dei più noti è l'Hubble Space Telescope. Nel settembre 2011, fu lanciato il primo pezzo della stazione spaziale cinese Tiangong 1 (Palazzo Celeste) con un programma di ampliamento che dovrebbe concludersi intorno al 2020. Sonde spaziali esplorano da tempo l'intero sistema solare e veicoli equipaggiati con strumenti di ricerca esplorano Marte e la Luna. Nell'agosto 2014, la sonda Rosetta, col suo *lander* Philae, dopo un volo durato 10 anni, ha raggiunto la cometa 67P/Churyumov-Gerasimenko a 405 milioni di chilometri dalla Terra, tra le orbite di Marte e Giove, e con lei sta correndo verso il sistema solare interno alla velocità di 55 000 km/h.

La miniaturizzazione necessaria ai voli spaziali ha importanti ricadute. La microelettronica basata sull'impiego del silicio permette – in analogia con le società del passato: del ferro, del bronzo, del carbone – la nascita e lo sviluppo della cosiddetta società dell'informazione. I suoi prodotti: i computer, divenuti sempre più compatti e leggeri fino agli attuali livelli di portabilità, e le relative reti informatiche come Internet; il GPS (Global Positioning System), che, sfruttando un complesso sistema satellitare e un ricevitore di piccole dimensioni, permette di individuare con immediatezza le proprie coordinate geografiche; gli mp3, la TV digitale, le chiavi USB, gli schermi LCD, il cinema a 3D, i touchscreen, gli smartphone, i tablet e così via.

Potremmo continuare a elencare i prodotti e i problemi della tecnologia nei campi più disparati e a dire della produzione e della distribuzione dell'energia, dei trasporti terrestri ed extraterrestri, delle comunicazioni, dell'automazione, delle tecnologie applicate all'alimentazione e all'agricoltura e, *amarus in fundo*, delle tecnologie militari distruttive e portatrici di lacrime e sciagure infinite. Ricordiamo soltanto che anche la medicina si è avvantaggiata delle nuove invenzioni: oltre alle radiografie note da tempo, sono diventate d'uso comune macchine capaci di esplorare l'interno del corpo umano in modo sempre meno invasivo:

l'ecografia, la risonanza magnetica, la TAC (Tomografia Assiale Computerizzata) scoprono mali nascosti senza sottoporre i pazienti a sofferenze. Il computer permette, inoltre, di operare "a distanza", mentre la comparsa di nuovi materiali consente la realizzazione di protesi prima irrealizzabili.

In quanto alla *Weltanschauung*, termine particolarmente caro ai filosofi per indicare ciò che si deve (o si può) pensare dell'universo, per chi fa scienza le religioni contano poco o niente. Qualsiasi cosa queste vogliano dire di diverso dalla visione scientifica non potrebbe essere che priva di senso e anche gli scienziati credenti dichiarano, spesso, di avere un senso religioso delle cose, ma con un sentire religioso "raffinato", personale. Certamente non accetterebbero di sottoscrivere qualcosa che somigli a un *credo quia absurdum*. Il potere delle religioni, tuttavia, è ancora molto grande perché il cuore della gran parte degli uomini è rimasto antico e un po' dappertutto, milioni di persone preferiscono farsi guidare nelle loro scelte spirituali.

Nel mondo scientifico, invece, tutti pensano allo stesso modo. Questo non significa che gli scienziati non abbiano idee differenti, non conducano le loro ricerche seguendo strade diverse, che non ci sia dibattito, il quale, anzi, è sempre molto forte, a volte fino allo scontro. Significa che tutti ritengono che il modo di procedere nella ricerca, il cosiddetto metodo scientifico, sia quello giusto, superiore a qualsiasi altro. E, in effetti, si tratta di un metodo, forse l'unico, che permetta di arrivare senza scannarsi, alla condivisione delle idee. Grazie ad esso, infatti, la comunità scientifica è in grado di autocontrollarsi in quanto ogni risultato può essere discusso e sottoposto a verifica (tentativo di falsificazione) da parte di chiunque e ciò permette, prima o poi, l'individuazione di punti deboli, di insufficienze o di incoerenze, oppure il raggiungimento di ripetute conferme. Perciò, i satelliti artificiali, le bombe e le centrali atomiche, le conoscenze relative ai vari campi della scienza e della tecnologia ritenute acquisite sono le stesse in qualsiasi luogo ci siano scienziati e tecnologi. A parte le questioni "di frontiera" sulle quali può essere vivo il dibattito, scienziati e tecnologi vivono nella loro grande casa comune in cui parlano lo stesso linguaggio.

La rapida rassegna che abbiamo fatto del non facile cammino della scienza e della tecnologia dal Seicento in poi e della sofferta affermazione della visione attuale delle cose ci consente di capire perché, oggi c'è, in questa casa, una diffusa e ottimistica sensazione di sicurezza, piuttosto superficiale, certamente, ma che già fu, e con meno giustificazioni, del passato, la quale induce a pensare che ormai sappiamo dominare la realtà e piegarla al nostro beneficio e ciò può ben dare l'impressione di possedere una conoscenza "vera", la quale, anche se nel tempo potrà arricchirsi di nuovi capitoli o di migliorie, non potrà cambiare in modo sostanziale il quadro che siamo riusciti a dipingere.

Insomma siamo quasi convinti che quattro secoli di scienza siano stati sufficienti per far centro. Siamo a cavallo: quanto si dice *oggi* dell'universo dev'essere vero. La stragrande maggioranza delle persone non ha dubbi: è convinta che a questo punto la ricerca scientifica ha capito la realtà dell'universo.

In effetti, a parte questa conclusione, il secolo XX fa venire i brividi a chiunque non sia solo un semplice cliente dei supermercati o un appassionato de *Il Grande Fratello*. Però delle meraviglie tecnologiche attuali non dirò altro. Tutti sanno tutto e non vorrei fare pubblicità.

Dirò, invece, di ciò che la scienza è riuscita a fare nel XX secolo. Non sarà difficile capire perché ci si possa essere montati un po' la testa e credere d'esser venuti in terra, per dirla alla Dante, a "miracol mostrare" o, per dirla alla Leopardi, a dar vita e vigore alle "magnifiche sorti e progressive" dell'umanità.

I due volti della fisica

Lungo tutto il secolo la fisica indaga sul macro e sul micro seguendo vie separate e finora inconciliabili. Nell'eredità del XIX secolo il problema del *corpo nero*[3] non era stato del tutto risolto e qualcosa non tornava sia con il moto della Terra rispetto all'etere che con le equazioni di Maxwell. Il primo rimaneva inspiegato, il secondo rimandava allo spazio e al tempo assoluti di Newton e le equazioni di Maxwell non erano invarianti rispetto alle trasformazioni galileiane.[4]

Il corpo nero. Poiché secondo Planck l'energia radiante è costituita da elementi di specifiche quantità di energia (i "quanti d'azione" o "quanti di luce" o "fotoni"),[5] gli scambi energetici tra la materia e la radiazione devono avvenire secondo multipli di energie elementari e, corrispondentemente, le energie dell'atomo devono variare in modo discontinuo o, come si dice, "quantizzato". Tutto ciò era contenuto nella formula cui s'è accennato al capitolo 13 con la quale si poteva calcolare il potere emissivo del corpo nero. Di essa, comunque, benché in accordo con l'esperienza, lo stesso Planck non avrebbe saputo dire il vero significato fisico.

Stando così le cose, però, una parte consistente della fisica classica, fino ad allora il modello della gran parte delle scienze, era, forse, addirittura, da sostituire con una fisica diversa, andando verso un nuovo modello di universo. Perché, come l'arte, nella quale ci sono svolte imprese da nuovi maestri, così la scienza: mutatis mutandis, anch'essa è frutto dell'immaginazione, dell'esperienza, del pensiero.

Nell'*annus mirabilis* 1905, Einstein pubblica tre articoli: uno giustifica l'effetto fotoelettrico nei metalli e dimostra la validità del pensiero di Planck sui quanti d'azione, il secondo rende conto del moto browniano[6] e il terzo, intitolato *Sull'elettrodinamica dei corpi in movimento*, pone le basi della futura *Teoria della relatività ristretta* (o speciale), la quale elimina i contrasti fra la teoria meccanica e quella elettromagnetica della luce e stabilisce l'impossibilità di provare l'esistenza dell'etere, cioè di un riferimento assoluto. Nel nuovo quadro, il tempo non è più un assoluto e, nel vuoto, i segnali luminosi si propagano in tutte le direzioni alla stessa velocità rispetto a tutti gli osservatori inerziali, per i quali il moto della sorgente è ininfluente.[7]

Le conseguenze sono notevoli. A osservatori legati a sistemi di riferimento inerziali in moto relativo e uniforme i fenomeni fisici si svolgono in modo diverso.

Con la velocità relativa, cambiamo i risultati delle valutazioni spaziali e temporali. Eventi giudicati simultanei da un osservatore non lo sono per un altro, legato a un diverso sistema. Inoltre, massa ed energia appaiono come due modi di essere dello stesso ente legati tra loro dalla relazione $E = mc^2$, nella quale E indica l'energia, m la massa e c la velocità della luce.[8]

Poco dopo, nel 1907, Hermann Minkovsky pensa che la teoria proposta da Einstein, anziché in uno spazio euclideo a tre dimensioni e fatto di *punti*, si inquadrerebbe meglio in uno spazio-tempo quadridimensionale, privo di curvatura come quello euclideo, ma costituito da *eventi*, ciascuno dei quali è individuato da tre coordinate spaziali (analoghe a quelle euclidee) e da una coordinata temporale.[9]

In questo spazio, un "essere" (fisico) corrisponde a un "accadere" (fisico) nello spazio tridimensionale.[10]

Nel 1916, Einstein, dopo grandi sforzi che lo portano a includere nella teoria sistemi di riferimento in moto relativo qualunque, pubblica la teoria della relatività generale.[11]

Non esiste uno spazio assoluto, tutti i sistemi di riferimento sono equivalenti e nella nuova teoria vale il principio di equivalenza,[12] secondo il quale gravità e inerzia sono la stessa cosa. Per scrivere questa teoria Einstein adotta lo spazio-tempo proposto da Minkovsky, ma il suo spazio-tempo non è "piatto" come quello euclideo, perché la presenza di una massa lo deforma, lo "curva". Lo spazio-tempo di Einstein, perciò, è curvo e in ogni suo punto la curvatura è funzione della densità della materia in quel punto.

Il campo gravitazionale è l'effetto fisico della curvatura dello spazio-tempo e non di un'azione a distanza tra masse come voleva la legge di Newton. La forza di gravitazione (d'altronde accolta assai male fin dal suo apparire) non esiste. L'*attrazione* tra i corpi è ricondotta, invece, a proprietà geometriche dello spazio-tempo. La massa del Sole "incurva", lo spazio-tempo circostante nel quale la traiettoria della Terra rispetto al Sole – "geodetica" nello spazio-tempo –[13] proiettata nello spazio tridimensionale (scisso dal tempo), è un'ellisse kepleriana.

In altre parole, fino all'Ottocento i fenomeni accadevano nello spazio euclideo tridimensionale, adesso avvengono nello spazio-tempo.

Si dirà: l'universo a quattro dimensioni è una semplice "descrizione"? eppure molte conseguenze della teoria della relatività sono state verificate.[14] Certo, ma forse non abbiamo ragionato, a lungo, utilizzando l'idea "sbagliata" del calorico? e non tornava forse tutto con la convinzione "sbagliata" dell'esistenza dell'etere? e la teoria della gravitazione newtoniana, se non "sbagliata", non era grossolana, approssimativa? Il fatto è che quest'ultima, pur avendo avuto innumerevoli prove di validità (e tuttora ne ha: nei voli spaziali, nei fenomeni fisici di tutti i giorni), funziona solo finché le velocità in gioco sono piccole rispetto a quella della luce, mentre la teoria della relatività funziona con qualsiasi valore delle velocità. Come dire che non si può chiedere a una stadera la precisione di una bilancia da orefice. La teoria di Newton è soltanto un caso particolare di quella di Einstein; e questa è migliore, più soddisfacente da un punto di vista concettuale perché, oltre a giustificare i fenomeni già noti, permette di giustificarne altri che la vecchia teoria non spiegava o di prevederne altri ancora, prima imprevedibili.

Come si vede la scienza diventa in modo via via più evidente uno strumento di "rappresentazione". Non è un difetto, è il suo carattere fondamentale che si rivela in modo sempre più chiaro. Proprio come scriveva Erwin Schrödinger in *Scienza e umanesimo, la fisica del nostro tempo*,[15] a proposito della meccanica ondulatoria.

> [...] noi diamo una descrizione completa, continua nello spazio e nel tempo, senza lasciare alcuna lacuna conformemente all'ideale classico: una descrizione di qualche cosa. Ma non affermiamo per nulla che questo "qualche cosa" siano i fatti osservati o osservabili; ed an-

Come se...

cor meno affermiamo che in tal modo noi descriviamo ciò che la natura (materia, radiazione ecc.) è realmente. Noi usiamo questo modo di rappresentazione (la cosiddetta rappresentazione ondulatoria) in piena coscienza che essa non è né l'una né l'altra cosa.

Cioè: pur portati a far coincidere le nostre "leggi naturali" con l'esistenza di una realtà oggettiva, non possiamo dimenticare di possedere di questa soltanto un'interpretazione, soggetta a continue rettifiche. Stiamo rettificando, infatti, da millenni.

E forse, a questo punto, è superfluo sottolineare (ma facciamolo lo stesso) che non è detto che un'interpretazione teorica possa vantarsi di corrispondere alla realtà se trova riscontro positivo in una o più esperienze da essa suggerite. Si pensi ai casi ricordati poco fa: all'interpretazione newtoniana del mondo e alla teoria del calorico. Allora? Allora, niente. Una cosa sono i fenomeni che in un modo o nell'altro si possono rivelare, un'altra le teorie che inventiamo per "spiegarli". Difficile e ardito sarebbe dire: "Abbiamo colto la realtà delle cose".

Tenendo conto di quanto abbiamo osservato fin qui, posso dire che il mio bisnonno (il quale, supponiamo, si teneva al corrente dei progressi della scienza) non ha capito nulla del mondo in cui viveva? O che, invece di vivere, ha sognato? E posso aggiungere: "Per sapere com'è davvero il mondo sarebbe dovuto vivere nel nostro tempo." Posso? Io credo di no.

Ma procediamo.

Negli anni Trenta, appaiono nuovi modelli di universo. Quello basato sui lavori di Howard Robertson (1933), ad esempio, è in accordo con i risultati di George Gamow ed Edward Teller sulla costituzione chimica dell'universo. In questo quadro, l'universo è in evoluzione e inizia – con densità e temperatura grandissime oltre ogni dire – una decina di miliardi di anni fa; un risultato compatibile con le valutazioni dell'età delle stelle e delle rocce terrestri.

Mentre Einstein inventa un nuovo (mega) universo, c'è chi ne cerca altri, invisibili. Anche in questo campo c'è comunque il contributo di Einstein: il suo lavoro sull'effetto fotoelettrico stabilisce, infatti, il procedere "a salti" della natura. Piccoli, ma salti. Per la nostra "terrestrità" non è facile ammettere un mondo discontinuo,[16] benché l'avessero già pensato i filosofi antichi,[17] poi dimenticati, poi riscoperti, poi rivalutati. Il fatto è che per il nostro "sentire" ci sembra vero solo quel mondo che va d'accordo con le nostre sensazioni e fatto, pertanto, con ciò che di esso siamo capaci di inventare. Su di lui possiamo cambiare opinione, ma in ogni caso, per credere abbiamo bisogno di "toccare".

E dunque si parte verso l'invisibile e la realtà cambia ancora. Siamo arrivati alla struttura dell'atomo e oggi, grazie all'opera di uomini di genio, il mondo di ieri, all'apparenza ricco di bei corpi consistenti ed estesi, si è svuotato ed è percorso in lungo e in largo da vibrazioni, soltanto vibrazioni.

Usando strumenti capaci di "ingrandire" i particolari, le cose minime, si arriva, infatti, a un punto in cui si constata l'inesistenza di una "continuità" nella materia. I corpi sono fatti di particelle: molecole. E queste sono fatte di atomi[18] tra i quali non c'è niente. E questi sono fatti di parti più piccole: un nucleo[19] e un numero di elettroni diverso da elemento a elemento. Nel nucleo è concentrato il 99,9% della massa dell'atomo, e fra il nucleo e gli elettroni non c'è niente.

Il nucleo stesso non è massa compatta, ma un aggregato di particelle: protoni e neutroni,[20] ciascuno dei quali è composto da tre quark.[21] E più in là ancora, chissà?, forse le stringhe. E tuttavia, pur essendo da tempo nel mondo degli infinitesimi, siamo ancora lontani dalla lunghezza di Planck,[22] la più piccola che significhi qualcosa per un fisico di oggi (e forse di domani).

Ecco: il mondo di tutti i giorni, fatto di corpi e oggetti pieni, concreti, è un'illusione, frutto dell'estrema miopia dei sensi. Così la Terra, la Luna, le stelle, le galassie. Tutto è fatto di questi puntiformi "centri di forza"[23] e il mondo, l'universo è un vuoto (immenso? finito? chi lo può dire con certezza?) percorso da vibrazioni. Perché, forse, tutto è soltanto vibrazioni di chissà cosa, o elettricità distribuita.

Dopo il gran discutere degli anni precedenti, atomi sì atomi no,[24] la "camera a nebbia" (1899) di Charles Wilson toglie ogni dubbio: le particelle esistono davvero e questo strumento ne rivela la presenza, il tipo e la natura. Già dall'inizio del secolo (1903) si fanno misure della carica dell'elettrone la quale risulta uguale e di segno opposto a quella del protone; la sua massa, invece, è 1836 volte più piccola. Adesso si sa che anche l'elettricità, ha una struttura corpuscolare.

Sulla base di tutto ciò, nella prima decade del secolo scorso i fisici cercano di immaginare una struttura dell'atomo in grado di spiegare gli spettri dei vari elementi. Nel 1913, Bohr ci riesce. Dice: un atomo può possedere solo valori discreti di energia i quali corrispondono ad altrettanti "stati stazionari o quantici". Un atomo irradia o assorbe energia solo quando passa da uno stato stazionario a un altro, assorbendo o perdendo energia. L'energia assorbita o emessa nel passaggio è uguale alla differenza delle energie che caratterizzano gli stati tra i quali avviene la transizione.

Consideriamo l'atomo di idrogeno (il più semplice). È come se fosse costituito da un protone (nucleo) con carica elementare positiva e da un elettrone con carica elementare negativa in moto su orbite circolari intorno al nucleo. Le orbite possibili sono infinite ma discrete[25] (stati stazionari dell'atomo). Quando l'atomo immagazzina o perde energia, l'elettrone "salta" da un'orbita "permessa" a un'altra.

L'ho fatta un po' lunga con l'intenzione di mostrare come la mente del fisico teorico giochi con le idee e le quantità da collegare tra loro quando cerca di spiegare i fenomeni osservati *per via sperimentale*. Ebbene, il modello atomico di Bohr, applicato allo spettro dell'atomo di idrogeno funzionò. Le differenze delle energie dei livelli (orbite) possibili, calcolabili con le regole di Bohr, riproducevano le frequenze osservate delle righe dello spettro, cioè le emissioni proprie, caratteristiche, dell'atomo di idrogeno!

È fatta? No, naturalmente. Oggi al "modello planetario" dell'atomo non crede più nessuno. È solo un vecchio, primitivo modello. Rende (forse) l'idea, ma niente di più.[26]

Comunque, non tornerò (non ci servirebbe) sugli spettri e sui modelli atomici escogitati con lo scopo di spiegarli meglio. L'atomo di Bohr è solo l'inizio di una lunga serie di invenzioni, ricerche e scoperte, di preparazioni di mezzi adatti all'indagine, sia teorica sia sperimentale, sempre più raffinati e potenti. In questo campo si cimentarono i maggiori fisici del secolo, molti di essi premiati con il Nobel e il risultato fu la meccanica quantistica, una meravigliosa storia della microfisica del mondo che nessuno, alla fine dell'Ottocento, avrebbe potuto immaginare. Un mondo nuovo dove vale il principio di complementarità, sviluppato dallo stesso Bohr, per il quale la natura dei processi microfisici è tale da presentare aspetti complementari che si escludono a vicenda pur essendo entrambi corretti. Ad esempio, la luce si comporta in modo da apparire composta da corpuscoli (come diceva Newton), i fotoni: un fotone, due fotoni, n fotoni, comprovata da apparecchi capaci di rivelare il singolo fotone, come se registrassero l'arrivo di uno o più pallini. Tuttavia, ci sono fenomeni in cui la luce si comporta come se fosse costituita da onde (come diceva Huygens) perché produce frange di interferenza. Si supera la difficoltà col principio di complementarità: il quanto di luce (cioè il fotone) è un "pacchetto di onde", il quale interagisce col mondo a volte come un tutto unico, a volte come una successione di onde. Lo stesso si può dire dell'elettrone. Una particella? Non c'è alcun dubbio. Tuttavia, nel 1927, Clinton Davisson e George Thompson osservano la diffrazione di elettroni, un fenomeno caratteristico delle onde luminose.

Vale anche il *principio di indeterminazione* stabilito da Werner Heisenberg (1927), secondo cui è impossibile misurare nello stesso momento in modo esatto due quantità osservabili, associate a operatori non commutabili tra loro come la posizione e la velocità di una particella, e precisa: il prodotto delle incertezze sulle due quantità è costante. Di conseguenza, se ad esempio si conosce con grande esattezza l'energia di una particella è difficile sapere dove la particella possa trovarsi. Tanto più difficile quanto più alto è il grado di precisione con cui conosciamo l'energia. E viceversa. Insomma, del mondo atomico e subatomico il determinismo che si riscontra nel mondo macroscopico è inesistente e possiamo parlare solo in termini probabilistici.

Per Heisenberg, l'elettrone, così come lo pensiamo di solito, una particella, un corpuscolo, non esiste. Per lui gli elettroni esistono solo quando eseguiamo un'osservazione che li coinvolge. Per esserci devono interagire con qualcosa e la loro materializzazione avviene con una certa probabilità. Se non c'è interazione non c'è modo per stabilire dove si trovi l'elettrone che si materializzerà tra poco durante l'esperienza che faremo, potrebbe essere qui o là o in un altro posto, contemporaneamente, con probabilità differenti, una nuvola di probabilità, la quale cesserà d'essere nuvola e collasserà nella particella (o nell'onda, dipende dall'esperimento che faremo) che riveleremo con la nostra misura.

In definitiva, pur potendo interagire con esso in molti modi, il mondo subatomico ci è estraneo, soltanto "congetturabile". Una soluzione rifiutata da Einsten, il quale, convinto della semplicità e del carattere deterministico delle leggi di natura, non poteva credere che "Dio giocasse a dadi".

In ogni modo, grandi fisici[27] continuano le ricerche sulla microfisica. Si aprono, così, nuovi orizzonti nel campo delle forze e, anche attraverso lo studio dei raggi cosmici, la fisica delle particelle elementari acquista sempre maggiore importanza. Nel 1932, viene scoperto il positrone (l'elettrone dell'antimateria; stessa carica dell'elettrone ma positiva), nel 1945, in Italia, si apre la stagione della fisica delle alte energie con l'identificazione del mesone[28] – una particella di massa compresa tra quella dell'elettrone e quella del protone – ipotizzata nel 1935 da Hideki Yukawa e nel 1953 viene osservato il neutrino – particella di massa da 100 000 a 1 milione di volte più piccola di quella dell'elettrone e priva di carica – ipotizzato da Wolfgang Pauli nel 1930.

Con la macchina acceleratrice di Robert Van de Graaf e del ciclotrone di Ernest Lawrence si bombardano nuclei atomici con nuclei di atomi di elio (le particelle α) e si producono molte decine di isotopi[29] artificiali, di cui vari radioattivi. Verso la fine degli anni Trenta si ottiene il primo elemento artificiale (il tecnezio) e si arriva alla fissione dell'uranio, un processo che nel 1942 porterà alla pila atomica di Enrico Fermi e poco dopo alla costruzione della bomba A.

Dal 1945 in poi vengono costruite nuove macchine acceleratrici di particelle (betatrone, sincrotrone, ciclotrone ecc.) e si perfezionano le ricerche sulle particelle e sul nucleo atomico e tra il 1947 e il 1951, vengono sviluppati i principi fondamentali dell'elettrodinamica quantistica.[30]

Dal mare magno dei problemi posti dal microcosmo, si esce alla fine con il cosiddetto *modello standard*. È una teoria coerente con la meccanica quantistica e con la relatività speciale e descrive materia ed energia.

Maxwell aveva unificato le forze del campo elettrico e di quello magnetico, riconoscendole come due aspetti dello stesso ente e ne era derivato l'elettromagnetismo. Poi, nei primi anni Sessanta, vengono unificate la forza elettromagnetica e la forza nucleare debole, relativa al decadimento radioattivo,[31] che ora appaiono come due manifestazioni di un'unica forza (l'elettrodebole); quindi, nei primi anni Settanta, la forza elettrodebole viene unificata con la forza nucleare forte (quella che tiene unite le varie particelle del nucleo atomico).[32] Al momento, resta fuori dal modello standard solo la forza di gravitazione – considerata nella teoria della relatività generale –, incompatibile con la meccanica quantistica. Perciò il modello standard non è una teoria completa in quanto non spiega tutte le interazioni fondamentali conosciute. Inoltre, pur non avendo fallito alcuna delle sue previsioni, non giustifica l'esistenza della cosiddetta "materia oscura" alla quale accenneremo più avanti, né sa dire qualcosa, come del resto la teoria della relatività, sulla massa delle particelle, cioè sulla massa *tout-court*. Però, a confermare la validità del modello standard, completandolo anche su questi punto, provvederebbe l'esistenza di una nuova particella (Peter Higgs, 1964).[33]

La caccia a questa particella, l'ultima del modello standard, è durata mezzo secolo e il 4 luglio 2012, al CERN, con una probabilità del 99,99994%, viene individuata una particella "compatibile" con quella di Higgs, Insomma, c'è. I 5000 ricercatori impegnati al CERN esultano. Qualche segnale positivo era già venuto dall'analisi dei precedenti dati raccolti al CERN di Ginevra e dal Tevatron del Fermilab di Batavia (Illinois)[34] ma ora il modello standard del mondo atomico riceve una nuova conferma.

Ciò nonostante, il grande successo non chiude il discorso. In primo luogo potrebbe darsi che la nuova particella non rispetti quanto previsto dalla teoria (e ciò aprirebbe un nuovo capitolo di ricerca), poi, il modello standard rende conto solo della materia "visibile"; inoltre, la nuova particella potrebbe portare a nuove scoperte e costringere a rivedere domande e risposte fin qui ritenute adeguate. Tanto più che, pur avendo lavorato a un livello di energia mai raggiunto, la macchina con la quale è stato ottenuto l'attuale straordinario risultato potrà lavorare con un valore di energia doppio e non si può dire, oggi, cosa potrà accadere quando ciò sarà possibile.[35]

Il problema della massa potrebbe avere un'altra possibile soluzione. Viene dalla teoria delle stringhe.[36] Se funzionasse, questa potrebbe offrire un accordo tra la relatività generale e la meccanica quantistica. Sarebbe una cosiddetta "teoria del tutto" perché spiegherebbe i fenomeni fisici utilizzando un'unica forza dai vari aspetti (nucleare forte, nucleare debole, elettromagnetica, gravità).

Su un punto c'è certezza: il mondo del microscopico è ben descritto da una teoria che ne assicura l'indeterminismo. Una cosa c'è e non c'è, non è detto ci sia, al massimo puoi aspettartela con una probabilità del tot%. Quindi, se non te la trovi davanti non ti sorprendere. Magari ci sarà tra un attimo. Inoltre, è chiaro, anche il macroscopico è un mondo fantasma. È "energia" (qualsiasi cosa possa essere) diffusa, che qua e là presenta "grumi"[37] più o meno grandi. Si va dai virus all'uomo, alle galassie.

Oltre a questo, in sostanza, da circa trent'anni, in fisica, come in cosmologia, non si è fatto un vero passo verso quella nuova teoria attesa da tutti. È stato fatto un grande lavoro di perfezionamento, ma sono state trovate soltanto (anche se non è cosa di poco conto) conferme di quanto dei due mondi, macro e micro, sostanzialmente già si sapeva.

Anche le ricerche negli altri campi della fisica sono continuate durante tutto il secolo. Di particolare importanza sul piano pratico quelle riguardanti gli stati e le proprietà della materia, i superconduttori e i superfluidi. Ad esempio, le ricerche sui semiconduttori portano nel 1947 al primo transistore destinato a vaste applicazioni in elettronica.

Dunque: dopo Newton non c'erano più due fisiche, una relativa alla Terra e una al cielo, come era stato dai tempi di Aristotele, ce n'era una sola e cambiò addirittura il nostro modo di vivere. Tutto andò bene finché non si arrivò alla fine del XIX secolo, la quale fu segnata da quanto abbiamo ricordato. Contro ogni aspettativa, la risoluzione dei nuovi problemi portò al tramonto dell'universo ottocentesco e al sorgere di un mondo, anzi di due, completamenti diversi: quello della gravitazione descritto dalla teoria della relatività generale e quello della teoria dei quanti. E oggi, di nuovo (benché non come frutto di pre-giudizi) abbiamo due fisiche. Inconciliabili. Una riguarda il macromondo e una il micromondo. Come due "picasso", uno del periodo rosa e uno del periodo cubista. Si fa fatica a credere in un mondo costruito secondo due logiche incompatibili senza che prima o poi qualcosa non debba saltare in aria.

A peggiorare lo stato delle cose, verso la fine degli anni Novanta arriva la scoperta di nuovi sconcertanti fenomeni: 1) l'universo in espansione dovrebbe rallentare la sua corsa e invece accelera; 2) la materia "visibile" (pianeti, stelle, nebulose, galassie) deve essere solo una piccola parte di quella esistente.

Insomma, ci si trova in una situazione di stallo. Dice, in proposito Lee Smolin:[38]

La nostra comprensione delle leggi della natura ha continuato a crescere rapidamente per oltre due secoli, ma oggi, nonostante tutti i nostri sforzi, di queste leggi non sappiamo con certezza più di quanto ne sapessimo nei lontani anni Settanta.

E dunque tutti si aspettano qualcosa di simile a quanto successe all'inizio del XX secolo: una nuova rivoluzione che superi il modello standard e la teoria della relatività generale. Purtroppo, al momento, nessuno sa da quale parte andare.

Un pensiero veloce, un guizzo di pessimismo: e se fossimo arrivati al limite delle nostre possibilità? Un po' come potrebbe trovarsi il ratto di Chomsky di cui s'è detto al capitolo 9? Potrebbe essere? Potrebbe, ma noi, per ora almeno, continuiamo a ricacciare nel fondo dell'anima dubbi e perplessità, fiduciosi che la grande avventura della scienza non finisca così presto.

La chimica dilaga

Già intorno al 1860, le ricerche di Avogadro e di Cannizzaro avevano portato, alla determinazione dei pesi relativi degli atomi conosciuti (più di sessanta). Pochi anni dopo, nel 1869, il sistema periodico di Mendeleev, sulla cui base erano state previste l'esistenza e le proprietà di elementi ignoti, mostrava un universo costruito come un gioco di mattoncini. Democrito ed Epicuro avevano visto lontano (e chissà come avevano fatto). Poi, col concorso della fisica, la chimica "esplose" e oggi non abbiamo più una chimica ma varie: fisica, inorganica, organica, biologica, farmacologica, industriale... Non potendo entrare in questo enorme campo, ci limiteremo a ricordare alcuni fatti essenziali.

Nell'ambito della chimica industriale, dopo le prime materie plastiche[39] prodotte nell'Ottocento – il rayon (1855) e la celluloide (1860) – nuovi materiali vengono sintetizzati in successione sempre più rapida: la bachelite (1909), il cellophane (1911), il cloruro di polivinile o PVC (1912), il nylon (1935), il teflon (1950), il poliestere (1941-1954), e poi il poliuretano, il silicone, il polietilene e il polipropilene (o Moplen, di Giulio Natta). In pochi decenni, la plastica sostituisce mille altre sostanze naturali ottenute, precedentemente, da fibre vegetali: lana, vetro, legno, metalli, gomma. Si producono anche acciai, leghe innovative, materiali e sostanze di ogni tipo.

Nel campo della chimica fisica vengono determinate la dimensione e la massa delle molecole, viene raggiunta la temperatura di 4,2 K[40] a cui avviene la liquefazione dell'elio (1907) e viene introdotta la scala del pH. Negli anni Trenta, si fa ricerca sul fluoro (si pensi al freon).

Spunta la chimica biologica, le cui radici sono nello studio della respirazione di Lavoisier e di Lazzaro Spallanzani: essa si occupa dei particolari di ogni manifestazione vitale, da quella dei microrganismi, a quella delle piante, a quella degli animali. Si indaga sulla struttura del colesterolo, degli enzimi e degli ormoni sessuali animali e vegetali, si sintetizzano varie vitamine, si sviluppano studi sulla penicillina[41] (che nel 1941 viene sperimentata sull'uomo) e si apre il tempo degli antibiotici. Nel 1943 appare la streptomicina e, nel 1949, la neomicina.[42] Si arriva alla sintesi artificiale di cortisone, lattosio, chinina e metadone mentre si ampliano le possibilità chemioterapiche anticancro e antitubercolare. Si studiano i meccanismi cellulari che assicurano la presenza e l'operatività degli anticorpi, e si analizzano le proprietà immunologiche delle molecole mentre proseguono le ricerche sulle proteine e sulla loro sintesi. Anche la produzione di farmaci di ogni tipo (anestetici, antiallergici, antibiotici, sulfamidici, ormoni, vitamine, chemioterapici, antimalarici, diserbanti e insetticidi...) entra nel ciclo industriale.

Verso la fine degli anni Venti (1929), Karl Lohmann scopre l'ATP e l'ADP, i mediatori energetici delle cellule. Cominciano da qui le ricerche sul metabolismo, proseguite per tutto il decennio successivo coinvolgendo vari ricercatori (fra cui Hans Krebs e Fritz Lipmann), fino al riconoscimento del ruolo fondamentale svolto da queste molecole nel controllo di tutti gli scambi energetici dei processi biologici.[43]

Negli anni Trenta si studia anche la fotosintesi e il suo significato bioenergetico, ma in breve tempo la biochimica e la biologia molecolare diventano un campo sconfinato nel quale ci si occupa di forma, dimensioni e massa molecolare dei polimeri e delle macromolecole, dei componenti cellulari, del metabolismo cellulare, di enzimi e vitamine, della sintesi delle proteine e loro proprietà, di DNA e RNA, di batteri patogeni e non patogeni e dei fenomeni di simbiosi tra micro e macrorganismi: sono studi che conducono a considerare in modo più profondo le relazioni esistenti fra tutte le forme di vita e fra queste e l'ambiente che le ospita. Nasce una nuova disciplina: l'ecologia.

Oggi non c'è quasi attività umana in cui non entri in qualche misura la chimica: dalla difesa dell'ambiente al cosiddetto sviluppo sostenibile, dalla genetica alla medicina, dall'agricoltura all'industria delle materie prime, dall'industria alimentare a quella farmaceutica, da quella metallurgica a quella delle plastiche, e molte altre ancora. Ormai la chimica fa parte della nostra quotidianità come il camminare o il respirare.

La scoperta della Terra

Agli inizi del secolo (1901), Thomas Chamberlin e Forest Moulton, riprendendo l'idea di Buffon, formulano un'ipotesi sull'origine dei pianeti, sostituendo la cometa di Buffon con una stella che avrebbe strappato dal Sole frammenti di materiale (planetesimi), successivamente aggregatisi in pianeti. Nel 1916, James Jeans propose, invece, che quella stella avrebbe provocato un gigantesco effetto di marea con la conseguente creazione dei planetesimi.

A parte ciò, della Terra si studiano, in questo periodo, le catene montuose, la struttura tettonica, la chimica, la geologia del petrolio dalla quale viene, tra l'altro, la consapevolezza dell'origine organica di questo nuovo combustibile.

Nel 1907 Eduard Suess propone un modello di globo terrestre a strati concentrici di diversa composizione chimica, mentre le eruzioni de La Pélée nella Martinica (1902)[44] e del Vesuvio (1906) riaccendono la discussione sul calore interno della Terra. Si fanno misure di gravità in mare, nell'ambito degli studi sulla Terra solida sotto gli oceani, e si sfruttano nuove tecniche sismo-logiche con lo scopo di ottenere un'immagine delle profondità del pianeta. Benché indiretta, l'esplorazione è in grado di mettere in evidenza varie discontinuità.

Nel 1912-1915, Alfred Wegener pubblica la sua teoria sulla deriva dei continenti:[45] nel Carbonifero, secondo i suoi dati, do-vevano esistere un unico continente (Pangea) e un unico grande oceano (Pantalassa). Frazionandosi, Pangea avrebbe dato luogo ai vari continenti che, da allora, "vanno alla deriva". In questo modo Wegener spiega le somiglianze di forma tra i margini di continenti affacciati sullo stesso oceano, le analogie delle loro flora e fauna fossili, la formazione delle Montagne Rocciose e delle Ande, la presenza di altre catene montuose come il sistema alpino-himalayano e la distribuzione dei terremoti. L'idea trova una buona accoglienza presso geologi e paleontologi; i geofisici invece, a ragione, lamentano la mancanza di un meccanismo ge-ologico capace di muovere i continenti.

Tuttavia, le cose cambiano con le ricerche eseguite sui sedi-menti in prossimità delle dorsali oceaniche, equidistanti delle sponde di continenti affacciati.

A questo riguardo, dobbiamo ricordare che la Terra ha un leggero campo magnetico (0,4-0,5 gauss), spiegato con l'effetto dinamo dovuto ai moti relativi dei suoi strati interni (nucleo e mantello) e, grazie alle ricerche sul paleomagnetismo, di questo campo si conoscono forma ed entità anche nel passato. Una con-seguenza della sua presenza è la magnetizzazione "orientata" dei sedimenti ferrosi i quali si accumulano sui fondali orientandosi secondo le linee di forza del campo. Se questo si inverte, cambia anche l'orientamento dei nuovi sedimenti. Ebbene le ricerche cui abbiamo accennato hanno mostrato che, allontanandosi dalla faglia centrale della dorsale, gli strati si succedono con orienta-menti magnetici diversi. Tale risultato si spiega con l'espansione

dei fondali oceanici a partire dalle dorsali. Studiando il succedersi dei sedimenti magnetizzati in modo differente (quindi formati
in epoche successive), si è potuto percorrere a ritroso la storia
dei fondali fino a trovare la conferma che in un tempo lontano i
continenti erano uniti tra loro. Reginald Daly ritiene (1926) che
tale fenomeno, la base per la teoria della deriva dei continenti, sia dovuto in primo luogo a correnti magmatiche subcrostali.
Oggi questa ipotesi fa parte della teoria della tettonica a placche,
o a zolle, capace di render conto di molti aspetti della dinamica
terrestre: le distribuzioni delle fosse oceaniche, degli archi insu-
lari, delle grandi catene montuose, dei vulcani e dei terremoti,
della fauna e della flora fossili.

Insieme con le ricerche sulla parte solida della Terra si sviluppano quelle sulla parte liquida: le acque, i mari. Si misurano
le profondità, si prelevano campioni dei fondali, si studiano le
grandi correnti oceaniche e la circolazione generale, lo scambio
tra acque profonde e superficiali, le salinità, le velocità del suono
e la penetrazione della luce alle varie profondità, la composizione chimica, le interazioni tra le acque oceaniche e l'atmosfera e
le relazioni tra questi fenomeni e il clima. I teorici si occupano
del moto ondoso e delle possibilità di prevedere maree e sesse.[46]
Si fanno ricerche di tipo geofisico e immersioni a grandi profondità con batisfere, veicoli sottomarini di varia natura, sonde
telecomandate, con notevole tendenza alla miniaturizzazione. Il
mare non è piatto come può sembrare e dai satelliti si misurano
i dislivelli esistenti sulla superficie dei laghi, dei mari, degli oceani, i vortici, i moti.

E come quella dell'idrosfera, interessa la complessa fenomenologia dell'atmosfera. All'inizio del secolo cominciano gli scan-
dagli con palloni e, intorno a 11 000 m di quota, vengono scoperte (1905) le correnti a getto. Nel 1917, Vilhelm Bjerknes fonda
l'Istituto di Geofisica e, nel 1921, pubblica il testo fondamentale
*Sulla dinamica del vortice circolare con applicazioni all'atmosfera e
al vortice atmosferico e il moto ondoso.* Nasce così la Scuola di meteorologia di Bergen (Svezia) dalla quale viene un modello di at-

mosfera di grande influenza sulle ricerche future. Lewis Richardson fa il primo tentativo di previsione meteorologica attraverso modelli matematici (1922) e pochi anni più tardi (1927) viene lanciata la prima radiosonda ben funzionante. Si scopre così che l'atmosfera è fatta a strati, di altezze e caratteristiche fisico-chimiche diverse.

La *troposfera*, lo strato inferiore, si estende fino a 10-15 km di altezza e rappresenta l'aria che respiriamo. Lo studio dei fenomeni fisici e chimici che in essa hanno luogo saranno compito della meteorologia, la quale dovrà anche produrre previsioni attendibili. Nel 1935 Tor Bergeron pubblica *Sulla fisica delle nubi e delle precipitazioni* in cui espone la teoria moderna della formazione delle piogge, poi approfondita e completata da Walter Findeisen. Ha inizio la produzione delle carte in quota (1936) e a questo punto prende l'avvio lo studio della climatologia.

Più in alto, fino a 50 km, c'è la *stratosfera* nella quale, tra i 20 e i 30 km, è presente l'*ozonosfera*, una zona con un'alta concentrazione di ozono[47] il quale assorbe la letale radiazione ultravioletta proveniente dal Sole. Più in su, fino a 90 km, è la *mesosfera* e più in alto ancora, fino a 500 km, la *termosfera*, dove la temperatura aumenta fino al migliaio di gradi.[48] Infine c'è l'*esosfera*: si estende da un'altezza di 500 km fino a 2000-2500 km. La parte dell'atmosfera compresa tra 60 e 500 km è detta *ionosfera*. Qui, atomi e molecole subiscono l'azione ionizzante delle radiazioni provenienti dallo spazio. Pertanto, la ionosfera contiene ioni ed elettroni liberi: a seconda della densità degli elettroni liberi (crescente verso l'alto) e di alcune caratteristiche variabili nel corso della giornata è suddivisa negli strati D, E, F, che rinviano verso il basso le onde elettromagnetiche di varie frequenze permettendo così le comunicazioni radio a grande distanza.[49]

Sidney Chapman, pioniere delle ricerche sulle relazioni Sole-Terra, studia le tempeste magnetiche e le aurore polari e per spiegarle ricorre all'interazione tra il vento solare[50] e il campo magnetico terrestre. Già negli anni Trenta, insieme col suo allievo Vincenzo Ferraro, predice l'esistenza e le caratteristiche della *magnetosfera*, lo strato più esterno, conseguenza dell'esistenza del campo magnetico terrestre: la magnetosfera, infatti, avvolge la Terra e interagisce col vento solare il quale la schiaccia dalla parte affacciata al Sole e l'allunga dalla parte opposta in una coda magnetica estesa fino a 60 raggi terrestri. Le aurore polari[51] e le tempeste magnetiche sono fenomeni dovuti all'interazione prevista da Chapman. Della magnetosfera fanno parte le cosiddette "fasce di Van Allen", la più interna composta in massima parte di protoni, la più esterna di elettroni. Le fasce avvolgono la Terra e si trovano tra i 65° di latitudine Nord e 65° di latitudine Sud mentre, in altezza, si estendono tra un paio di centinaia di km e 60 000 km.

Poi viene la conquista dello spazio e la stagione dei satelliti artificiali, l'aumento vertiginoso del numero di stazioni meteorologiche sparse nel mondo e la disponibilità di calcolatori elettronici sempre più potenti. Con questi mezzi si possono preparare e utilizzare modelli fisico-matematici sempre più complessi e raffinati per la previsione del tempo. Intorno al 1960, la possibilità di fare previsioni meteorologiche per una determinata regione della Terra non andava oltre le 24 ore, oggi si può arrivare a più giorni. Non molti di più, però; il moto delle infinite particelle gassose dell'atmosfera è condizionato da troppe variabili e i modelli di atmosfera possono avere soltanto un significato probabilistico.

La vita in primo piano. Dagli abissi all'origine della vita

Le ricerche svolte nei mari e negli oceani di tutto il mondo non si limitavano a raccogliere sedimenti con lo scopo di analizzarli o di approfondire le informazioni sulla loro chimica e sulle relazioni chimiche e fisiche con l'atmosfera: fra gli obiettivi c'era anche l'ampliamento delle conoscenze sulla flora e sulla fauna degli abissi. E gli studi di biologia marina dettero, tra l'altro, un risultato del tutto inaspettato: anche alle massime profondità, la vita nei mari supera quella sui continenti. Fino a qualche migliaio di metri di profondità, oltre ai tipi noti di pesce, si trovano vermi, molluschi, crostacei e molte altre specie animali, di ogni dimensione, dai millimetri ai molti metri, ma sono popolati anche gli abissi più profondi, dove non arriva un filo di luce, la pressione è di centinaia di atmosfere e la temperatura si avvicina allo zero. Laggiù, vi sono creature in grado di trarre l'energia dalle sostanze emesse dai cosiddetti *black smokers*: una sorta di camini prodotti dall'interazione fra il magma, particolarmente vicino alla superficie rocciosa, e l'acqua marina, penetrata nella roccia del fondo marino attraverso fessure e surriscaldata, vaporizzata e ritornata al mare. Questi "geyser" sottomarini trasportano sostanze minerali disciolte le quali, al contatto con l'acqua fredda, precipitano, costruendo i black smokers. Questi, ricchi di idrogeno solforato, consentono l'esistenza di batteri di un particolare tipo: batteri chemiosintetici,[52] primo anello della catena alimentare degli abissi marini.[53] Ormai, del mare, si sa molto: dai movimenti superficiali, agli effetti della risalita di acque abissali, dalle proprietà fisico-chimiche alle forme vitali.

Tutto ciò che si è imparato sull'atmosfera e sull'idrosfera genera nuove idee. Nel 1924, rifacendosi al pensiero di Darwin e di Ernst Haeckel, Aleksandr Oparin propone che la vita abbia avuto origine da composti organici non biologici prodotti dall'azione di radiazioni e fulmini sull'atmosfera della Terra, nelle particolari condizioni fisico-chimiche dell'ambiente primordiale. Successivamente, Stanley Miller realizzerà (1953) un esperimento che sembrerà convalidare questo meccanismo; nulla di certo o definitivo, però: la certezza delle cose accadute nel passato diventa tanto più labile quanto più remoto è il passato di cui si parla. Ciò nonostante sono indizi concreti, e possibilità.

Lo studio dei fossili, però, ha stabilito (1977) un fatto certo: i procarioti (i più semplici esseri viventi della Terra: organismi unicellulari privi di nucleo) e alghe azzurre c'erano già almeno 3,5 miliardi di anni fa e i primi organismi pluricellulari 2,1 miliardi di anni fa. Inoltre, i batteri metanogeni, come quelli presenti sui black smokers (creature della prima ora) e i procarioti, non avendo legami tra loro, devono aver avuto un antenato comune. Cioè la vita doveva essere presente sulla Terra ben prima di 3,5 miliardi di anni fa. Inoltre, gli astronomi e i geologi ci assicurano che il nostro pianeta si è formato 4,5 miliardi di anni fa e che l'età delle rocce più antiche (in Groenlandia) è di 3,8 miliardi di anni, bisogna dedurre che la vita deve essere apparsa appena è stato possibile.[54] Ne consegue, subito, la domanda: si tratta di un fenomeno necessario? Oppure, nonostante possa essere un evento infimamente probabile, è stato estratto dall'urna quasi subito? Nel 1924, Thomas Mann scriveva:[55] «[...] tra la vita e la natura inanimata c'è un abisso che la scienza tenta invano di colmare».

E forse, invece, sarà colmato, ma ancora non conosciamo come dall'inorganico si passi al vivente. Si troverà? E la sua ricerca porterà al bene o al male? Alla felicità o alla disperazione? Purtroppo, si tratta di domande legittime ma del tipo "domande inutili" perché oggi non abbiamo modo di rispondere anche se, purtroppo, ci piaccia o no, di una cosa possiamo essere sicuri: tutto ciò che sarà possibile fare, prima o poi sarà fatto.

Una breve nota, però, ci pare necessaria come chiusura di questo paragrafo.

Abbiamo parlato di vita come se si sapesse di che si tratta. In realtà potrebbe non essere così perché per quante caratteristiche si scelgano per caratterizzare l'essere vivente, si cade spesso in contraddizione e si trovano sempre casi in cui una o più di quelle caratteristiche si possono trovare anche in soggetti solitamente non classificati viventi. In altre parole una definizione esauriente di *vita*, che non lasci spazio a eccezioni e interpretazioni differenti, non è stata ancora data e probabilmente sarà impossibile darla senza uscire (e non è detto che sia sufficiente) dall'ambito della fisica e della chimica classiche. E poiché non è per niente evidente che cosa sia vita e che cosa non lo sia, è anche possibile che *vita* sia una parola priva di vero significato e che quello che chiamiamo vita sia solo un vago concetto, un'antica (almeno quanto i filosofi naturalisti greci) e grossolana semplificazione della realtà che ha per fondamento una serie di sensazioni e di apparenze. Detto altrimenti, è possibile (e probabile) che non sia corretto parlare di viventi e di non-viventi, ma che si debba parlare, più semplicemente, di oggetti più o meno complessi, capaci di più o meno numerose e complicate "funzioni".[56]

E può ben darsi, che da più parti nell'universo esistano forme di "vita" come le intendiamo noi o differenti, ma, di fatto, cosa cerchino i bioastronomi sugli altri pianeti non è chiaro nemmeno a loro. O meglio, per non offendere nessuno, che stiano spendendo un sacco di tempo e di denaro nella speranza di trovare qualcosa che presenti un livello di complessità paragonabile a quello che si presenta in quelli che noi, quando non sottilizziamo troppo, chiamiamo esseri viventi.

Evoluzione genetica

Il mare non è il solo oggetto di attenzione da parte degli studiosi della vita: da ogni ramo scientifico se ne staccano altri, su temi sempre più ristretti e sempre più approfonditi.[57]

Dalle ricerche di anatomia comparata di Georges Cuvier del XVIII secolo si sviluppa la paleontologia che porta nuovi dati sull'evoluzione di animali (dinosauri, uccelli, pesci, mammiferi) e conoscenze sulle forme dei viventi in ere lontane come il Precambriano e il Siluriano.[58] Inoltre, dallo studio di primati fossili dell'Argentina, della mandibola umana di Mauer, presso Heidelberg, del cranio neandertaliano di La Chapelle-Aux-Saints (1908), dagli studi sulle scimmie antropomorfe del Miocene dell'Himalaya, dei mammiferi dell'Eocene svizzero e del Quaternario del nord-est italiano,[59] prende corpo la paleobiologia. La quale, con nuove informazioni sui climi del passato remoto e con l'analisi di campioni di DNA e RNA, cerca risposte a domande sull'evoluzione molecolare della vita.

Nel XX secolo, sulle basi consolidate della chimica biologica, si sviluppa la genetica e viene approfondito l'argomento "mutazioni". Viene provata la trasmissione dei gruppi sanguigni nell'uomo e formulata l'ipotesi che i geni determinino la struttura degli enzimi (1917). Ronald Fisher conferma la teoria mendeliana sulla trasmissione dei caratteri genetici. Si cominciano a usare metodi matematici anche negli studi sull'evoluzione e sulla dinamica delle popolazioni. La statistica entra pure nell'ecologia: dopo la Prima Guerra Mondiale, ad esempio, Vito Volterra la usa insieme con l'analisi matematica dei dati e risolve il problema delle variazioni del numero di due popolazioni legate fra loro da un rapporto preda-predatore (1926). L'ecologia porta anche a considerare in modo più dettagliato il comportamento degli animali e, di conseguenza, la loro intelligenza. Si sviluppa così una nuova disciplina: l'etologia. Negli anni Trenta del secolo scorso si studiano le scimmie antropomorfe, l'aggressività animale, il comportamento di particolari uccelli. Queste ricerche porteranno agli studi di Konrad Lorenz e al suo concetto di *imprinting*.

Nel 1928 viene introdotto il concetto di duplicazione dei cromosomi: la genetica cerca di capire i meccanismi delle mutazioni ed esplora gli effetti dei raggi X in insetti, funghi, batteri. Gli studi sugli acidi nucleici portano a distinguere tra DNA e RNA, ma ci vorranno ancora anni al fine di individuare le loro particolari caratteristiche.

Nel 1931 appaiono i primi microscopi elettronici con i quali si comincia a entrare nei recessi della materia vivente e a vedere realmente le strutture fino ad ora solo ipotizzate: è del 1939 la produzione del primo microscopio elettronico commerciale, ma solo nel 1957 viene descritta la struttura a tre strati di una membrana biologica osservata con questo strumento.

Un notevole impulso viene dato alla genetica dei microrganismi la quale si occupa della comparsa di mutanti resistenti ai batteriofagi[60] e agli antibiotici. Il problema richiama il confronto fra darwinismo (mutazioni casuali selezionate dall'ambiente) e lamarckismo (mutazioni finalizzate trasmesse ai discendenti), il quale, verso la fine degli anni Quaranta, si risolve a favore del primo, poiché la frequenza delle mutazioni nelle colture è indipendente dalla presenza dei fagi o degli antibiotici. Si scoprono, anche in questo modo, le proprietà mutagene di certe sostanze (come l'iprite o la formaldeide), cioè la loro capacità di produrre mutazioni nel DNA degli organismi. Questo fatto mette in evidenza come pure l'uomo sia indifeso di fronte a un crescente rischio genetico.

Verso la fine degli anni Quaranta, viene dimostrata l'organizzazione dei componenti cellulari intorno agli acidi nucleici e tramonta, quindi, l'idea che il materiale genetico[61] sia costituito da proteine. Viene determinata la struttura chimica dei geni mentre altre ricerche confermano l'origine comune di tutti i viventi e la certezza che l'informazione genetica contenuta nell'acido desossiribonucleico (DNA) si esplica per via enzimatica (ogni enzima è associato a un gene).

La storia della comprensione della struttura e del "funzionamento" del DNA è piuttosto lunga. Ricordiamo il decisivo intervento di due giovani ricercatori – James Watson e Francis Crick – i quali ebbero l'idea di raccogliere quanto era già noto sull'argomento in un modello fisico fatto di filo di ferro e palline colorate, così da distinguere i diversi atomi e i loro legami nell'enorme molecola. Ne uscì la doppia elica del DNA. Era il 1953.

Poco più di cinquant'anni dopo, nell'agosto 2007, negli Stati Uniti, il gruppo di Craig Venter (che ha partecipato al sequenziamento del genoma umano, cioè all'identificazione di tutti i geni che compongono l'informazione genetica della nostra specie) compie i primi passi verso la costruzione della cellula sintetica e si propone di passare dalla lettura del codice genetico alla scrittura per ottenere cellule vive da DNA sintetico. E, solo sette anni dopo, nel maggio 2014, ancora negli Stati Uniti, viene realizzato un ampliamento del DNA di un batterio ottenendo in tal modo un organismo semisintetico capace di riprodursi (cioè di mantenere il nuovo DNA). Sono risultati che aprono orizzonti impensabili fino a ieri e lo sguardo va a particolari impieghi: assorbimento di grandi quantità di anidride carbonica, produzione di nuovi farmaci, lotta contro la resistenza dei batteri agli antibiotici, produzione (perché no?) di armi biologiche. E, fantasticando un po', perché non nuove specie di viventi ben più complesse di un batterio? Si arriverà a tanto?

Intanto, in varie università si lavora intorno a ibridi sostituendo cellule di embrioni umani a cellule di animali e viceversa e, probabilmente, in laboratori meno aperti si fanno esperimenti anche più pericolosi. A tutt'oggi, sappiamo solo mescolare le carte, non costruire un mazzo del tutto nuovo e, se vogliamo, per il momento, possiamo ancora parlare di bellissimi e sotto certi aspetti molto temibili giochi di manipolazione. La domanda potrebbe essere: fino a quando saranno solo giochi? Personalmente non ho dubbi. Come ho già detto, credo sia solo questione di tempo e temo che tutto ciò che si potrà fare, prima o poi, sarà fatto. Qualcuno riuscirà a costruire il mazzo di carte nuovo e a quel punto succederà qualcosa di ben più importante che scoprire che anche su un lontanissimo pianeta di una lontanissima stella è sbocciata la vita.

I passi avanti della medicina

I progressi in microbiologia danno un nuovo impulso alle ricerche su antibiotici e chemioterapia. Fanno enormi passi avanti pure gli studi sul trasporto dell'ossigeno nel sangue, sulla termoregolazione, sulle reazioni allergiche e sui problemi legati all'immunologia, sullo sviluppo embrionale, sulla specializzazione cellulare e sull'oncogenesi, sul funzionamento e sulla struttura del sistema nervoso e delle ghiandole endocrine. Si avviano le ricerche sul ruolo dei trasmettitori chimici, e la neurologia inizia a occuparsi di cerebropatie degenerative e di encefaliti virali. Fiorisce la neurochirurgia e si sviluppano le indagini anche nel campo della psichiatria, della psicosociologia, della medicina psicosomatica. Sigmund Freud, Carl Jung e Ivan Pavlov, tuttavia, finiscono con lo staccarsi dalla tradizione clinica.

La microscopia elettronica crea la possibilità di lavorare con isotopi (→ n. 29 in questo capitolo) di particolari elementi chimici. Con questi si marcano specifiche molecole delle quali si vuole seguire l'itinerario metabolico o che possano dare informazioni sull'embriologia: così, questa disciplina da semplicemente descrittiva diventa scientifica. Tra i risultati teorici di maggior rilievo in questo ambito, è il concetto di organismo come *continuum* chimico. Con la microscopia si studiano nei più minuti particolari di struttura e di funzionamento anche le cellule: in particolare quelle del sistema nervoso (neuroni, sinapsi, mediatori chimici degli impulsi nervosi) e delle regioni cerebrali coinvolte nei fenomeni di memoria e nelle capacità intellettive, o quelle degli organi di senso di maggiore complessità (vista, udito). Si ottengono così importanti progressi nella conoscenza della fisiologia generale, di quella del sistema nervoso e dei rapporti tra questo e il sistema endocrino.

Tutto il XX secolo, poi, è attraversato dalla storia, non sempre felice, dei trapianti di organi. I primi tentativi sono effettuati da Alexis Carrel,[62] nel 1902, sugli animali. Durante la Seconda Guerra Mondiale, Peter Medawar esegue innesti cutanei in corpi ustionati e mostra la causa dei rigetti: sono dovuti a incompatibilità genetiche. Il primo trapianto renale tra gemelli identici[63] viene eseguito da Joseph Murray nel 1954, e nel 1967 Christian Barnard esegue il primo trapianto di cuore. Ancora nel 1967 si trapiantano nell'uomo il primo fegato e, nel 1968, il primo pancreas. Poi nel 2008 si esegue un trapianto di entrambe le braccia e quello di una trachea, e nasce il primo bambino da un ovaio trapiantato. Nel 2010, quando ormai i trapianti, pure di più organi contemporaneamente, sono quasi una routine, riguardando anche parti di tessuti (cornee, ossa, cartilagini, vasi sanguigni, valvole cardiache...), e il problema del rigetto è in buona parte superato grazie alle sostanze prodotte dagli anni Sessanta in poi, è stato eseguito un trapianto delle parti molli di una faccia.

In questi ultimi anni, infine, si è parlato – e studiato – molto sulla clonazione. Un processo antico, molto più dell'uomo, poiché è la norma nel mondo degli organismi unicellulari, ed è frequente in quello degli invertebrati e delle piante. L'uomo l'ha sempre usato nella riproduzione artificiale delle piante: quelle prodotte grazie a talee e margotte sono a tutti gli effetti "cloni" della pianta originaria, cioè organismi geneticamente identici ad essa e dal 1994, gli studi nel campo della genetica hanno applicato questa tecnica al campo animale, arrivando così a ottenere organismi copie geneticamente identiche a un solo genitore.

Quando Ian Wilmut clonò la pecora Dolly (1996), l'esperimento scatenò tutta una serie di polemiche e discussioni. Pochi anni dopo (2001), quando l'azienda americana Advance Cell Technology ha annunciato di aver eseguito con successo la prima clonazione di un embrione umano, si è scatenato un vero e proprio finimondo. Come era prevedibile (e previsto), la ricerca è approdata all'uomo. Ufficialmente, il fine di questi studi è quello di riuscire a migliorare la comprensione dei meccanismi della differenziazione cellulare, in modo da poter sviluppare tecniche adatte alla produzione di tessuti umani utili ai trapianti e da individuare meglio le ragioni delle malattie degenerative, cancro in testa. Se queste ricerche mirino a fornire tessuti da usare nei trapianti, a produrre cellule staminali per curare malattie oggi incurabili o difficilmente curabili o piuttosto a fabbricare veri e propri esseri umani – magari una sottospecie, da sfruttare come animali domestici o fornitori di organi –, possiamo tralasciare di considerarlo dal momento che qualsiasi ipotesi sarebbe gratuita. In quanto alla produzione di tessuti, però, l'interesse degli addetti ai lavori sembra già rivolto altrove: oggi si preferisce usare le cellule staminali invece di embrioni derivati dalla clonazione.

Comunque, sappiamo fare anche molte altre cose. Possiamo avere figli con l'aiuto della tecnica e, viceversa, preparare quanto occorre per sterminarci non solo con le armi tradizionali, o chimiche, o atomiche, disponiamo, volendo, anche di quelle biologiche. Insomma, a questo punto, scienza e tecnologia, sulla vita e sulla morte hanno fatto molta strada e siamo piuttosto ferrati.

Quanto finora abbiamo ricordato in questo capitolo non ha necessariamente arricchito la nostra visione dell'universo. Ciò nonostante questa continua messe di ricerche, scoperte e invenzioni, alle quali ne aggiungeremo altre, forse più vicine al tema, ha fornito argomenti e strumenti culturali utilizzabili nella costruzione di nuove idee sull'universo, di nuove "ombre platoniche dell'universo", sulla base delle quali costruiamo i nostri convincimenti,.

Inoltre, come notavamo, tutto ciò non poteva non creare negli scienziati – e non soltanto in questi – una crescente e diffusa sicurezza di sé; non ce n'era mai stata una così forte. Siamo bravi, anzi bravissimi, nessuno è mai stato bravo come noi – in ogni campo! – e se nel passato si è creduto di poter parlare del cosmo sulla base di vaghe intuizioni noi abbiamo a disposizione ben altre conoscenze e ben altri strumenti che ci permettono di rivedere i vecchi schemi e di proporne altri, nuovi, nuovissimi, dei quali non si potrà dubitare se non si vorrà passare per "anti-qualcosa", o sognatore, o "primitivo", o "inascoltabile" e via dicendo.

Si apre un nuovo cielo

Fin dall'inizio del XX secolo si fanno grandi progressi. Negli USA viene fondato l'osservatorio sul Monte Wilson (California, 1905), dotato in breve tempo di due grandi telescopi, uno di 1,5 metri di diametro (1908) e uno di 2,5 m di diametro[64] (1917), e di due torri solari.[65] Nelle macchie solari viene scoperta l'esistenza di campi magnetici. Di conseguenza, in vari osservatori[66] si sviluppano ricerche sui fenomeni della cosiddetta "attività solare".

Viene poi data particolare attenzione ai cinque tipi spettrali di Angelo Secchi, che pongono l'ovvia domanda: come mai le stelle presentano spettri differenti? quali fattori li determinano? e il tipo spettrale di una data stella può cambiare nel tempo? All'epoca, nessuno può rispondere a questi interrogativi poiché, prescindendo dalla contrazione gravitazionale, non esiste una teoria in grado di spiegare nemmeno l'origine dell'energia stellare. Tuttavia si continua a raccogliere documenti, sperando nella quantità. A volte, se abbastanza grande, potrebbe diventare qualità.[67]

A questo scopo, nel 1886, all'Harvard College Observatory (Massachusetts, USA), Edward Pickering recluta un piccolo gruppo di donne[68] le quali raccolgono quanti più spettri stellari possibile e li suddividono in varie "classi spettrali".

I risultati dell'analisi di circa 225 000 stelle appaiono nel 1918 con lo *Henry Draper Catalogue* (1918-1924) e nel 1949 con l'*Henry Draper Extension* con i dati di circa 360 000 stelle e costituiscono la base della fondamentale classificazione di Harvard (l'attuale classificazione) che mette in evidenza un legame tra il tipo spettrale e la temperatura superficiale di una stella. Un primo perfezionamento viene da Antonia Maury la quale mette in relazione la larghezza delle righe spettrali con la magnitudine assoluta delle stelle. Inoltre, Ejnar Hertzsprung rileva che a parità di luminosità apparente, i moti propri minori indicano stelle più lontane e intrinsecamente più luminose. Successivamente, tenendo conto delle informazioni disponibili, negli anni 1911-1913, Hertzsprung e Henry Russell costruiscono un diagramma, detto, appunto, di Hertzsprung-Russell, nel quale i colori delle stelle nell'uno, i tipi spettrali nell'altro, entrambi indici di temperatura, sono messi in relazione con le magnitudini assolute. La gran parte dei punti rappresentativi delle stelle si distribuisce lungo una "striscia" alla quale viene dato il nome di sequenza principale che risulta, chiaramente, funzione della temperatura. Ad altre zone del diagramma in cui cadono "punti stella" (cioè punti le cui coordinate dipendono dalle condizioni fisiche delle stelle rappresentate) vengono dati altri nomi (zona delle nane bianche, delle giganti, delle supergiganti ecc.). Sarà proprio questo diagramma, al momento solo un dato di osservazione (certo non banale, deve avere un significato importante), a portare, con l'aiuto della fisica, alla comprensione della formazione e dell'intera evoluzione delle stelle.

Negli stessi anni, c'è chi si dedica a immaginare qualcosa circa la struttura stellare. Descrivere quanto accade nell'interno di una stella può essere solo congettura, tuttavia una stella emette calore e pertanto dovrebbe essere sede di moti materiali. Secondo Karl Schwarzschild invece (1906), invece, almeno nella parte più interna, dovrebbe prevalere l'irraggiamento. L'anno seguente Robert Emden considera le stelle come sfere di gas.

E mentre si cerca di capire il funzionamento di queste macchine termiche, c'è chi pensa alle stelle nel loro insieme e ai loro moti propri. Nel 1904, Jacobus Kapteyn propone uno studio di 206 aree del cielo e dopo dieci anni la comunità astronomica dispone di un primo quadro della distribuzione spaziale delle stelle nella Galassia. In questi primi anni del secolo, la spettroscopia permette anche di rivelare l'esistenza di materia interstellare. Oltre a ciò, dal 1912 in poi, Vesto Slipher, sfruttando l'effetto Doppler (analizzato da Christian Doppler nel 1845), fa misure di velocità radiali e trova che le galassie da lui esaminate[69] si allontanano con velocità di 200-300 km/s. Nel 1913, vengono misurate le distanze delle Nubi di Magellano: sono troppo grandi perché possa trattarsi di oggetti galattici (infatti, sono due piccole galassie irregolari, satelliti della nostra). E, ancora, nel 1913 George Ritchey scopre una stella nova in una galassia a spirale. Dunque quella galassia (e quante altre?) non è fatta, come si supponeva, di solo gas. Nel 1918, Heber Curtis valuta la distanza della nebulosa (galassia) di Andromeda in un milione di anni-luce. Con ciò, anche questa diventa un oggetto extragalattico. Ma nel 1920 il problema se gli oggetti distanti, le nebulose, fossero "appendici", parti o satelliti, della nostra galassia o vere e propri oggetti a se stanti, altre galassie, indipendenti dalla nostra, era ancora aperto e proprio in quell'anno si aprì il cosiddetto "grande dibattito" del quale i capifila furono Harlow Shapley che sosteneva la prima ipotesi e Heber Curtis che difendeva la seconda. Uno scontro che durò solo qualche anno perché le osservazioni dimostrarono in breve che l'idea corrispondente alla realtà era quella di Curtis.

E nel 1925, col telescopio di 2,5 m di Mount Wilson, Edwin Hubble comincia una ricerca sistematica di classificazione delle galassie. Nel 1929, la grande scoperta: tutte le galassie si allontanano! Come se la nostra fosse al centro dell'universo! Non solo. Le loro velocità aumentano con l'aumentare della loro distanza secondo una legge molto semplice: la velocità di allontanamento è proporzionale alla distanza della galassia; Hubble ottiene per la costante di proporzionalità il valore di 500 km s^{-1} Mpc^{-1}.[70] Tale valore fa subito discutere perché il suo inverso dà l'età dell'universo, cioè il tempo necessario affinché le galassie, andando a ritroso, siano tutte concentrate in un punto e tale valore è di appena 2 miliardi di anni. Non bastano nemmeno per la storia della Terra. Un risultato, comunque, è certo: l'universo si espande! Einstein aveva già ottenuto questo risultato e l'aveva corretto introducendo una "costante cosmologica" che, dopo i risultati di Hubble, qualificò come l'errore più grande della sua vita. A parte ciò, se l'universo si espande ne segue che ha avuto un inizio ed è evolutivo.

Col suo libro *Il regno delle nebulose* (1936), Hubble divulga la scoperta della fuga delle galassie e Milton Humason, ancora da Mount Wilson, arriva a misurare velocità di fuga fino a un settimo della velocità della luce su galassie lontane 240 milioni di anni-luce. È la molla che porta alla costruzione del famoso telescopio di 5 m di diametro di Monte Palomar (California, USA) con il quale si potranno osservare galassie fino ai confini dell'universo visibile.

Viene da domandarsi: e la Terra, o il sistema solare, o la nostra Galassia, cosa fanno in un universo in espansione? Poiché non ha senso nemmeno il semplice supporre che se ne stiano al centro, viene spontaneo ammettere che non ci sia alcun centro, come non c'è il centro di una *superficie* sferica. Le galassie si allontanano l'una dall'altra e chiunque, ovunque si trovasse, avrebbe l'impressione di trovarsi al centro dell'espansione.

Insomma, già nei primi decenni del XX secolo l'universo, o cosmo, non è nemmeno somigliante a quello appena lasciato alle spalle, è diventato un pozzo senza fondo, popolato da innumerevoli galassie in fuga le une dalle altre. Lungi dall'essere statico, si espande e sta andando verso la sua morte termica, alla quale arriverà chissà quando. Oppure c'è un'altra possibile soluzione: a un certo punto, l'espansione rallentata dalla gravitazione,[71] si fermerà e da qui in poi, l'universo comincerà a cadere su se stesso, a contrarsi. Fino alle estreme conseguenze.

Nel 1933, Karl Jansky pubblica le sue osservazioni di radioonde della lunghezza d'onda di 14,6 m provenienti dalla Via Lattea. Nel 1936, attraverso osservazioni alla lunghezza d'onda di 21 cm, il radiotelescopio rivela l'esistenza dell'idrogeno interstellare che diventa uno strumento fondamentale nello studio della struttura della galassia e subito dopo la fine della Seconda Guerra Mondiale, John Kraus, stabilisce un radio osservatorio all'Ohio State University. Anche il Sole e Giove si rivelano sorgenti di radioonde.

Negli anni Trenta, Clyde Tombaugh, scopre Plutone (1933),[72] e allarga i confini del sistema solare portandoli da 4500 milioni di km (semiasse dell'orbita di Nettuno) a 5900 milioni di km; Bernard Lyot inventa il coronografo e il filtro polarizzatore i quali permettono l'osservazione dei fenomeni dell'attività solare in qualsiasi momento e della corona solare in assenza di eclisse totale. Ciò dà la possibilità di sorvegliare la nostra stella, con una notevole ricaduta pratica. Le radio comunicazioni a grande distanza, infatti, utilizzano la ionosfera sulla quale influiscono in modo notevole le emissioni di particelle (ioni, elettroni) emesse dai fenomeni dell'attività solare, in grado di scatenare tempeste magnetiche con conseguenti disturbi e blackout nelle comunicazioni. Un'altra invenzione viene da André Lallemand il quale costruisce (1933) uno strumento capace di ridurre drasticamente i tempi di posa nella fotografia di sorgenti deboli. L'invenzione avrà grandi sviluppi negli "intensificatori di immagini", oggi (perfezionati) divenuti un irrinunciabile accessorio della strumentazione astronomica.

Riguardo alle stelle, l'osservazione – specialmente fotografica, e poi fotoelettrica e spettroscopica – dei sistemi binari, noti fin dal tempo di William Herschel, è proseguita e i dati accumulati, grazie soprattutto alle osservazioni fotografiche, e poi fotoelettriche e spettroscopiche sono diventati così numerosi da permettere di calcolare molte masse stellari[73] e metterle in relazione con le luminosità[74] (o con le magnitudini assolute) con la scoperta che a massa maggiore corrisponde una luminosità maggiore e che, grosso modo, la luminosità stellare risulta proporzionale alla potenza 3,5 della massa. Se ne deduce che una stella di grande massa deve "consumarsi" molto più rapidamente di una di piccola massa in quanto emette energia con molta maggiore "generosità".

Le righe spettrali oscure (righe di Fraunhofer), sono attribuite ad assorbimenti operati da atomi degli strati di gas più esterni sulle radiazioni prodotte nell'interno della stella. Righe più forti sono conseguenza di un più forte assorbimento, pertanto maggiore deve essere, nell'atmosfera, la cosiddetta *abbondanza* degli atomi degli elementi capaci di formare quelle righe.

A rendere la cosa quantitativa ci penserà Marcel Minnaert, sempre negli anni Trenta. Grazie a lui si potrà dire di cosa sono fatti anche gli astri più lontani non solo dal punto di vista qualitativo – c'è idrogeno, calcio, ferro o altro – bensì anche da quello quantitativo: tanto idrogeno, tanto calcio, tanto ferro. Potremo sapere in quali proporzioni i diversi elementi della tavola di Mendeleev o altri, sconosciuti, si trovano distribuiti nell'universo e se variano da luogo a luogo.

Il diagramma di Hertzsprung-Russell diventa allora lo strumento che consente di dare un senso all'immensa quantità di dati raccolti. Come abbiamo già notato, la sequenza spettrale segnala l'esistenza di una scala di temperature superficiali. Come, con l'alzarsi della temperatura, una fiamma da rossastra, diventa rosso vivo, gialla, blu, così il gas stellare, rosso alle basse temperature, coll'aumentare della temperatura diventa arancione, giallo, bianco-azzurro. Secchi l'aveva intuito ed era corretto il criterio alla base della sua prima classificazione. Adesso lo prova l'aspetto degli spettri. Righe di bassa eccitazione appaiono negli spettri delle stelle rosse, di alta eccitazione in quelli delle stelle bianco-azzurre. Ovvero, righe prodotte dall'assorbimento di atomi, o di semplici molecole, negli spettri delle stelle rosse (Antares), righe dovute ad atomi di metalli in quelli delle stelle gialle, come il Sole, righe prodotte da atomi d'idrogeno in quelli delle stelle bianche (come Sirio), righe dovute ad atomi di elio, o righe di emissione,[75] negli spettri delle stelle bianco-azzurrognole come β Lyrae.

Fino a poco fa, l'astronomia si era occupata dei corpi celesti come se fossero punti in movimento *sulla* sfera celeste (pianeti: oggetto della meccanica celeste) o *con la* sfera celeste (stelle: oggetto dell'astronomia sferica), ora, con le possibilità offerte dagli spettri delle sostanze, si è arricchita in via definitiva di un nuovo ramo: l'astrofisica.

Si tenta, quindi, di inventare modelli di atmosfere stellari. E nel 1938 Hans Bethe e Carl Weizsäcker arrivano a un traguardo fondamentale: in opportune condizioni di pressione e temperatura, nel cuore della stella potrebbero avvenire reazioni nucleari spontanee, in grado di portare alla fusione di nuclei di idrogeno formando nuclei di elio. Nel processo una piccola parte di materia (il 7 per mille) viene liberata come energia nel modo previsto dalla formula di Einstein $E = mc^2$. Nel 1926 Eddington nel suo *La costituzione interna delle stelle* aveva previsto una temperatura al centro del Sole del valore di 19×10^6 K e Bethe ottiene $18,5 \times 10^6$ K.

I processi nucleari assicurerebbero al Sole (e alle stelle) un'esistenza talmente lunga da soddisfare tutte le esigenze di geologi e paleontologi. Aveva ragione Darwin: la Terra era vecchia di molti milioni di anni, e aveva profetizzato bene Chamberlin: degli atomi e delle loro proprietà non si sapeva ancora abbastanza e non si poteva dire nulla di definitivo.

Si apre così la strada verso una lettura del diagramma di Hertzsprung-Russell (diagramma H-R) in termini di evoluzione stellare: la sequenza principale evidenzia la fase dell'esistenza di una stella nella quale si ha la conversione dell'idrogeno in elio. Durante questa fase la stella è una "macchina termica" in equilibrio: la pressione esercitata dal gas stellare viene bilanciata dalla gravità.

La fisica solare assume un ruolo di primo piano. Le stelle sono puntiformi e forniscono un segnale "medio" mentre sul Sole, buon campione di "stella media", si possono verificare molti risultati teorici in punti diversi, più o meno vicini tra loro a seconda del potere risolutivo dello strumento usato. L'astronomo del XX secolo, diventato astrofisico, può analizzare la radiazione uscente dal centro del disco solare, o dal bordo, o da una macchia, o dalla cromosfera,[76] o dai diversi punti della corona.[77]

A questo punto, con il diagramma H-R, gli sviluppi determinanti della fisica e i calcolatori elettronici, la costruzione di modelli di interni stellari può rientrare nei lavori di *routine*. Si gioca con i parametri liberi presenti in ogni teoria e prima o poi si possono far quadrare i conti (somiglia all'antico "salvare i fenomeni", seppure con qualche buona ragione in più) e riuscire a capire che le stelle si formano dalla materia interstellare e invecchiano con maggiore o minore rapidità a seconda della loro massa. Nel loro interno si formano gli elementi. L'idrogeno è il primo combustibile nucleare disponibile, però a un certo punto si esaurisce e nel nucleo stellare qualcosa cambia: entra in gioco l'elio prodotto dalla fusione dell'idrogeno e comincia una seconda fase in cui ha luogo la fusione dell'elio con produzione di carbonio. La stella ne passerà altre (rappresentati da punti differenti del diagramma H-R) e produrrà nuovi elementi. E prima o poi arriverà alla fine della sua esistenza. Una stella di piccola massa si spegnerà dopo vari miliardi di anni e vagherà come corpo oscuro nello spazio galattico; una di massa abbastanza grande finirà come supernova: esploderà e disseminerà nello spazio gli elementi creati i quali entreranno nella formazione di stelle di nuova generazione; una di massa più grande ancora diventerà un buco nero, quell'oggetto capace di travolgere la fantasia di un mare di gente perché dai buchi neri non-può-uscire-nemmeno-la-luce.[78]

Ora sappiamo che il mondo intorno a noi è fatto, ovunque, con gli stessi ingredienti. Le differenze di composizione osservate portano a riconoscere l'esistenza di vari tipi di popolazioni stellari (Walter Baade, 1943): le stelle giovani sono più ricche di elementi pesanti poiché quando si sono formate c'erano disponibili anche i materiali elaborati in stelle più antiche esplose come supernovae. La teoria sviluppata in proposito dà ampia e convincente giustificazione di quanto si osserva.

Con i nuovi strumenti concettuali e tecnici si possono costruire nuovi modelli, via via migliori. Si studiano i vari tipi di stelle: variabili intrinseche, nane bianche, stelle di neutroni, pulsar, novae, supernovae. Oggi la teoria dell'evoluzione stellare è confermata in tutti i suoi aspetti. Ha richiesto molto tempo ed è stata costruita col concorso di idee e di lavoro di moltissimi astronomi, fisici, chimici, matematici e tecnologi.

È una grande teoria e corrisponde ai risultati delle osservazioni fatte finora. Racconta in modo esauriente e senza contraddizioni l'origine e l'evoluzione di tutti gli oggetti che popolano l'universo.

Dunque, per quanto riguarda questo argomento di ricerca, l'astrofisico, non ha più molto da fare benché non si debba prendere questa espressione alla lettera. Da fare c'è in ogni caso: ci sono i pianeti (ognuno con la sua storia), e ci sono i perfezionamenti, i casi anomali, le curiosità. L'aspetto fondamentale del problema, però, è chiarito.

Rimangono comunque altri grossi problemi, posti dalle galassie, dallo spazio in cui queste si trovano, dal tempo implicato dal fatto che l'universo ha una storia.[79] La cosmologia – che, ormai, secondo me, sarebbe più appropriato chiamare cosmofisica – rappresenta la frontiera dei problemi del mondo macroscopico. In un certo modo, superata alla fine del XIX secolo (con la convinzione della morte termica del mondo), la comprensione dell'universo e del suo destino si è riproposta nella prima parte del XX secolo con la scoperta dell'esistenza delle galassie e dell'espansione dello spazio. Oltre a questo, e già basterebbe, si sono presentate la relatività e i possibili universi suggeriti dalle geometrie non euclidee.

Intanto, la fuga delle galassie. Come abbiamo già osservato, se vanno, avranno pur cominciato ad andare e ciò impone un inizio. Un inizio "clamoroso" – che Fred Hoyle, canzonando, chiamerà il "Big Bang caldo" – una "singolarità", cioè un fenomeno, un fatto, un accadimento di cui non si sa dire nulla, perché per esso le leggi della fisica non valgono, chissà se valgono, chissà se ce ne sono. Secondo l'ipotesi, l'universo è uscito da un "punto" (non del nostro spazio che ancora non c'era! era lui lo spazio) in cui le condizioni di temperatura, pressione, densità, se c'erano, non le possiamo immaginare. Una singolarità, appunto. Certo, si dirà, come via di fuga dalle responsabilità non è una gran cosa. Basta la parola per mettersi l'anima in pace? Ma andiamo avanti. Viene subito fatto di domandarsi: e prima? Prima quando, se il tempo, insieme con lo spazio, comincia proprio in quel momento? Un prima non ci può essere. E lo spazio? Uguale. Almeno non come ce lo immaginiamo noi. Nulla, almeno, di cui si possa parlare. E all'improvviso fu universo.[80] Par quasi di sentirla l'omerica risata di Totò e il suo: "Ma mi faccia il piacere!" E, invece, pare sia una cosa molto seria.

Lasciando perdere la singolarità (è una singolarità...), prendiamola per buona e andiamo avanti, la teoria ci dice come sono andate le cose da poco dopo l'inizio misterioso.

L'universo dei primi istanti è caldissimo e si espande. Poiché è isolato, si raffredda e, mentre lo fa, piccole disuguaglianze di densità portano ad addensamenti di materia via via più consistenti i quali, grazie alla gravitazione, attraggono altra materia. Pian piano si formano nubi più o meno dense di gas, galassie, stelle eccetera. A supporto della teoria ci sono, ad esempio, osservazioni sulla base delle quali si possono stimare le cosiddette "abbondanze degli elementi" nell'universo osservabile e queste concordano con quelle previste. Poi, nel 1948 Ralph Alpher e Robert Herman fanno calcoli e trovano che, per l'espansione e il raffreddamento che ne consegue, la radiazione del fondo cosmico dovrebbe avere, oggi, una temperatura di pochi gradi kelvin. Purtroppo è solo un bell'esercizio e, al momento, non serve a niente. Rimane in biblioteca. Però, a volte...

Sedici anni dopo, Arno Penzias e Robert Wilson nel corso di un lavoro riguardante le telecomunicazioni, rilevano un "disturbo" ineliminabile sulla lunghezza d'onda di alcuni centimetri, proveniente da tutto il cielo, una specie di "fondo cosmico". Che sia la radiazione "fossile" di Alpher e Herman? Vengono fatte misure su varie lunghezze d'onda per verificare se l'emissione sia proprio quella di un corpo (l'universo) alla temperatura di qualche grado kelvin e il risultato è positivo: il fondo cosmico c'è. Allora, molte misure vengono ripetute ad alta quota (allo scopo di diminuire l'effetto assorbente dell'atmosfera) e il Big Bang caldo piace sempre di più. Nel 1989 la NASA lancia il satellite COBE (*COsmic Background Explorer*) per far luce completa sul problema. Risultato: il fondo è isotropo, cioè presenta variazioni inferiori all'1% da punto a punto del cielo, e ha una temperatura di 2735 K.

L'isotropia del fondo va spiegata ed è il turno dei teorici. Nel 1981 Alan Guth avanza un'idea un po' ardita, poi sviluppata da Andrei Linde: subito dopo la sua apparizione, l'universo si è gonfiato con velocità pazzesca. Il processo, non previsto dalla teoria del Big Bang, si chiama "inflazione". In questi primi istanti, l'universo è un infernale miscuglio di particelle elementari; volano con velocità relativistiche (cioè prossime a quella della luce) a causa dell'elevatissima temperatura (10^{28} K). Secondo i numeri dati da Linde, tra 10^{-35} e 10^{-32} secondi dopo il Big Bang, il volume dell'universo aumentò di 10^{48} volte. Un numero enorme: con una tale amplificazione, in quel brevissimo tempo, 1 micron, cioè un milionesimo di metro, è diventato 10^{39} km, o 10^{26} anni-luce, o 100 milioni di miliardi di miliardi di anni-luce! Quindi l'omogeneità di quanto ci vediamo intorno (l'universo visibile) non può meravigliare in quanto proverrebbe da una sola piccolissima regione dell'universo primordiale dilatata a dismisura. Inoltre, se l'universo dei primi istanti non era del tutto omogeneo le sue varie regioni potrebbero aver subito espansioni diverse e dato origine a universi differenti, nei quali potrebbero valere leggi fisiche diverse da quelle che valgono nel nostro. Dei quali, comunque, ammessa la loro esistenza (ce ne potrebbero essere infiniti e formerebbero il cosiddetto *multiverso*, un'idea che mi sembra poetica e vagamente "darwiniana"), se Dio vuole, non dobbiamo preoccuparci: perché, con grande probabilità, non ne avremo mai notizia e la cosa resterà nel regno dei sogni.

Nelle inevitabili collisioni dei primi momenti (la densità è elevatissima) le coppie di particelle e di antiparticelle (di segno contrario), che il Big Bang dovrebbe aver prodotto nello stesso numero, dovrebbero essersi annichilite a vicenda. Ma ciò non è accaduto. La materia ordinaria – il mondo – che osserviamo è costituita di particelle (le antiparticelle, a parte quelle che sono state create artificialmente, sono rarissime in natura) e perché ciò sia successo è un problema tuttora irrisolto. Da decenni si cerca di individuare o una qualche minima differenza nella costituzione tra la materia e l'antimateria o un motivo che giustifichi una piccola differenza tra i numeri originari delle particelle e delle antiparticelle.

Apriamo, comunque, una breve parentesi per dire che, a dire il vero, recentemente, tre fisici teorici dell'Università della California (Los Angeles, USA) hanno proposto un nuovo modello il quale potrebbe spiegare l'asimmetria tra materia e antimateria caratteristica dell'universo conosciuto. (Ricordiamo, comunque, che un modello è basato su "ipotesi" che, per loro natura, sono gratuite; perché sia adottato è necessario che – come accadde, per esempio, alla teoria della relatività – spieghi i fatti noti, altri rimasti senza spiegazione, e che suggerisca osservazioni o esperimenti che possano confermare le previsioni). Ma pur rimanendo per ora un "esercizio" di grande bravura, nel prossimo futuro potrebbe trovare conferme sia dalle osservazioni di laboratorio che dai dati raccolti dal satellite Planck dell'ESA, costruito per ottenere informazioni sulle anisotropie della radiazione cosmica di fondo.

Un'altra possibilità potrebbe venire, invece, dai dati raccolti dal LAT (*Large Area Telescope*), lo strumento principale del satellite NASA Fermi Gamma Ray Space Telescope Spacecraft lanciato nel giugno del 2008 che ogni tre ore esplora tutto il cielo a caccia di raggi gamma. La collaborazione internazionale che gravita intorno a questo satellite coinvolge più di 400 ricercatori appartenenti a più di 90 università e laboratori sparsi in 12 paesi. Sulla base delle osservazioni di raggi gamma del LAT e di un precedente lavoro teorico, un gruppo di ricercatori della Washington University (USA) ha avanzato il sospetto, sul quale c'è ancora molto da lavorare, che la schiacciante preponderanza della materia sull'antimateria sia il risultato dell'azione, subito dopo il Big Bang, di particolari campi magnetici (elicoidali) presenti nello spazio.

Chiusa la parentesi e proseguendo col nostro discorso, a causa della diminuzione della temperatura, le velocità delle particelle diminuirono progressivamente finché queste poterono incontrarsi e formare masserelle più consistenti, come protoni e neutroni.

Ora fa quasi fresco. A tre minuti dal Big Bang, la temperatura dell'universo è di 10^9 K e la densità diminuisce senza sosta: protoni (nuclei di idrogeno) e neutroni si incontrano e danno origine a nuclei di deuterio (1 protone e 1 neutrone) e di elio (2 protoni e 2 neutroni). La gran parte dei protoni resta libera. Quando l'universo ha l'età di 12 minuti, il 25% delle particelle sono nuclei di elio. Il rimanente, quasi tutto, sono nuclei di idrogeno. Ancora non ci siamo, ma ci manca (è una questione relativa) proprio poco. Sono passati 380 000 anni dal Big Bang, i nuclei già formati e gli elettroni si combinano tra loro ed ecco abbiamo l'universo di atomi: di idrogeno soprattutto, poi di elio, e di litio in tracce. La materia così formata e la radiazione sono ormai due enti separati. I fotoni circolano liberi e l'universo, diventato trasparente, continua a espandersi. Sta ancora espandendosi.[81]

Allora, siamo a posto? No, non lo siamo; se il fondo cosmico non presenta irregolarità, cioè punti intorno ai quali la materia possa addensarsi, come si fa a giustificare l'esistenza delle galassie e di tutto il resto? Bisogna aver pazienza, vedrai che prima o poi qualcosa si trova. Infatti, il 24 aprile 1992 i giornali pubblicano i risultati delle nuove osservazioni del COBE. C'è una grossa novità: il fondo presenta irregolarità e si aggirano intorno a 10^{-5}-10^{-6} del valore medio del fondo. Non ci sono dubbi. Sospirone di sollievo: le galassie possono esistere. Le misure sono poi continuate col satellite Planck (ESA) dal maggio 2009 all'ottobre 2013 e, tra l'altro, hanno rivelato un universo un po' più vecchio del previsto: 13,82 miliardi di anni.

C'è anche qualche altro problema. Le osservazioni consentono di mettere in evidenza il moto di rotazione delle galassie. Ebbene, da vari decenni si sospetta che la sola materia osservabile non basti per giustificare i dati raccolti. Per farlo, è necessario pensare all'esistenza di una grande quantità di materia. La quale, però, ha un difetto: è invisibile. Così, ci troviamo tra i piedi una "massa mancante". Mica tanto poca. Circa il 90% del totale! Ma va'! possibile? Incredulità. Ciò nonostante, oggi, è disponibile una mappa, fornita dai ricercatori del Fermilab (Illinois, USA) e del Berkeley Lab (California, USA), con la distribuzione spaziale della materia oscura ottenuta sulla base dell'effetto distorcente che una massa interposta tra l'osservatore e una sorgente (ad esempio, una galassia) provoca sull'immagine della sorgente stessa. Un analogo lavoro è stato eseguito su 2 milioni di galassie (che coprono soltanto il 3% del cielo!) nell'ambito del progetto Dark Energy Survey da un gruppo internazionale di laboratori e università.[82] Allora, benché il problema rimanga irrisolto, abbiamo la prova: la massa oscura c'è e, di conseguenza, noi, del nostro universo conosciamo, sì e no uno scarso 10%. Dopo tanto lavoro!

Per essere più corretti, bisognerebbe dire che la massa oscura c'è perché interpretiamo i dati di osservazione con gli schemi teorici attuali per i quali esiste un solo tipo di forza cosmologica che "controlla" e "determina" l'universo e i suoi componenti: la gravità. Quindi l'esistenza di tale materia è conseguenza di dati di osservazione interpretati alla luce delle conoscenze attuali. Viviamo di ipotesi ma, chissà?, non è detto che domani non assumano un valore diverso, più importante. Siamo pronti a tutto, diamine!, però è bene non perdere di vista, specialmente quando si parla a chi non può obiettare per mancanza di strumenti culturali adatti, che tutta questa parte del sapere scientifico è soggetta a sviluppi che ancora non possiamo prevedere.

Ed ecco che a metà aprile del 2015 la TV fa sapere che uno strumento costruito per rivelare l'esistenza di materia oscura e installato a bordo della Stazione Spaziale Internazionale ha captato segnali "strani" che potrebbero fornire un'evidenza indiretta di quelle enigmatiche particelle oppure della scoperta di un nuovo fenomeno fisico. Le misure di alta precisione effettuate dei positroni (antiparticella dell'elettrone) e degli antiprotoni nei raggi cosmici hanno dato risultati molto differenti da quelli attesi. Sono molti di più di quanto si credeva. Che il risultato delle misure abbia rivelato collisioni tra particelle di materia oscura? Ovviamente nessuno lo sa o lo può dire. E, oltretutto, non è spiegabile con i modelli attuali. Insomma c'è da lavorare.

Non è una novità. Potrebbero essere segnali dell'esistenza di materia oscura, ma forse una nuova teoria potrebbe portare un'idea differente che supera questo dato di partenza e le cose potrebbero anche cambiare. Potrebbe anche darsi che il problema sia fuori della portata del cervello umano il quale, ancorché meraviglia del creato, non è detto che possa risolvere *tutti* i problemi di questo mondo.

Comunque, nell'ipotesi che la materia oscura esista per davvero, ci si può domandare: vale anche per questa ciò che si è trovato per quella, diciamo, "chiara"? Per esempio, la morte termica dell'universo dedotta da ciò che si è potuto trarre dallo studio di quel misero 5% della materia universale resta valida? Non sarà che si tratta di un risultato di prima approssimazione così come la teoria newtoniana è una prima approssimazione di quella einsteiniana?

E, se vogliamo essere ancora più drastici, quale valore avranno le leggi di natura scoperte sulla base dello studio di quel misero 5% della materia universale?

Alla fine degli anni Novanta, una nuova sorpresa arriva dallo studio di un particolare tipo di supernovae, appartenenti a galassie lontane, delle quali si conosce la magnitudine assoluta, quindi la distanza che può essere messa in relazione con la velocità di fuga delle galassie cui appartengono. Risultato: l'espansione dell'universo, invece di rallentare, accelera. Anche, questa è una bella tegola perché il fatto esige una fonte di energia! E poiché non si sa quale possa essere, chiamiamo "oscura" anche questa. Come per la materia oscura, dobbiamo ammetterne l'esistenza, pur non sapendo a quale santo votarci per descriverla meglio.

In conclusione: non solo l'universo è dinamico, non è nemmeno in fase di rallentamento, come avrebbe dovuto. Anzi, accelera! Ci sono un paio di proposte per uscire dalla nuova difficile situazione e le osservazioni che si potranno fare diranno quale funzioni meglio. A meno che non prevalgano modelli di gravità quantistica. Situazione di stallo. C'è chi suona a morto sul modello standard del Big Bang e chi sulla teoria della relatività generale quando si vadano a considerare scale superiori a quelle dei superammassi (cioè: ammassi di ammassi) di galassie ma, comunque si rigiri, è un problemaccio col quale si stanno misurando un buon numero di teorici di alto livello.

E intanto c'è chi contribuisce con altre "fantasie" sul futuro dell'universo.

Fra le altre, una di queste propone un universo sempre esistito e congelato, statico, il quale, a un certo punto (chissà perché) comincia a contrarsi lentamente con l'aumento graduale e costante della massa delle particelle.

Per un'altra (teoria del Big Rip, il grande strappo) l'energia oscura diventerà la forza dominante, l'espansione dell'universo non potrà più arrestarsi e quanto ha legami con la gravità verrà distrutto. Le galassie continueranno ad allontanarsi sempre più tra di loro e finiranno col "frantumarsi" e disseminare stelle ovunque; poi, poco prima del momento finale, le stelle perderanno i propri pianeti; quindi, stelle e pianeti si disintegreranno nei loro costituenti atomici e infine gli atomi, pochi secondi prima della fine, verranno distrutti dando origine a un mondo di particelle elementari in cui non succederà più nulla. Fine della rappresentazione. Pare, comunque, che ci voglia parecchio tempo perché ciò accada: almeno una ventina di miliardi di anni.

Addio universo? Non è detto. L'energia oscura potrebbe diminuire e, magari, annullarsi. Accidenti, come si fa essere certi di qualcosa? In questo caso, sarebbe assicurato il Big Crunch,[83] seguito – non sono in pochi a pensarlo – da un "rimbalzo", un nuovo Big Bang.

La possibilità di successive espansioni e contrazioni dell'universo è prevista anche da una nuova teoria (in fase – non avanzata – di costruzione) che va sotto il nome di gravità quantistica a *loop* (= anello, in inglese). Questa teoria, tenuto conto che non è possibile che la teoria della relatività e la meccanica quantistica, incompatibili tra loro, abbiano ragione tutte e due perché il mondo non può contraddirsi, pone come base dei suoi ragionamenti una quantizzazione dello spazio: come la luce è composta di "quanti", anche lo spazio è fatto di "quanti di spazio", "quanti di gravità". Ovvero, lo spazio non è continuo come ce lo immaginiamo ma fatto di elementi, i loop, legati tra loro da relazioni che creano lo spazio. Ne seguirebbero varie novità. In particolare, le equazioni che esprimerebbero questo nuovo mondo non conterrebbero la variabile temporale. Cioè il tempo scompare dalla descrizione dei fenomeni. Ma lasciano perdere questi particolari, forse prematuri, e limitiamoci alla conseguenza che dicevamo. Quando l'universo si è contratto abbastanza per occupare uno spazio di pochi centimetri cubi, sorge una forza incoercibile e l'universo riesplode. Nuovo Big Bang. E ricomincia la storia anche se non è detto che sia uguale a quella da poco conclusa.

Comunque, l'idea che l'universo sia sempre stato e vada e venga, sia energia che a un certo punto si materializza ed è, quindi, materia che ridiventa solo energia, sia caratterizzato, insomma, da un continuo susseguirsi di Big Bang e di Big Crunch non è legata alla recente comparsa dell'energia oscura. È precedente.[84]

L'universo come l'araba fenice. E poi? E poi, via così, un universo ciclicamente eterno. Come fanno a non tornare in mente Totò e il suo "Ma mi faccia il piacere!", o Platone, sorridente, il quale ci fa notare che ci sono voluti quasi 24 secoli perché si arrivasse alla sua stessa conclusione, scritta, chiaro e tondo, nel Timeo:[85] il tempo è segnato da un continuo ritorno; a un certo punto tutto ricomincia daccapo:

> Adunque si generò il tempo insieme con il cielo, acciocché, generati insieme, si sciolgano ancora insieme, se mai scioglimento alcuno a loro avvenisse. [...] allora il perfetto numero compie il perfetto anno, quando compiuto il moto loro [...] al principio sono rivenuti di dove pigliaron le mosse.

C'è (o c'era) un'altra soluzione suggerita da Hoyle. Hoyle contribuì in vari modi al progresso dell'astronomia del secolo scorso: in primo luogo, insieme con altri importanti scienziati,[86] si occupò della formazione degli elementi e dell'origine della vita sulla Terra,[87] poi dell'esistenza dell'universo e insieme con Hermann Bondi e Thomas Gold propose (1948) la teoria dello stato stazionario. Questa proposta, oggi messa nel cestino, afferma che l'universo c'è sempre stato ed è stato così come lo vediamo oggi. È il principio cosmologico perfetto: copernicani fino in fondo. Sulla scala cosmologica non c'è nulla da poter dirsi speciale, né come luogo, né come tempo. L'universo è eterno e non cambia. La legge di Hubble "svuota" l'universo, lo dirada? Non è necessario: basta poco per compensarne l'effetto. Una continua creazione di materia può mantenere costante la densità media. Ne basta poca, anzi pochissima, talmente poca che nessun esperimento potrebbe dire se il processo avvenga o no (comoda come soluzione?): un atomo di idrogeno per metro cubo ogni miliardo di anni! Tale apparizione, in fondo, non costituisce una difficoltà insormontabile. Sappiamo inventare ben altro. Il Big Bang stesso non fa apparire materia prima inesistente (e tanta di più)? E chissà che a qualcuno non vengano in mente minimi travasi di materia oscura nel mondo della materia chiara (perché no?). Si risparmierebbe il ricorso a una creazione continua.

Non fu facile contestare questa teoria e la discussione fu animata, ma la scoperta del fondo cosmico (1964) le dette un colpo quasi mortale. Dico "quasi" perché ci sono teorici non disposti a mollare: continuano sulla stessa strada inventando, ogni tanto, varianti da opporre al Big Bang.

Tuttavia abbiano o no ragione, sarà difficile far cambiare strada alla maggioranza degli attuali cosmologi i quali, oltretutto e giustamente, non potrebbero aver dedicato anni e anni di lavoro guidati da certe idee e a un tratto, come se nulla fosse, buttare tutto a mare perché qualcuno arriva e dice di pensarla altrimenti.

E, comunque, l'idea dello stato stazionario – e senza tanta matematica, col solo supporto della "fede" – è antica: grosso modo ha 700 anni. Viene dal Medioevo da parte del grande mistico Meister Eckhart il quale ha scritto:[88]

> Dio non avrebbe creato il mondo se l'aver creato non fosse tutt'uno con il creare. Perciò Dio ha creato il mondo in guisa tale che ancora continua a crearlo.

Ricordiamo anche Eric Lerner[89] il quale qualifica (e non è l'unico) il Big Bang come una semplice versione in termini scientifici del vecchio mito della creazione. Anche per lui il mondo è infinito nel tempo e nello spazio e propone una cosmologia basata sulle idee di Hannes Alfvén[90] relative ai plasmi cosmici sottoposti all'azione delle forze elettromagnetiche.

Anche Il'ya Prigogine[91] ha voluto dire la sua sull'universo. La comparsa dei processi irreversibili in cosmologia e, più in generale nella fisica, a suo parere ha cancellato ogni certezza. Noi possiamo parlare soltanto di possibilità. Il tempo, a differenza di quanto afferma Einstein, diventa protagonista ed è il "veicolo dell'irreversibilità". Ha una direzione. La freccia del tempo non è un'illusione e il tempo non ha avuto un inizio come pretende la teoria del Big Bang: esso *precede l'esistenza*. E poi, non parliamo di singolarità iniziale, si è trattato di una transizione di fase[92] del vuoto quantistico.[93] Una via di mezzo tra lo stato stazionario e il Big Bang. Il pre-universo era il vuoto: un vuoto instabile il quale a un certo punto ha subito una transizione di fase ed è apparso l'universo. L'energia totale si conserva. Nel mondo di Prigogine c'è un po' di tutto (e ci sta piuttosto bene): il pre-universo, l'universo, l'irreversibilità dei processi, la formazione di strutture dissipative che, in condizioni lontane dall'equilibrio, permettono la creazione di ordine dal disordine, la probabilità e la freccia del tempo. Scrive:[94]

> La nuova visione che emerge oggi è dunque una descrizione equidistante tra due rappresentazioni alienanti: quella di un mondo deterministico e quella di un mondo arbitrario soggetto solo al caso. Le leggi non governano il mondo, ma questo non ubbidisce neppure al caso. Le leggi fisiche corrispondono a una nuova forma d'intelligibilità, espressa da rappresentazioni probabilistiche irriducibili. Esse sono associate all'instabilità e, tanto al livello microscopico quanto a quello macroscopico, descrivono gli eventi come possibili, senza ridurli a conseguenze deducibili e prevedibili di leggi deterministiche.

E non possiamo dimenticare il principio antropico. Se desiderate sentirvi importanti nell'economia dell'universo e non avete, diciamo così, la fortuna dei religiosi che vi dona questa certezza, ebbene anche la scienza vi offre l'occasione buona, una "possibilità" tenuta in buon conto da un certo numero di astronomi. Non è ancora la resurrezione garantita, non è nemmeno qualche tipo di vita dopo la morte, ma insomma è sempre qualcosa che può dare una certa soddisfazione.

Secondo il principio antropico, infatti, l'universo è stato costruito così com'è affinché potesse apparire l'uomo o, se non proprio l'uomo, la vita, anzi, la vita intelligente e consapevole di sé perché l'universo fosse capace di riflettere su se stesso.

Grazie a noi – e forse a qualcun altro sparso qua e là – l'universo è autocosciente. Una bella soddisfazione per noi che qualcuno ci vuole esseri insignificanti su un insignificante granello di polvere sperduto nell'immensità del cosmo.

Rammentiamo anche, per amor di cronaca, che c'è anche chi esclude la possibilità di un inizio e di una fine poiché l'universo, pur subendo trasformazioni, resterà più o meno lo stesso in eterno e che qualcuno è certo, addirittura, della non esistenza dell'universo. Noi e tutto il resto siamo l'oggetto di un sogno di un "ente", e tutto sparirà quando l'ente "si sveglierà".

Finito? No. Secondo una recente proposta l'universo così come ci appare è solo un'illusione. Se ho capito bene, l'universo potrebbe apparire tridimensionale su una scala macroscopica ma essere descrivibile con due sole dimensioni. Come gli ologrammi che danno l'impressione della tridimensionalità pur essendo bidimensionali.[95] Di questa possibilità se ne sta occupando un gruppo di fisici teorici del Fermilab (tra i quali un premio Nobel). Risultasse possibile, dovremmo cambiare anche la nostra idea sulla natura dello spazio.

Forse, allora, a questo punto, potrebbe essere il caso di pensare con Jorges Luis Borges che:[96]

> [...] notoriamente, non c'è classificazione dell'universo che non sia arbitraria e congetturale. La ragione è molto semplice: non sappiamo che cosa è l'universo.

Oggi, per molti buoni motivi, non ultimi le immagini del fondo cosmico già ottenute, per quanto riguarda il passato e il presente, il favore della grande maggioranza dei cosmologi va all'ipotesi del Big Bang. Quando si fa scienza, le proposte avanzate come soluzioni dei problemi, prima o poi devono essere confrontate con l'esperienza. Le ipotesi, siano pure molto attraenti, sono sempre fragili e soggette ad essere superate dagli eventi. In ogni caso, rimangono tali finché non possono essere messe alla prova (e magari cadere).

Quella del Big Bang, nonostante certi suoi aspetti un po' magici, ha provocato indagini ed esperimenti che finora hanno avuto successo. Qualcosa potrebbe cambiare solo se qualche previsione della teoria fallisse o se entrassero nel gioco fenomeni oggi imprevedibili e da essa non giustificabili (e a questo proposito, materia ed energia oscure stanno in agguato, ma è troppo presto per prendere decisioni drastiche; oltretutto senza avere idee di ricambio). Quindi abbiamo il Big Bang e fino a prova contraria ce lo teniamo.

La teoria piace anche alla Chiesa cattolica. Forse perché l'idea che per prima attirò l'attenzione e che portò alla teoria del Big Bang venne da un sacerdote, Georges Lemaître. Questi, nel 1927, indipendentemente dal lavoro (passato inosservato) svolto da Aleksandr Fridman che, nel 1924, aveva proposto una soluzione alle equazioni della relatività generale che portava all'espansione dell'universo, intuì che gli spostamenti verso il rosso degli spettri delle galassie potessero portare a un'espansione dell'universo (la futura legge di Hubble), che l'origine dell'universo fosse in un "atomo primigenio"[97] e che l'espansione seguita a quel primo momento sarebbe stata continua nel tempo. Insomma, più o meno, come potrebbe essere.

In ogni modo, è meglio anche per le Chiese, altrimenti si resta tagliati fuori dal corso della storia, far buon viso a cattivo gioco e lasciar cadere pian piano, con giudizioso calcolo, tutti gli ostacoli posti sul cammino della scienza. E comunque, un universo uscito dal nulla fa diventare gradevole qualsiasi teoria. È il *Fiat lux* sottoscritto, in qualche modo, dalla scienza. Par di sentirlo, il Papa: «Ce n'è voluto! Ve l'abbiamo sempre detto, ma voi no, duri, decisi, voi siete scienziati e vi fate guidare solo dalla ragione. Ed eccovi qua, con la coda tra le gambe, con idee così simili a quelle che noi professiamo da millenni».

17. Quarto intermezzo

Come all'inizio del XX secolo la scienza era inconfrontabile con quella di un secolo prima così succede oggi, all'inizio del XXI secolo. Molte delle certezze di cent'anni fa, ai nostri studenti non le raccontiamo più perché non tutto il vero di allora è rimasto tale e preferiamo – anche giustamente – ciò che, nel frattempo, abbiamo conquistato.

Abbiamo provato e stiamo ancora tentando di fare un quadro del mondo e come qualsiasi pittore possiamo pentirci di qualche pennellata, o di buona parte del quadro, e la cancelliamo, convinti di avere in mente qualcosa di meglio.

Eppure gli scienziati di un secolo fa erano convinti che, ormai, la scienza avesse fatto centro. Aveva indagato a lungo – tre secoli – e, con un crescendo di tipo rossiniano, aveva scoperto che il mondo non era quello che i nostri antenati, tutti e sempre, da oriente a occidente, da nord a sud, scienziati e filosofi, maghi e poeti, di volta in volta, dai tempi più remoti in qua, avevano creduto. Al massimo avevano avuto qualche vaga intuizione. Erano intelligenti però mancavano di metodo. Gli uomini della scienza moderna, invece, potevano anche essere meno svegli di quelli della scienza antica, ma avevano metodo.

Come molti altri animali, l'uomo è dotato di un cervello dal quale trae vantaggi ed eventuali effetti negativi. Uno di questi ultimi potrebbe essere il tormentoso doversi chiedere: «Qual è la verità?» pur capendo che, almeno nel nostro caso, "verità" è un termine retorico e che ricercarla è un non-senso[1] se non si crede nella reminiscenza platonica secondo cui, se ci capitasse di incontrarla, ci verrebbe un colpo per l'emozione ed esclameremmo «Eccola!», poiché a riconoscerla ci soccorrerebbe il ricordo che, senza saperlo, avevamo di essa.

Infatti, lasciando da parte parole e immagini propagandistiche, la scienza non cerca la verità (che, non sapendo quale sia non potrebbe mai sapere di averla trovata), ma di riuscire a costruire *un quadro in cui poter collocare con soddisfazione della nostra razionalità ciò che vediamo e sperimentiamo.*

Oltretutto, noi poniamo le domande e noi diamo le risposte, senza poter ricorrere a un giudice esterno in grado di assicurarci la loro giustezza. Possiamo solo esserne soddisfatti e vivere con le nostre invenzioni. Il circolo è vizioso e dobbiamo accontentarci del tranquillo relativismo che fatalmente discende dal nostro essere autoreferenziali. In fondo, vista la nostra natura di prodotti dell'evoluzione, non mi sembra che tale relativismo consapevole sia prerogativa da imbecilli anche se, spesso, è questo che si pensa dei relativisti perché, si dice, non portano da nessuna parte. Come se bastasse prendere qualsiasi strada per arrivare in luoghi di sicuro significato.

In fondo, rendersi conto di poter avere pure noi, come il più intelligente dei topi considerati da Chomsky, i nostri bravi limiti, e nutrire (almeno) il sospetto che la famosa *Verità* (cioè? di cosa parliamo?), possa restarci nascosta *sine die* non mi sembra molto grave. La scienza e il suo affascinante gioco di continue scoperte e invenzioni rimane comunque una grande cosa. Un grande gioco? Come l'arte? E perché no? Un grande gioco dal quale, oltre al piacere di giocare, ci viene un monte di cose utili e spassose. E dunque... qualcosa non va?

Arrivati alla fine dell'Ottocento, la scienza aveva vissuto un momento di grande autocompiacimento e non pochi scienziati di quel secolo, periodo animato da una profonda esigenza di rigore e di scientificità, furono convinti che l'uomo aveva finalmente capito la realtà delle cose, che il vero quadro dell'universo era a disposizione e che un Dio che lo facesse funzionare non era più necessario.

La grande orchestra aveva cominciato con un pianissimo – come l'inizio del *Lohengrin* di Wagner –[2] e ora suonava a pieni polmoni. Quasi assordante.

E come abbiamo ricordato, Nietzsche, parlando in nome dell'epoca, aveva affermato che Dio era morto e adesso c'eravamo noi e non avevamo bisogno d'altro perché l'uomo, in quanto transizione verso il superuomo, stava lasciandosi alle spalle il bruto che era stato.

Insomma, si sapeva tutto, s'era grandi e si sarebbe diventati immensi. Ma nel 1942, Paul Valéry scrive:[3]

> L'umanità è giovanissima: la sua memoria corta. Sicché si può sempre ipotizzare che le leggi fisiche conosciute non siano altro che sintesi di osservazioni non sufficientemente approfondite, e che questa umanità (sapiente) è esistita fino ad ora solo nell'arco di due manifestazioni di leggi prodigiose e discontinue, di due balzi dell'ordine del mondo. Ma un uomo che osserva un orologio dall'ora e 5 all'ora e 55 non sa che suona le ore, non può intuirlo. Non è impossibile che alcuni fatti inspiegabili, come la comparsa della vita sulla terra, siano gli effetti di leggi discontinue – di cui non abbiamo ancora avuto il tempo di osservare gli stati successivi. Ammettiamo per un momento l'ipotesi dell'evoluzione. Un osservatore dell'epoca delle ammoniti avrebbe potuto immaginare i mammiferi? E qual è lo scienziato dell'epoca di d'Alembert in grado di prevedere l'elettrodinamica di Maxwell? E Maxwell ciò che venne dopo di lui?

A Valéry, pur non essendo scienziato, non è sfuggito quant'è accaduto in quei primi quarant'anni del secolo e non può evitare di farsi domande. Quanto ci sta intorno, vediamo, tocchiamo, quanto ci pare di aver capito, per quanto tempo ancora sarà così come oggi lo vediamo, tocchiamo, capiamo? Quali sorprese ci potrebbero essere allo scoccare dell'ora? E l'incerto intorno a noi fa incerti anche noi o no? Tutto questo cambiare non ci riguarda? Lasciamo le rovine del passato senza esserci fatti alcun male? Siamo sicuri di quello che siamo? Noi soli sicuri in un mondo di cui allo scadere dell'ora potremmo scoprire qualcosa capace di cambiarlo, ancora, da così a così?

Quel timore, in sostanza, non c'è più. Nel XX secolo sono accadute molte cose, ma non hanno lasciato il mondo stupefatto, *incredulo*.

Ognuno, secondo la propria indole o la propria preparazione, si è sentito più o meno entusiasta delle novità, ma nessuno, o pochi, se n'è sentito travolgere. Ed è naturale: la "mutazione" intellettuale dell'uomo era un fatto compiuto e ormai così radicata che nessuna cosa straordinaria, anche se incomprensibile, poteva più sorprenderlo impreparato a riceverla.[4]

Ci siamo lasciati alle spalle, infatti, senza perdere il sonno, le bombe atomiche, il volo alla Luna, la pecora "Dolly", la mucca Rosita che dà latte umano perché geneticamente modificata, l'automa Rex, la strabiliante "creatura" artificiale che così bene simula molte caratteristiche e proprietà dell'uomo, le chimere mezzo uomini e mezzo animali pronte a uscire dai laboratori, gli innumerevoli stimoli provenienti da una fantascienza sempre più realistica. E oggi, l'immaginazione dell'uomo comune sul possibile scientifico o tecnologico va ben più in là di quanto possa andare quella di uno scienziato o di un tecnologo e come ieri quell'uomo comune non metteva limiti alla potenza di Dio, oggi non ne mette a quella della scienza. Qualcuno può non approvare, può essere critico, ma nei riguardi della scienza pochi sono increduli o "atei". Quasi tutti, anche se maledicono o bestemmiano sono credenti.

«Com'è il mondo?» domandavano una volta. E i sacerdoti: «Così e così». «Ooh!» facevano gli ascoltatori, senza capire, fidandosi.

«Com'è il mondo?» domandano oggi. E gli scienziati: «Così e così». «Ooh!», fanno gli ascoltatori, senza capire, fidandosi.

18. Qualche altra considerazione sulla scienza prima di chiudere

Per completare il quadro, non si può ignorare qualche aspetto della riflessione filosofica sulla scienza che ha chiarito molte idee e molte ingenuità frutto degli esagerati entusiasmi del secolo dei Lumi e del secolo dell'orgoglio positivista.

Nel 1970, Jacques Monod, dopo lunga riflessione, pubblica il famoso saggio *Il caso e la necessità* e dice agli uomini di non darsi troppe arie, sono solo macchine chimiche frutto del gioco del caso e dell'implacabilità delle leggi di natura.[1] La Terra non ha mai aspettato l'uomo, né c'erano mai stati segni che potesse apparire. Dice John Haldane,[2] a questo proposito:

> Se avessi dovuto scegliere nella fauna del passato un animale che desse speranze di razionali ed abili discendenti [...] avrei certamente scelto lo Struthiomimus, un rettile del Cretacico simile allo struzzo, che camminava eretto sulle zampe posteriori, ma che al posto delle ali aveva le braccia [...]. Sarebbe fatale pensare all'uomo del futuro come ad un uomo adattabile alla società americana, inglese, russa o cinese di oggi, o a qualsiasi società che noi oggi si possa immaginare.

E filosofi della scienza come Karl Popper e Paul Feyerabend, due tra i più noti e discussi di un elenco piuttosto lungo, mettono in guardia dalle trappole intellettuali create con una certa leggerezza da noi stessi, capaci di farci vedere lanterne là dove ci sono soltanto lucciole.

Diventa via via più evidente l'illusorietà di porsi domande

sui "perché" delle cose e la necessità di concentrarsi sui "come". Dobbiamo accontentarci di una "descrizione", ritoccabile nel tempo o sostituibile con un'altra, di una realtà supposta lì fuori, indipendente dall'uomo e a lui indifferente.

Insomma, forse la scienza non è la strada verso la Verità, ma un susseguirsi di trovate, invenzioni, scoperte che via via correggono il passo di un'umanità sicura di andare avanti mentre, illudendosi, cammina in un labirinto senza fine. Una cosa comunque è certa: il lavoro della scienza e della tecnologia cambiano continuamente l'uomo, compreso il suo modo di pensare e di sentire la vita stessa. E lo scienziato non fa eccezione, non è un mostro, o un mago che fa degli altri quello che vuole poiché lui stesso è ben dentro il mondo e, seppure artefice, subisce, nel bene e nel male, il destino comune.

È passato poco più di un secolo dall'orgogliosa fine-Ottocento che, salvo qualche dubbio marginale, era sicura di aver capito tutto e noi, oggi, non solo non possiamo credere più nella gran parte delle cose che allora erano certe, abbiamo anche molte incertezze su quanto noi stessi pensiamo del mondo.

Se, senza far tragedie, accettiamo che le teorie non siano la Verità ma tentativi di descrizione di ciò che viene dall'esperienza e dall'osservazione dei fenomeni naturali, allora possiamo tranquillamente ripetere con Jean Rostand[3] che: «Il biologo passa, la rana resta».

Concludiamo. Come fa notare Stephen Gould,[4] l'evoluzione culturale non è darwiniana – un processo dai ritmi lenti, attuato tramite selezione su prodotti del caso – ma lamarkiana – un processo che, invece, sviluppa e perpetua i caratteri degli organismi in funzione dei cambiamenti ambientali. Noi non ci rendiamo nemmeno conto di quanto ci stia accadendo da qualche tempo. Ma (molto di) tutto ciò che si fa nei laboratori di ricerca ha e avrà effetti sulla nostra esistenza e sul nostro cervello. Sarebbe sorprendente se ne avessero anche sulla nostra visione dell'universo?

Ancora qualche parola su scienza e potere. Dal tempo di Galileo, con accelerazione crescente, l'ambiente in cui agiscono gli scienziati è cambiato.

La prima rivoluzione industriale cominciò e si sviluppò nella seconda metà del Settecento fino ai primi decenni del secolo successivo e riguardò soprattutto la macchina a vapore e il settore tessile-metallurgico, ma non richiamò una particolare attenzione sulla scienza poiché fu in massima parte frutto del lavoro di tecnici e imprenditori i quali, in genere, operavano ignorando quanto stava accadendo nel campo scientifico.

Un giorno andai al Museo Archeologico di Napoli. Vidi cose bellissime, ma fui colpito, in particolare, dagli utensili usati a Pompei ed Ercolano: lucerne e candelabri, stadere e pesi, cucchiai, teiere e molti altri oggetti. Erano quasi uguali a quelli dei miei nonni. Ciò significa che per 2000 anni, almeno per quanto riguarda la vita di tutti i giorni, l'uomo ha copiato e ricopiato gli stessi modelli modificandoli di poco, forse per adattarli a nuove tecniche di produzione. Incontrare oggetti vecchi di venti secoli eppure così simili a quelli usati dai miei nonni, mi fece ricordare altre cose.

Di fronte a casa mia, nel quartiere popolare di Trieste, in cui vivevo da bambino, c'era una fontana alla quale si recavano le donne, cercine e mastello sulla testa, a prendere l'acqua perché a quell'epoca – siamo intorno al 1930 – non tutte le case erano dotate di acqua corrente. E ancora di fronte a casa mia c'era un lavatoio pubblico dove le donne potevano andare a fare il bucato. Era ovunque così. Come si può leggere in *Cultura contadina in Toscana*, alla fine dell'Ottocento in campagna si usava ancora la vanga,[5] e l'aratro era tirato da buoi. Di quel tempo esistono molte fotografie, fatte, in genere, da fotografi ambulanti. Si dirà: «Sì, be', era in campagna». E invece anche a Trieste – in quegli anni ancora un notevole porto d'Europa – a Novecento inoltrato, sul lungomare c'era il fotografo ambulante con mastodontica macchina fotografica su robusto cavalletto di legno e vicino a casa mia c'era un lampione a gas. Un operaio veniva ad accenderlo tutte le sere e a spegnerlo tutte le mattine.

Ora, se all'inizio dell'Ottocento per comunicare qualcosa a un amico americano c'era l'unica possibilità di scrivergli una lettera, all'aprirsi del Novecento, in caso d'urgenza, si poteva ricorrere a un telegramma. Il "progresso" era evidente. E tuttavia, quando, verso la fine dell'Ottocento, il giovane Marconi cominciò a dar corpo ai suoi sogni telegrafici, doveva salire in soffitta, nella ex stanza dei bachi, della villa Griffone, a 15 km da Bologna, col lume a petrolio: perché la luce elettrica non arrivava ancora fino all'ultimo casolare, o villa, di campagna.

E all'epoca si andava ancora a cavallo, si viaggiava in carrozza o con il treno a vapore. Nel 1905 venne aperto, dopo sette anni di lavori, il traforo del Sempione (quasi 20 km), per 76 anni la più lunga galleria ferroviaria del mondo. Nel 1890, la Fiat, nata l'anno prima, aveva 150 operai. Ed è il 1912 quando il senatore Giovanni Agnelli va in America, conosce Henry Ford e si convince che i costi delle automobili possono essere ridotti solo con la produzione in serie assicurata dalla catena di montaggio. La famosa "Balilla" (Fiat 508, 3 marce, 8 litri/100 km) è del 1932, la "Topolino" del 1936.

Un altro dato forse non molto noto, ma abbastanza indicativo dell'epoca: all'inizio del Novecento, nonostante i due secoli e mezzo di lavoro della scienza e della tecnologia, la rivoluzione francese, i moti del Quarantotto, le rivoluzioni industriali, l'apertura del canale di Suez..., essere donna, come quasi sempre, continuava a essere piuttosto difficile.

L'universo degli scienziati era un mondo chiuso e riservato ai maschi. In Italia, ad esempio, tra il 1877 e il 1900, solo 224 donne riuscirono a laurearsi, e solo 72 in medicina o scienze, superando varie difficoltà "ambientali". Durante tutto l'Ottocento, infatti, le dimensioni del cervello e le sue relazioni con l'intelligenza e la capacità di razionalità fu uno degli argomenti più dibattuti e gli studiosi erano certi che quelle della donna non potevano competere con quelle dell'uomo. Ancora nel 1879, lo psicologo e antropologo Gustave Le Bon poteva scrivere:[6]

Tutti gli psicologi che hanno studiato l'intelligenza delle donne, come pure poeti e romanzieri, riconoscono oggi che esse sono la forma più bassa dell'evoluzione umana e che sono più simili ai bambini e ai selvaggi che non all'uomo adulto e civilizzato. Sono assolutamente incostanti, mancano di pensiero e di logica e sono incapaci di ragionare.

L'ambiente in cui vivevano gli scienziati della prima parte del XX secolo è dunque questo, materialmente piuttosto povero, e tra la gente la scienza non è ancora argomento di tutti i giorni come è, invece, oggi nonostante la grande e diffusa ignoranza al riguardo. Ma gli scienziati non erano a corto di domande (scientifiche) sul mondo, non ne sono mai stati perché ogni quesito risolto ne propone molti altri, e col nuovo secolo, arrivarono nuovi maestri e, pur nel rispetto delle bellissime cose già fatte, dipinsero il mondo in modo tale che si sarebbe detto un altro mondo.

Infatti, benché anche nei due secoli precedenti l'orizzonte scientifico si fosse allargato oltre ogni aspettativa, nel XX secolo, la ricerca attraversò una nuova fase di grande crescita che portò alla costruzione/invenzione di un nuovo universo.

Questo fenomeno ha avuto le sue radici nella seconda rivoluzione industriale, della seconda metà del XIX secolo, che dette una forte accelerazione allo sviluppo della ricerca scientifica e all'aumento, a un certo punto vertiginoso, delle applicazioni pratiche della chimica e della fisica che a loro volta ebbero una profonda influenza sull'atteggiamento del potere politico ed economico nei riguardi della scienza.[7] La ricerca scientifica come sorgente di nuovo potere. Come le banche e gli eserciti.[8]

La scienza e la tecnologia, oltre al ruolo "istituzionale" – culturale, conoscitivo – finirono così per svolgerne anche uno nuovo nell'ambito della politica e del potere raggiungendo, come tutti sanno, con le guerre che devastarono il mondo durante la prima metà del XX secolo, l'apice di questo terribile e odioso cammino. Non per caso a un certo punto si cominciò a parlare – un po' dovunque – delle responsabilità della scienza. Rifiutate, ovviamente, dalla stragrande maggioranza degli scienziati col dire e ribadire la neutralità della scienza di fronte all'uso dei suoi risultati.

Scrive, in proposito, Gianna Milano:[9]

> [...] la bioetica ha cercato di dare una risposta attraverso una riflessione sulle questioni etiche che riguardano le scelte. Un modo, da parte della società, per riappropriarsi del dialogo con la scienza che non può e non deve essere monopolio degli stati e neppure autoreferenziale (la scienza che regola se stessa) [...] L'avanzamento tecnico-scientifico ha prodotto una crescente erosione tra "fatti" e "valori". E nel dibattito di non facile mediazione, che vede a confronto principi etici laici e religiosi, si pongono domande che coinvolgono l'atteggiamento di fondo verso la scienza medesima: è da ritenersi libera di perseguire i suoi scopi indipendentemente da valori morali condivisi o si devono prevedere delle "regole" o dei "limiti"? Può l'uomo diventare solo uno strumento per realizzare la conoscenza scientifica?

Questo è un discorso che nessuno scienziato può far finta di non sentire o di non capire perché è troppo evidente che i vari rami della scienza sono condizionati, oggi più di ieri, dalla situazione storica e sociale del momento. Non è un caso se gli anni intorno alla metà del XX secolo furono gli anni d'oro della fisica nucleare, seguiti dagli anni dei voli spaziali; ed è altrettanto evidente la ragione per cui, sempre più prepotentemente, vennero poi gli anni della biologia e delle varie biotecnologie. E benché ciò non significhi che la scienza pensa solo ai "temi del momento", è certo che l'attenzione e i conseguenti sforzi economici si concentrano via via su quei temi. Così, la scienza è potuta diventare un particolare tipo di industria nel quale si fanno preventivi e consuntivi con molta attenzione al rapporto costi/benefici e, da un certo momento in poi, su di essa è piovuto un diluvio di soldi che, oltre a rendere possibili realizzazioni strumentali altrimenti impossibili (dai giganteschi telescopi,[10] alle macchine spaziali, agli acceleratori di particelle, agli aerei militari sofisticatissimi), ha permesso il reclutamento di un enorme numero di persone per le quali la ricerca scientifica e tecnologica è diventata il lavoro quotidiano.

Perciò nella seconda parte del Novecento la scienza è potuta diventare la *big science* e per questo continua a essere *big*. La sua esplosione è stata un fenomeno del tutto naturale perché dove ci sono montagne di soldi c'è anche tanta gente a operare e ci sono innumerevoli idee e realizzazioni. Il lato oscuro del fenomeno è, ovviamente, nella fame di nuove materie prime, nelle nuove vie aperte alla ferocia e all'avidità degli uomini e nei nuovi mezzi procurati agli ingordi per percorrerle. Basterà ricordare i terribili mali calati sugli africani e sui sudamericani, già con l'aprirsi del Novecento, per il bisogno di caucciù dei Paesi occidentali.[11] E non si può sorvolare sul fatto che il grande passo in avanti della scienza e della tecnologia sia stato accompagnato dal saccheggio sfrenato delle ricchezze della Terra, senza alcuna remora di fronte agli scempi di tutti gli ambienti: terrestri, marini ed aerei, al punto che, oggi, dire "natura" non ha quasi più senso.[12] Intorno a noi non c'è quasi più nulla di "naturale", tutto è controllato e condizionato. E ciò è avvenuto e avviene tuttora in una cornice di orrori di ogni genere: sfruttamento, genocidi, schiavismo, saccheggi, terrorismo, fino all'olocausto e alle bombe atomiche. Una storia infame della quale, ahimè, non si vedono segni della fine.

E ancora una riflessione su scienza e democrazia. Oggi, nessuno, nemmeno gli scienziati, tutti specializzati in un particolare ramo della ricerca, o addirittura in uno dei molti rametti che spuntano dai rami, ha davanti agli occhi un quadro chiaro della totalità della scienza.[13] Figuriamoci l'uomo comune. Ci si può allora domandare se in un mondo come il nostro, in un'epoca come la nostra, sia accettabile che le vie dello sviluppo della ricerca scientifica siano individuate e decise, sostanzialmente, con regole non universalmente condivise e, tutto sommato, dettate dalle più varie contingenze spesso prodotte dalla casualità; se sia accettabile che un'esigua minoranza, costituita da scienziati-ricercatori competenti ognuno in un ristretto campo, e politici, industriali e militari, in genere scientificamente incompetenti, sia considerata adeguata a prendere decisioni le cui conseguenze, buone o cattive, ricadono su miliardi di esseri umani.

Dal momento che, da molto tempo, la scienza non è più un fatto e una scelta personali, ma un'attività che richiede l'intervento (determinante) dello Stato, dovrebbe sembrare più che giusto che alla Società, alla comunità dei cittadini, debba essere riconosciuto il diritto delle scelte, indipendentemente dal fatto che i "tecnici" cui saranno affidati i compiti delle realizzazioni siano onesti o legati – più o meno – al potere.

E dunque, quando si parla del progresso scientifico e tecnologico, sarebbe necessario far precedere ogni decisione importante da un'approfondita discussione, aperta e onesta, dei costi oltre che dei presunti, probabili o sicuri, benefici per l'umanità. Nessuna persona normale comprerebbe un paio di scarpe del costo di 50 000 euro.

Certo, mi rendo ben conto che il problema così posto è irrisolvibile. A parte le difficoltà di tipo pratico, realizzativo, come si fa a coinvolgere nelle decisioni su qualcosa chi, come il pubblico comune, non sa niente o quasi della cosa? Secondo quanto riporta John Barrow,[14] il 70% della popolazione mondiale non è capace di leggere e solo l'1% possiede un diploma universitario. Vengono in mente certi referendum, come quello di grandissima portata sociale qual è la produzione e l'impiego dell'energia atomica, nei quali ci si rivolge, perché prendano una decisione, a milioni di persone che votano senza avere la minima nozione su cui appoggiare la scelta. La quale, inevitabilmente, può essere solo una risposta emotiva a sollecitazioni propagandistiche, di solito espressione di più o meno gratuite ideologie o di interessi non dichiarati.

Quindi, non dispongo di risposte soddisfacenti, ma il problema non mi sembra trascurabile. E dal momento che ci sentiamo all'altezza di affrontare (con la fiducia di saper risolverli) i misteri del micro e del macrocosmo, forse, pensandoci un po' con coraggio e onestà intellettuale e civile potremmo caricarci del compito di trovare il modo per far sì che la scienza diventi in qualche modo, già al livello delle scelte, un "affare" di tutti. Oltretutto, la scienza e la tecnologia, non possono pretendere d'essere l'oste ingiudicato giudicante il vino che mette nel bicchiere.

Potremmo domandarci, ad esempio, se sia giusto (non "giusto giusto" – chi può dire cosa lo sia? –, giusto nel senso di equo, corretto sul piano umano e su quello sociale, sensato, razionale, logico ecc.) impiegare risorse con lo scopo di sapere cosa faccia, come evolva, quel tale buco nero, magari l'ennesimo, di quella tale galassia ai limiti dell'universo, il cui nome è una sigla, come una targa d'automobile, di cui non interessa niente a nessuno, e la cui esistenza è nota soltanto ad alcuni più o meno sconosciuti ricercatori i quali vogliono farne oggetto di una pubblicazione di poche pagine forse destinate a essere lette e capite da una manciata di colleghi e poi, come avviene spesso, essere dimenticate, mentre molti, moltissimi, troppi muoiono di fame e di malattie oggi difficili o impossibili da curare, ma che domani, con qualche risorsa in più, che non debba dipendere dal buon cuore della gente, potrebbero non fare più vittime. E non si può evitare di rispondere a questo aspetto del problema dicendo che si tratta della solita lacrimevole storiella ideologica perché solo un freddo cinismo può qualificarla in tal modo; non è una storiella, è cronaca di tutti i giorni e se il mondo non si sveglierà diventerà storia, e sarà una storia molto brutta.

Io ho l'impressione molto forte che il mondo degli uomini stia andando, con gli occhi bendati e gli orecchi tappati, verso la rovina. La scienza e la tecnologia – per essere più precisi: la loro gestione – hanno portato la possibilità di condurre un'esistenza più confortevole e nessuno di quelli che se la sono assicurata sembra disposto a cambiare le proprie abitudini. E quelli che ancora non godono del benessere fisico e mentale che può venire dall'applicazione dei ritrovati scientifici e tecnologici non hanno alcuna intenzione di rinunciarvi a priori e a non darsi da fare per raggiungerlo. Senza contare che l'ingordigia di chi muove le ricchezze del mondo non verrà mai meno di fronte a un pericolo che appare sempre futuro, benché da tempo ci sia chi sta mettendo in guardia contro un disastro planetario al quale ci stiamo avvicinando sempre più per arrivare, se non rinsaviremo (e temo che non succederà!), al famoso punto di non ritorno, quando la valanga comincerà a muoversi e nessuno sarà più in grado di fermarla.

La Terra, come troppi credono, non è quella cosa capace di sopportare tutte le rapine cui è soggetta e di ingoiare tutti i veleni che in essa vengono sversati in quantità sempre più grandi.

Naturalmente, il "mostro" non sono la scienza o la tecnologia *in sé* e questo non è un discorso *contro* la scienza. Non potrebbe venire da me, poiché sono convinto che la scienza sia e possa essere per tutti un'entusiasmante avventura dello spirito, uno sforzo corale per riuscire a disegnare un soddisfacente quadro concettuale del mondo in cui viviamo, uno dei prodotti più importanti e stupefacenti dell'umanità che alla fine può ben diventare fonte di emozioni paragonabili, se non maggiori e più profonde, a quelle che vengono dalla contemplazione delle più grandi opere d'arte. Però una cosa è dare agli scienziati via libera, un'altra è considerare la scienza come uno dei valori della nostra vita talmente importante da richiedere una gestione intelligente e responsabile, evitando di affidarlo, acriticamente e con estrema fiducia, ai soli (e soliti) "poteri", come se fossero gli unici in grado di stabilire che cosa sia buono e cosa cattivo per l'umanità.

Riassumo il concetto – e poi, ognuno la prenda come meglio crede – con il titolo del libro di Edgar Morin: *Scienza con coscienza*[15] e questo è il senso di tutto il discorso.

Ho paura, però, che le cose continueranno ad andare avanti da sé, nello stesso modo più o meno caotico e irrazionale chiedendo alla gente comune, come sempre e soltanto, di passare alla cassa a pagare il conto.

19. Epilogo. Quasi un commiato

Scriveva Giuseppe Giusti:[1] «Vorrei che i libri si scrivessero per insegnare, invece si scrivono per mostra di sapere».

Ebbene, molto meno, ho scritto con l'unico scopo di invitare a pensare con me. Intanto io avrò detto la mia. Ognuno, poi, penserà la sua e non è detto che si debba andar d'accordo. Perché, in effetti, anche se qualche volta mi capita di difendere con calore le mie idee, non ho mai voluto imporle a nessuno. Per scelta, o forse per temperamento, mi trovo perfettamente d'accordo con la frase attribuita a Voltaire:[2] «Disapprovo quello che dite, ma difenderò fino alla morte il vostro diritto a dirlo».

O con quanto scrisse Giacomo Casanova:[3] «Gli uomini per natura son tali che non si possono disporre ad imparare cosa alcuna da quelli che vogliono far loro da maestri a forza: ed hanno tanta ragione quanto han torto i primi».

Ho scritto pensando al cosiddetto uomo comune (forte, essenzialmente, della cultura scientifica, filosofica e umana che gli è stata passata al liceo, oggi scuola di tutti e pertanto cadenzata, necessariamente, sul passo dei più lenti), colto quanto basta e interessato, magari marginalmente, alle cose scientifiche, il quale, in genere, crede di sapere cosa sia la scienza e, in realtà, non lo sa. Per colpa di chi gli ha insegnato. Conosce la parola "elettrone" ma di cosa si possa dire di un elettrone non ha la minima idea e se andasse a un convegno di scienziati non capirebbe nemmeno una parola dei loro discorsi. Perché la scienza vera, come le antiche "conoscenze", è in mano, nella testa e nelle bocche di poca gente:

ieri, i "sacerdoti", oggi, gli scienziati e i tecnologi.

I libri di divulgazione scientifica non aiutano molto. Raccontano le cose come se fossero favole. D'altronde, come si potrebbe parlare alla gente comune dei buchi neri o del Big Bang, o dei tanti universi di cui forse è fatto l'universo? Con quali parole se non simili a quelle delle favole?

Secondo una delle ultime "provocazioni", anche il nostro universo potrebbe trovarsi in un buco nero, dentro il quale lo spazio-tempo ricomincerebbe ad espandersi. Secondo un'altra, l'universo non si sta espandendo e l'energia oscura non esiste; è il tempo, invece, che sta rallentando. E continuerà a farlo, finché l'universo sarà un quadro immobile.

I "tecnici" le ritengono storie meno assurde di quanto possano sembrare, ma l'uomo della strada non può evitare di porsi la domanda: «Quale differenza c'è tra queste fantasie e quelle antiche? Basta un po' di difficile matematica (cioè l'*aspetto* del discorso) a cambiare la posizione dell'uomo verso l'ignoto?»

E la scuola? La scuola è il supermercato del sapere. Vi si impara a dare risposte preconfezionate a domande già inscatolate e pronte all'uso. L'insegnamento è aristotelico, dogmatico, catechistico: quel tipo di insegnamento contro il quale si batté, invano, Galileo e con lui – e dopo di lui – molti altri. A scuola si dovrebbe imparare a ragionare, a usare il cervello, a non credere con semplicità e senza spirito critico, a cercare, e volere, le prove di quanto si sente dire o si viene a sapere, cioè a razionalizzare, a usare il "metodo scientifico" che, a questo punto, non dovrebbe più essere una novità per nessuno. Invece a scuola abituano a sentire storie. Sono tutti d'accordo: i ministri, i parlamentari che approvano le leggi, i pedagogisti, gli insegnanti (non proprio tutti, ma quasi), i genitori. E gli studenti, purtroppo. Chi non sa che gli abitanti dell'emisfero australe pur stando "a testa in giù" non corrono il pericolo di cadere nel vuoto? Chi non conosce la gravità? Be', la conoscevano pure i rivali di Galileo. Ma, a questo proposito, nel *Dialogo*,[4] Salviati, rivolto a Simplicio, esclama: «Voi dovevi dire che ciaschedun sa ch'ella si chiama gravità. Ma io non vi domando del nome, ma dell'essenza della cosa».

Chi non sa che la Terra, un oggettino di 6000 miliardi di miliardi di tonnellate, gira intorno al Sole, senza essere spinta da motori o altro, alla velocità di circa 100 000 km/h? E quando era scolaro e lo seppe per la prima volta, ha forse fatto un salto sulla sedia colto da grande sorpresa? Se n'era già accorto? Grande! L'intera umanità aveva avuto a disposizione secoli e secoli e non l'aveva capito!

Purtroppo, come dicevo, a scuola raccontano queste terribili cose come fossero favole. La comprensione non è richiesta, basta ricordarsene. Se si ricordano si è promossi. E se si è promossi si ha la certificazione di sapere. Così la gente impara fin da piccola a credere di sapere. E quando è grande, è ovvio, sa. Poi, se è curiosa, legge i libri di divulgazione, o guarda le trasmissioni televisive di divulgazione scientifica dove le cose, però, sono raccontate col solito sistema della favola, senza giustificazioni se non per le cose più ovvie. Non c'è tempo per spiegare: annoierebbero, non sarebbero capite e, gran parte delle volte, lo stesso divulgatore, anche se bravissimo, anche se premiato per la sua documentata bravura, non sarebbe in grado di spiegare.

Ci sono risultati della scienza che chi non abbia una preparazione specifica non può capire e farli propri come acquisizione culturale permanente. Proprio non può. La relatività del tempo, il gatto di Schrödinger, il paradosso EPR (si possono trovare in Internet), tanto per fare qualche esempio tratto dalla fisica, ma l'elenco potrebbe comprenderne molti altri tolti da ogni branca scientifica. Per essi c'è solo la garanzia data da autorevoli personalità scientifiche. Non è poco, tuttavia altro è credere sulla parola, altro capire. Ma è strano (almeno un po') che, mentre ci sentiamo a posto con la coscienza a credere, sulla parola, senza un minimo di prudenza, alla veridicità di quei fatti strabilianti, fuori da ogni normale esperienza, si possano poi negare con fermezza, e sempre a posto con la coscienza, altri fenomeni, come i cosiddetti eventi paranormali o i miracoli, che si presentano con le stesse caratteristiche di inverosimiglianza e incomprensibilità.

Come ho avvertito, ho scritto questo libro, un po' per provocare, un po' come *pèlerinage de l'âme*, non pensando ai miei (ex) colleghi. Essi sanno benissimo che la legge valida per la caduta dei sassi è solo uno schema mentale. Vale finché vale. Di sicuro c'è solo la caduta del sasso. La scienza e la filosofia si sono misurate a lungo con la caduta dei gravi, costruendo in proposito spiegazioni che avevano convinto. Tutti. Poi, come abbiamo visto, arrivò Newton, e disse che le spiegazioni date prima di lui non valevano nulla; la causa della caduta era una forza. E la proposta, anche se con qualche difficoltà, finì per piacere. A tutti. S'è tirato avanti due secoli, anzi un po' di più, traendo da quell'idea una gran quantità di risultati che, andando d'accordo con l'esperienza, furono classificati "conoscenze". Fossero vissuti in quegli anni, i nostri imbonitori scientifici della televisione avrebbero giurato che Newton aveva ragione. Poi arrivò Einstein il quale esclamò: «Ma quale forza! la forza è un sogno: la caduta del sasso è un effetto della geometria dello spazio-tempo». E da allora gli scienziati ripetono con Einstein che la "forza" di Newton è stata un sogno, uno schema, un modello, un "tutto avviene come se esistesse una forza" e così via. Oggi, la "forza" di gravità non esiste, è tollerata quando si parla alla buona. Esiste, invece, il campo gravitazionale, il quale fa pensare all'esistenza di una forza, ma pensare all'esistenza di qualcosa non basta per farla esistere davvero. Comunque, tranquilli, il sasso continua a cadere come non ha mai cessato di fare. La sua caduta, infatti, è indipendente da ciò che, via via, diciamo del suo cadere. Questo riguarda, soltanto, il cervello degli uomini.

Discorsi analoghi si potrebbero fare su molti altri aspetti della realtà e chi è sopravvissuto alla lettura di questo libro non farà fatica a individuarne qualcuno.

Nel 1926 René Magritte dipinse una pipa. Al quadro dette il titolo *Ceci n'est pas une pipe* (*Questa non è una pipa*). Allo stesso modo, sotto ogni complesso di formule riguardanti la struttura dell'universo si dovrebbe scrivere (umilmente), in italiano, in francese, in inglese, in ogni lingua: "Questo non è l'universo".

Il senso sarebbe: una cosa sono i fenomeni, rivelati con i sensi o con gli strumenti – spesso, in modo molto appropriato, classificati "estensione dei sensi" – un'altra le rappresentazioni, le teorie inventate per spiegarli, frutto della nostra immaginazione, la quale è funzione dei luoghi, dei tempi, delle culture, delle abitudini, delle esperienze, dei pregiudizi, delle fantasie, della politica, dei livelli di ricchezza e di benessere, dell'educazione, della storia, delle ambizioni, del DNA e di chissà quante altre cose. Come dire: questo che vi presentiamo potrebbe essere ma non è detto che sia l'universo; quello che è certo è che quello che oggi pensiamo che sia, è la migliore rappresentazione che di lui sappiamo darci.

Dice Richard Ernst (1933-):[5]

> È questo che fa la scienza: costruire modelli della natura [...] La realtà, non abbiamo idea di come sia; possiamo solo costruire modelli che rispecchiano al meglio le osservazioni, e vengono adattati di volta in volta alle nuove osservazioni. [...] La realtà non possiamo mai dire che è fatta in un certo modo, solo che si comporta in un certo modo. [...] l'importante è che le predizioni che facciamo col modello siano corrette.

Ebbene, nonostante tutte le incertezze e i dubbi, e pur essendo consapevoli del fatto che quanto sappiamo e crediamo *oggi* non varrà per sempre, siamo certi (naturalmente per come siamo fatti, una tigre del Bengala probabilmente potrebbe avere certezze differenti) che la scienza è uno dei prodotti (se non il prodotto) più elevati, del più elevato e complesso prodotto, almeno qui sulla Terra, della natura: il cervello umano, questa cosa capace di costruire, tra l'altro, attraverso l'esame di innumerevoli fenomeni, edifici ideali nei quali può trovare posto una razionale giustificazione del mondo.

In secondo luogo, non meno importante, la scienza ha moltissime ricadute sulla nostra stessa vita.

Infine, se, come tutte le cose legate all'uomo, la scienza ha i suoi limiti, è meglio accettarli senza piangerci sopra perché, comunque, la ricerca scientifica è il modo più alto di cui disponiamo per disegnare un "nostro" quadro del mondo, anche se questo non implica credere nella scienza come in una specie di religione come è successo, mi pare, al cosiddetto "uomo comune" il quale ha smesso di credere ai dogmi della sua Chiesa (e, secondo me, ha fatto bene) sostituendo ad essi i supposti dogmi della Scienza (e, secondo me, ha fatto male), pensando, con ciò, di possedere o di essere più vicino alla *verità*, quella cosa di cui nessuno sa niente: né cosa sia né come sia fatta.

In ogni modo, non si può trascurare il fatto che ci sono pure persone che, per vari motivi, non sono soddisfatte (e potrebbero aver ragione) della scienza odierna e la vorrebbero diversa, anche rispetto agli obiettivi e alle metodologie, e persone che, magari a causa di certi suoi risultati, si sentono decisamente "contro" e la rifiutano. Fa parte del gioco, ma a quest'ultimi si potrebbe chiedere, ancora con Rostand:[6]

> Opera dell'uomo, la scienza è sicuramente incerta, relativa, soggettiva, frammentaria, provvisoria. Ma constatandolo, che cosa guadagna l'anti-scienza?

Tutto qui. Purtroppo, qualcosa da aggiungere rimane ancora (rimane sempre, rimarrà sempre).

Nella prefazione al *Tomo dell'Io* di Ugo Foscolo, pubblicata su *La Voce* del 30 settembre 1909, Ardengo Soffici riporta, del Foscolo:

> Io non so né perché venni al mondo, né come, né cosa sia il mondo, né cosa io stesso mi sia. E s'io corro ad investigarlo, mi ritorno confuso d'una ignoranza sempre più spaventosa. Non so cosa sia il mio corpo i miei sensi l'anima mia; e questa stessa parte di me che pensa ciò ch'io scrivo, e che medita sopra di tutto e sopra sé stessa, non può conoscersi mai. Invano io tento di misurare con la mente questi immensi spazj dell'universo che mi circondano. Mi trovo

come attaccato a un piccolo angolo di uno spazio incomprensibile, senza sapere perché sono collocato piuttosto qui che altrove; o perché questo breve tempo della mia esistenza sia assegnato piuttosto a questo momento dell'eternità che a tutti quelli che precedevano, e che seguiranno. Io non vedo da tutte le parti altro che infinità le quali mi assorbono come un atomo.

E come in un dialogo, più di un secolo dopo, Jorge Luis Borges, commenta:[7] «C'è un concetto che è il corruttore e l'ammattitore degli altri [...], parlo dell'infinito».

Be', certo, sono passati più di due secoli da quando Foscolo ha scritto quelle parole e vari anni da quando Borges s'è sentito di scrivere quel suo pensiero; oggi, che facciamo anche l'*imaging* cerebrale funzionale, ne sappiamo molto di più. O forse no se si pensa a quanto, forse (come misurare la nostra ignoranza?), ci sarebbe veramente da sapere.

Soprattutto, non è facile giustificare l'ordine che sembra reggere il mondo e di credere al quale non si può rinunciare se non rinunciando alla scienza stessa. Perché, bisogna dirlo, nella testa di molti frulla un pensiero un po' fastidioso e persistente: una cosa è constatare che certi enti elementari con i quali si gioca al computer finiscono con l'autorganizzarsi in strutture più o meno complicate suggerendo che l'ordine sia, comunque, un traguardo necessario del caos, un'altra che con ciò siamo a posto. Non è, infatti, un problema da poco che il nostro cervello sia un vertiginoso insieme di un centinaio di miliardi di neuroni i quali riescono a stabilire tra loro o con altre cellule dell'organismo un numero di connessioni (sinapsi) maggiore di quello dei corpi celesti presenti nell'universo. Né è facilissimo pensare, e di fatto è così difficile crederlo, che, per dirne una fra tante, le proteine degli organismi viventi siano uscite da un puro gioco combinatorio di 20 aminoacidi. I tempi necessari perché ciò possa accadere sono mostruosi: estremamente più lunghi dell'età dell'universo e benché si sappia degli effetti delle retroreazioni positive e dell'esistenza di catalizzatori che accelerano, a volte in maniera incredibile, processi altrimenti lentissimi, non si può sorvolare sul fatto che il semplicissimo *Escherichia coli* possiede almeno circa 4000 tipi diversi di molecole proteiche che svolgono, ciascuna, funzioni specifiche. E quando pure lo si accettasse resta poi da ammettere che, sempre casualmente o con giochi di azioni e retroazioni, quei "mattoni della vita", gli aminoacidi, siano riusciti a creare l'incredibile quantità di organi e organelli, specializzatissimi per quanto riguarda le loro funzioni e tuttavia legati, funzionalmente, a tutti gli altri dell'organismo cui appartengono. Sarà perché in noi, nonostante tutto e benché ci costi ammetterlo, c'è ancora tanto dell'uomo primitivo, ma non è facile convincersi che le sottili, incredibili corrispondenze tra, mettiamo, la struttura dell'orecchio interno e l'uso (il fine?) che l'essere vivente fa di quella struttura siano il frutto di una sia pur lenta ma scontata autorganizzazione cellulare, spontanea.

Insomma, non so perché, c'è in molti di noi questa strana certezza: che l'ordine che comunque ci par di vedere nel mondo, quand'è così terribilmente spinto, sia necessaria una sorgente, e qualcosa ci spinge a voler cercare una causa per sapere da dove provenga.

Da qui la religione, la "religiosità, le "fedi" di questo o quel colore. Sembrano necessarie per dare un senso al mondo che senza di queste, così come ci appare, ci sembra proprio privo di ciò che ci fa giustificare le cose, dar loro un senso perché non ci ripugnino e non appaiano assurdità. Un requisito per noi indispensabile perché possiamo accettarle, buone o cattive che siano. Perciò ancora, miliardi di uomini si spiegano l'incomprensibile ricorrendo all'esistenza di un Dio-persona o di un Dio-ente più o meno astratto dal quale scaturiscono le cose e l'ordine che impedisce il caos. La situazione è davvero difficile.

A mio parere un Dio-persona non può essere accettabile. Per rifiutare qualsiasi rapporto con un Dio siffatto basta (e secondo me avanza) pensare che a questo ente dovrebbe risalire in qualche modo anche l'infinito male che affligge questo mondo e che questo ente non avrebbe saputo, o peggio voluto, porre rimedio a millenni di dolori e di sofferenze. E non solo degli uomini, bene inteso. Un ente, oltretutto, un po' ridicolo come tutti i potenti, così privi di senso autocritico, che creano e distruggono, contenti di sé, fanno grazie, premiano, puniscono. Né si può accettare un Dio-ente impersonale, incapaci di figurarselo se non cadendo in uno stato simile a quello indotto da sostanze stupefacenti, o un orologiaio alla Newton, impegnato a mantenere in funzione il suo "creato" come se fosse un acquario di casa.

E comunque se un Dio fosse comprensibile, per ciò stesso non sarebbe più un Dio. Più o meno, come scriveva Rainer Maria Rilke:[8] «Se gli dèi ci fossero, non potremmo saperlo mai: perché il fatto di sapere qualcosa di loro basta per distruggerli». Ma, Dostoevskij, ne *I fratelli Karamazov*, di fronte all'abisso che si apre davanti all'uomo senza Dio, scrisse anche: «Senza Dio e senza vita futura? Tutto è permesso dunque, tutto è lecito?»

Sembra che non ci sia scampo. Se tutto è permesso noi siamo veramente la misura di tutte le cose e possiamo darci le leggi "etiche" che vogliamo rendendoci perfettamente conto di essere meno di niente di fronte all'universo. Come fili d'erba, o come i "giunchi pensanti" di cui parlava Pascal,[9] che, per come sono fatti, possono anche passare il loro tempo almanaccando intorno all'universo.

E dunque cosa facciamo? Ci dà noia crederci o passare per nichilisti? Va be', facciamo finta che non lo siamo, ma l'accettazione di un' "etica" scientifica (da parte degli scienziati: sostanzialmente una regola di comportamento) e per come vanno le cose del mondo, la perdita dei valori di un tempo, la generalizzata (e specialmente nei giovani) minore importanza, spesso minima, molte volte nulla, data alle cose "dello spirito", lo strapotere della tecnica sull'umano, non possono passare inosservati come se non significassero niente.

E c'è comunque da tener presente, forse soprattutto, un fatto che abbiamo ricordato ma non sottolineato abbastanza per dargli la giusta evidenza di limite: la necessaria rinuncia della scienza a porsi domande sui "perché" – soprattutto il leibniziano "Perché esiste qualcosa anziché niente?" – e il suo limitarsi, altrettanto necessario, ai "come", anzi ai "come se".

Si crede – e ciò vale soprattutto per gli scienziati – solo a ciò che (fatti, frasi, fenomeni) è falsificabile, provabile, verificabile, sperimentabile e tutto il resto viene tenuto in grande sospetto concedendogli, al più (e non sempre), di essere congettura, ipotesi, suggerimento. Ma forse non è abbastanza chiaro che ciò fa della ricerca scientifica – a parte i livelli di difficoltà – un'attività che somiglia tanto al comportamento, e pertanto all'essere, dei bambini i quali smontano il giocattolo per sapere come è fatto dentro. Sostanzialmente, come dice Martin Heidegger,[10] a vivere la situazione in cui «l'essere si abbandona al dominio del fare e darsi da fare».

Ovvero, attivismo privo di ideali. Forse, in mancanza di valori fondanti, la scienza, oggi, è solo voglia di sapere come è fatto il mondo. Una volta invece, tanto tempo fa, era bisogno di capirlo.

Probabilmente, questa è una conclusione che non piacerà, ma non saprei come se ne potrebbe uscire. E un po' mi dispiace (anche perché mi riguarda).

Tuttavia, la scienza può ugualmente fare la funzione del tronco d'albero (le "meraviglie" della tecnologia non bastano) al quale tenersi aggrappati per non naufragare miseramente in quell'immenso oceano che è l'universo. La scienza come l'arte, un piacere intellettuale, un gioco d'alto livello con ricadute pratiche nient'affatto trascurabili.

Anche se non è tutto quello che speravamo forse ci si può accontentare di esser nichilisti attivi (alla Nietzsche) e di quel poco che riusciamo a immaginare grazie a lei pur avendo, purtroppo, in mente, il dubbio di Ludwig Wittgenstein:[11] «La mia comprensione è soltanto cecità di fronte alla mia incomprensione? Molte volte mi sembra di sì», e di conseguenza, almeno per certi problemi, il consiglio, ancora di Wittgenstein:[12] «Su ciò, di cui non si può parlare, si deve tacere».

Non è la soluzione che ci mette il cuore in pace ma, secondo me, è preferibile all'essere nichilisti negativi, rassegnati e pronti,

eventualmente, a cercare rifugio, per disperazione, nelle braccia di qualche Signore o nella strana sicurezza offerta da qualche
gratuita credenza.

Appendice. Per dirla in quattro parole

Gli intollerabili vicini di casa

L'appartamento dello stabile attiguo era di nuovo occupato. Non sapeva da chi. Li sentiva, però. Tant'è vero che doveva lasciare spesso lo studio e passare nel soggiorno. Ma dopo una settimana non ne poteva più. Nelle nostre case si sentono i respiri di chi sta dall'altra parte della parete, figuriamoci le parole, le parolacce, i contrasti tra il padre, la madre e i figli (maschio e femmina). L'intensità delle voci e dei rumori variava con lo spostarsi di quei villani da una stanza all'altra. La mattina si sentiva lo sbattere della porta del marito-padre avviato al lavoro e dopo poco quello dei figli preceduto dai saluti urlati. Poi, troppo presto, arrivava l'ora dei rientri: le risate, i rumori, le litigate. I pomeriggi, di solito, erano meno rumorosi, la sera, invece, era di nuovo chiasso. Specie quando avevano visite. Solo la notte assicurava un po' di pace.

Il professor Grassis conosceva il nome di quegli incivili e quello di alcuni loro amici, e più d'una volta aveva avuto la tentazione di andare a dirgliene quattro. Ma poiché non se la sentiva di affrontarli di persona, decise di denunciare l'impossibilità di un vivere normale, pur avendone diritto come tutti.

L'intervento dell'autorità fu, cosa insolita, quasi immediato. Due incaricati si presentarono all'ora di pranzo e poiché quel giorno era del tutto simile agli altri, i due, accompagnati dal professore, si recarono dagli autori dei rumori molesti.

Stavano aspettando l'apertura della porta quando sul pianerottolo apparve un signore il quale dichiarò di essere un ricercatore e di avere la chiave dell'alloggio nel quale, assicurò, era in corso un esperimento. Chiese un attimo di pazienza, avrebbe spiegato tutto tra un minuto.

Aprì la porta ed entrarono, con stupore, in un appartamento disabitato. Nella stanza contigua allo studio del professor Grassis c'era soltanto un complicato e grosso apparecchio con vari tipi di oggetti simili ad altoparlanti. Era l'origine di tutto.

Dell'illustrazione del significato "dell'esperimento", il professor Grassis, del tutto distratto dalla sorpresa dell'inesistenza dell'insopportabile famiglia, non sentì una parola. Le voci e i rumori dai quali aveva tratto una realtà fatta di personaggi, sentimenti, interessi, caratteri, abitudini, insomma una realtà di vita – discutibile quanto si vuole, ma senza dubbio tale – erano solo suoni e rumori, anzi, vibrazioni, onde sonore registrate chissà dove e ritrasmesse in quella stanza.

I vicini di casa semplicemente non esistevano. I "fatti" erano soltanto segnali sonori. L'intollerabile famiglia era il labile prodotto di un cervello, il suo, abituato a credere nelle realtà da lui stesso create come risposta agli stimoli esterni. Non aveva avuto il minimo dubbio su quella "realtà".

Gli venne in mente il suo vecchio professore di fisica. Diceva: «Il fisico sa di non poter parlare della "verità" o dei "perché" delle cose e dei fenomeni. Sa di avere accesso soltanto ai "come" e se questi, sulla base di certe premesse, lo portano a un modello i cui risultati sono conformi all'esperienza, vuol dire soltanto che il modello *funziona*. Lo cambierà – o tenterà di cambiarlo – se, in nuovi problemi, non funzionerà più abbastanza bene o non funzionerà affatto. Fino a quel punto lo riterrà buono e dirà: "Tutto avviene come se...". Un barlume di "realtà"? Non è affatto detto, tuttavia al fisico basta – giocoforza! – che "tutto avvenga come se"». Erano queste le parole fondamentali!

Ecco, proprio così era stato con i suoi intollerabili vicini di casa. Aveva dimenticato la lezione e ritenuto realtà il modello.

Quella sera andò a dormire ancora in piena, profonda e forse insanabile crisi intellettuale.

Note

Prologo

1 – Le due citazioni si possono trovare, con molte altre, in: Einstein A., *Pensieri di un uomo curioso*, Mondadori, 1997, trad. it di Coyaud. S.

2 – Per esempio, Einstein disse che se le cose si fossero rivelate diverse da come le aveva immaginate lui nella teoria della relatività, gli sarebbe dispiaciuto per Dio, perché la teoria era giusta. In realtà, per come lo riporta Abraham Pais nel libro *Einstein è vissuto qui* (Bollati Boringhieri, 1995, trad. it. di Bruno M., Mezzacapa D.M.) questa frase ha tutta l'aria d'esser stata una battuta, ma Stephen Hawking sembra proprio convinto del fatto che quando la scienza riuscirà a trovare una teoria completa (equazioni) che dia ragione dell'esistenza dell'universo (e questo lo dà per scontato) conosceremo la mente di Dio.

3 – Eddington A., *Spazio, tempo e gravitazione*, in: *Citazioni*, p. 864, Garzanti, Milano, 2003-2004. Dir. Resp. Belpietro M.

4 – de Santillana G. e H. von Dechend, *Il mulino di Amleto*, p. 98, Gli Adelphi, Milano, ed. 2007. Ed. it. a cura di Passi A.

5 – Potrà sembrare che io consideri la religione cattolica in modo particolarmente negativo. Vorrei precisare che, per me, questa o altre religioni (a parte il loro modo di "stare" nel mondo), sono soltanto insiemi di gratuità organizzate e sistematizzate. Se ricordando la religione nomino quella cattolica è perché è quella che più di ogni altra mi circonda e, soprattutto, perché mi pare che si debba riconoscere (negativamente) un suo notevole impegno, durato per secoli, contro il pensiero libero, in particolare contro la scienza moderna. Un atteggiamento che si perpetua tutt'oggi nel campo della biologia perché, immagino, che dopo aver perso l'universo (e ormai non c'è più niente da fare) la Chiesa non voglia perdere anche l'uomo, sul quale ha ancora un notevole dominio. Per il resto, sono in grado di capire la differenza profonda che c'è tra religione e fede. Tra l'altro, due miei carissimi amici e alcuni colleghi che ho stimato erano sacerdoti.

6 – Galilei G., *Il saggiatore*, p. 38, Feltrinelli, Milano, 1992, a cura di Sosio L.

Mario Rigutti

1. La scoperta del cielo

1 – Friedman H., *The amazing universe*, p. 11, National Geographic Society, Washington, D.C., 1975.

2 – Nei siti di El Castello (Spagna), di Altamira (Spagna), di Lascaux (Francia) e di Chauvet (Francia), per esempio, per ricordarne tre fra i moltissimi sparsi in tutta Europa. Anche in Italia (→ Seglie D., *Arte paleolitica in Italia. Il più antico segno della spiritualità umana*, Hiram, fasc. 4, p. 17, 2011), con graffiti e pitture risalenti dal paleolitico (circa 22 000 fa) a 11 000 anni fa.

3 – Questo piegare a proprio vantaggio le conoscenze acquisite, anche quelle prive di spiegazioni soddisfacenti, sarà un fattore dell'evoluzione culturale.

4 – Solstizi ed equinozi rimarranno riferimenti temporali fondamentali. Nel calendario liturgico della Chiesa corrispondono alle "Quattro tempora": quattro gruppi di tre giorni dedicati all'invocazione e al ringraziamento a Dio Padre per i frutti della terra e per il lavoro dell'uomo.

5 – De Santillana, von Dechend, *Il mulino di Amleto*, p. 88.

2. C'era una volta il mito

1 – Qui la parola "intelligenza" indica, in tutta semplicità, quel misto di capacità di provare empatia, di risolvere problemi, di fare progetti, di decidere sulla scorta di indicazioni astratte, di inventare; quel misto di razionalità, fantasia e intuizione in grado di produrre "saperi".

2 – *Storia della tecnologia*, Bollati Boringhieri (a cura di: Singer C., E.J. Holyard, A.R. Hall e T.I. Williams), Torino, 1992, vol. 1, *La preistoria e gli antichi imperi*, p. 19. Trad. it.: Comitato diretto da Somenzi V. e Morelli F.

3 – In Puglia è stato trovato un sito con resti ossei della fauna di 1,5 milioni di anni fa e, con questi, manufatti litici resi taglienti con scheggiature, utilizzati per scuoiare le prede.

4 – Einstein A., *Opere scelte*, p. 159, Bollati Boringhieri, Torino, 1988. A cura di Bellone E.

5 – Montagnier L., *AIDS: l'uomo contro il virus*, p. 83, Giunti, Firenze, 1995, trad. it. di Ferrari C.

6 – Non la sola scienza è criptica per i linguaggi che usa: lo sono anche le più diverse attività tecniche e professionali.

7 – Delle due formule, la prima dà l'energia E equivalente alla massa m; se 1 g di idrogeno si trasforma in elio, "avanzano" 0,0071 g (per "fare" un nucleo di elio occorrono 4 nuclei di idrogeno, la cui massa complessiva è un po' maggiore di quella di un nucleo di elio), che vengono "liberati" sotto forma di energia. Applicando la formula $E = mc^2$ si ottiene $E = 0,0071 \times (3 \times 10^{10})^2 = {\sim}180\,000$ kWh, un'energia che basterebbe a casa mia per una ventina d'anni. La seconda formula dà la velocità di fuga v delle galassie, proporzionale (attraverso la costante di Hubble H_0) alla loro distanza d.

8 – Il *Western blot* è una tecnica biochimica che permette di identificare una proteina in mezzo a molte altre usando anticorpi specifici. Una glicoproteina è una proteina legata a uno zucchero; "transmembranica" significa "che attraversa la membrana" della cellula: in questo caso, si parla della glicoproteina derivata dal virus HIV che si inserisce nella membrana dei linfociti T infettati.

9 – Ma anche due scienziati che coltivino la stessa disciplina e siano specializzati in settori differenti; per esempio: un meccanico celeste e un cosmologo.

10 – Cohen J., *Caso, abilità e fortuna in psicologia*, p. 199, Ed. Universitaria, Firenze, 1964. Trad. di Rossi Rigutti C.

11 – Mosetti R. e M. Silvestri, *Da Okeanos a "El Niño"*, p. 119, Bruno Mondadori, Milano, 2008.

12 – De Santillana, von Dechend, *Il mulino di Amleto*, p. 515.

13 – Mosetti e Silvestri, *Da Okeanos a "El Niño"*, p. 123.

14 – De Santillana, von Dechend, *Il mulino di Amleto*, p. 510.

15 – Cattabiani A., *Planetario*, p. 283, Mondadori, Milano, 1998.

16 – Pompeo Faracovi O., *Scritto negli astri*, p. 93, Marsilio, Venezia, 1996.

17 – Copernico N., *De revolutionibus orbium caelestium*, p. 9, Einaudi, Torino, 1975. Trad. it. di Vivanti C.

3 - L'invenzione dell'universo

1 – Sull'origine dell'agricoltura ci sono molti miti. Si veda, in particolare, quello di Demetra e Persefone ricordato da Marina Silvestri in: Mosetti R., R. Purini e M. Silvestri, *La rosa del freddo e l'avventura dell'uomo*, pp. 91-119, Bruno Mondadori, Milano, 2011.

2 – Che la scrittura sia stata inventata dai Sumeri (o dagli Egizi) è ancora un problema aperto. → Maryanne Wolf, *Proust e il calamaro*, p. 39, Vita e Pensiero, Milano, 2009, trad. it. di Galli S.

3 – Molte tavolette di argilla, che si sono conservate sottoterra per migliaia d'anni, appaiono oggi molto deteriorate per effetto di incrostazioni saline, umidità, cattive condizioni di conservazione, o sono state distrutte da eventi bellici e vandalismi.

4 – La Luna eclissata si trova nell'ombra della Terra ed è in eclisse per tutti quelli che vivono nell'emisfero terrestre al buio. Nel caso dell'eclisse di Sole contano, fra l'altro, la posizione della Luna nella sua orbita (inclinata di circa 5° rispetto all'eclittica) e le distanze Sole-Terra-Luna, variabili nel tempo. La geometria dell'eclisse determina la regione della Terra dalla quale è visibile l'eclisse di Sole (totale o parziale).

5 – È il fenomeno della precessione degli equinozi.

6 – Cattabiani, *Planetario*, p. 21.

7 – De Santillana, von Dechend, *Il mulino di Amleto*, cap. 9 e app. 16, 17, 18.

8 – Poiché espresso con numeri, ciò che accade in cielo darà a questi un'aura magica, o addirittura sacra.

9 – Neugebauer O., *Le scienze esatte nell'antichità*, p. 52-53, Feltrinelli, Milano, 1974, trad. it. di Sosio L. I numeri qui riportati in notazione decimale, sulla tavoletta sono in notazione sessagesimale.

10 – Neugebauer, *Le scienze esatte nell'antichità*, cap. 2.

11 – Dostoevskij F., *I fratelli Karamazov*, vol. 1, p. 342, Istituto Geografico De Agostini, Novara, 1984, trad. it. di Donnini G.

12 – Citati P., *La luce della notte, i grandi miti nella storia del mondo*, p. 58, Mondadori, Milano, 1996.

13 – La stella di Betlemme non fu la cometa di Halley perché questa arrivò al perielio (cioè da queste parti) una dozzina d'anni prima della nascita di Cristo: probabilmente, come pensò Keplero, si trattò della congiunzione di Giove e Saturno, avvenuta nel 6 a.C. sotto il segno dei Pesci.

14 – Lo dichiara la bolla *Coeli et terrae Creator* di papa Sisto V (1586), in: Cattabiani, *Planetario*, p. 30.

15 – Proverbio E., *Archeoastronomia*, p. 13, Teti, Milano, 1989.

16 – De Santillana, von Dechend, *Il mulino di Amleto*, p. 95.

17 – Il carbonio-14, atmosferico (prodotto dall'interazione dei raggi cosmici con gli atomi dell'atmosfera), entra a far parte dei tessuti animali e vegetali vivi e cessa di farlo alla loro morte. Col passar del tempo si disintegra trasformandosi in azoto-14 la cui quantità diventa la metà di quella di partenza entro circa 5700 anni (tempo di dimezzamento). Per datazioni di qualche decina di millenni il metodo è sicuro, e viene usato per oggetti di età non superiore a 50 000 anni.

18 – Anche in Irlanda c'è un momumento di particolare importanza: il grande tumulo di Newgrange che, pur non essendo fatto di sole pietre come il cromlech di Stonehenge e molti altri monumenti megalitici, fu costruito nel 3200 a.C. (prima di Stonehenge) e richiese la forza lavoro di 300 uomini per almeno vent'anni. Ricopre una superficie di poco meno di mezzo ettaro e si trova in un'area che raccoglie più di 50 monumenti neolitici precelitici. Forse non era destinato solo a tomba e forse fu usato anche per cerimonie legate al culto del Sole. Anche questo tumulo, come le centinaia di altri monumenti simili, è una viva testimonianza di una civiltà progredita e complessa, in possesso di ampie conoscenze di carattere astronomico ben sei secoli prima che gli Egizi cominciassero a erigere le loro possenti piramidi. Ricordiamo anche il sito archeologico di Göbekli Tepe in Turchia, dove è stato ritrovato il più antico tempio in pietra: quattro recinti circolari fatti con pilastri di più di 10 000 kg ciascuno, risale a un periodo compreso fra l'11 500 e l'8000 a.C.

19 – A Norman Lockyer (e a P. J. César Janssen) si deve la scoperta della

riga di emissione dell'elio nello spettro del Sole.

20 – Singer *et. al.* (a cura di), *Storia della tecnologia*, vol. 1, pp. 497-501.

21 – Sturluson S., *Edda*, Adelphi, Milano, IV ed. 1991. Ed. It. a cura di Dolfini G.

22 – Hoyle F., *On Stonehenge*, Freeman, San Francisco, 1977.

23 – Giuliano T., *L'origine dell'astronomia cinese: ipotesi*, in: Iannaccone I. e A. Tamburello (a cura di), *Dall'Europa alla Cina: contributi per una storia dell'astronomia*, p. 183, Università degli Studi "Federico II" e Istituto Universitario Orientale, Napoli, 1990.

24 – Visse in quest'epoca il grande scienziato Zhang Heng (78-139). Immaginò la Terra come una sfera sospesa nello spazio al centro di un grande cielo sferico; descrisse in modo corretto la dinamica delle eclissi di Sole e di Luna, costruì una mappa stellare con la posizione di 2500 stelle e corresse il calendario in modo da adattarlo al susseguirsi delle stagioni.

25 – Williams J., *Chinese observations of solar spots*, "Monthly Notices", Royal Astronomical Society, 1873, Vol. 33, p. 370. Anche Angelo Secchi riporta i dati sulle macchie solari dell'*Enciclopedia* di Ma Twan-lin nel suo *Le Soleil* (Première Partie, p. 3, Paris, 1875).

26 – In ogni caso, il Sole, che durante l'eclisse è aggredito da un drago, viene soccorso dalla popolazione cinese con rulli di tamburi e cerimonie di vario genere, preghiere e musiche finché non viene liberato.

27 – Per questo motivo gli astronomi preferivano abbondare nelle previsioni. Se poi molte eclissi non si verificavano, era per merito dei sacerdoti che, con i loro riti, avevano allontanato l'avvenimento nefasto. La punizione del sovrano cadeva solo se il fenomeno si verificava non previsto.

28 – Il numero minimo di eclissi (totali e parziali) per anno è due; in tal caso sono entrambe di Sole. Il numero massimo e sette; in tal caso 4 sono di Sole e 3 di Luna oppure 5 di Sole e 2 di Luna. Nel cosiddetto ciclo di Saros, la cui durata è di 18 anni e 11,3 giorni, vi sono 70 eclissi delle quali 41 sono solari. Partendo da un'eclisse qualsiasi, si ha una successione che ricomincia dopo un Saros.

29 – La prima previsione calcolata di eclisse lunare risale al 26 d.C.

30 – Iannaccone I., *Ragionamenti sul calendario cinese*, in: Iannaccone I. e A. Tamburello (a cura di), *Dall'Europa alla Cina: contributi per una storia dell'astronomia*, p. 189, Università degli Studi "Federico II" e Istituto Universitario Orientale, Napoli, 1990.

31 – Lao Tzu, *Il libro del Tao,* p. 37, Newton-Compton, Roma, 1995. Trad. it. di Mancuso G.

32 – Shi J., *Il cielo, la terra e l'uomo nella filosofia cinese*, in: Iannaccone I. e A. Tamburello (a cura di), *Dall'Europa alla Cina: contributi per una storia dell'astronomia*, p. 201, Università degli Studi "Federico II" e Istituto Universitario Orientale, Napoli, 1990.

33 – Needham J., *Scienza e civiltà in Cina*, Einaudi, Torino, 1981-83, trad. it. di Baccianini M. e Mainardi G.

34 – Abetti G., *Storia dell'astronomia*, pp. 22-24, Vallecchi, Firenze, 1949.

35 – Hoyle F., *L'astronomia*, Sansoni, Firenze, 1963. trad. it. di Godoli G.

36 – Dragoni G. e G. Tabarroni, *Dal mondo antico al Medioevo*, in: Tempesti P. (direttore), *Astronomia, alla scoperta del cielo*, pp. 1755 e segg., Curcio, Roma, 1983.

37 – Romano G., *Archeoastronomia*, in: Tempesti, *Astronomia, alla scoperta del cielo*, pp. 1705 e segg.

38 – Proverbio, *Archeoastronomia*, pp. 45 e ss.

39 – Neugebauer, *Le scienze esatte nell'antichità*, pp. 104 e ss.

40 – In un giorno fissato, vi sono stelle che sorgono all'alba e scompaiono nella luce del giorno nascente. È il "sorgere eliaco" delle stelle. Ma se una stella, in un certo giorno, sorge col Sole, in breve non lo farà più perché il Sole, spostandosi sull'eclittica in senso antiorario (contrario a quello della rotazione del cielo), cambia via via il punto dell'orizzonte e l'ora in cui sorge. Di giorno in giorno, quindi, la stella sorge 3,943 minuti circa in anticipo rispetto al Sole ($3,943 \times 365,25 = 1440$ minuti = 24 ore, cioè un giro completo).

41 – L'occhio del dio della preveggenza Horus, è disegnato con i simboli di frazioni numeriche usate nelle misurazioni egizie ($\frac{1}{2}$, $\frac{1}{4}$, $\frac{1}{8}$, $\frac{1}{16}$, $\frac{1}{32}$, $\frac{1}{64}$).

42 – Il *Libro dei Morti* conteneva formule magico-religiose che il sovrano avrebbe utilizzato nell'aldilà, davanti al giudizio di Osiride. Nei tempi più antichi le formule venivano scritte sulle pareti della camera sepolcrale e nel Medio Regno sul sarcofago. A partire dalla XVIII dinastia in poi le formule vennero scritte in papiri lasciati nella tomba o nel sarcofago.

43 – I *Testi delle Piramidi* sono una raccolta di formule rituali, scritte in un linguaggio arcaico. Dovevano assicurare al sovrano l'ascesa tra gli dèi e la riunificazione col dio-sole Ra.

44 - Scoperto da Vitus Jonassen Bering (1681-1741) nel 1728.

45 – AA.VV., *Reconstructing Native American population history*, "Nature/Letters", *on line*, 11 luglio 2012; AA.VV., *Clovis Age Western Stemmed Projectile Points and Human Coprolites at the Paisley Caves*, "Science", vol. 337, pp. 223-228, 13 luglio 2012 (http://www.sciencemag.org/content/337/6091/223).

46 – Verso l'anno 1000 il sacerdote-filosofo tolteca Ce Acatl Topiltzin detto Quetzacoatl, "serpente piumato", tentò di opporsi ai sempre più frequenti sacrifici di cuori umani al dio Sole. Il risultato della lotta con gli avversari fu la fuga di Ce Acatl Topiltzin-Quetzacoatl, che prese la via del mare verso oriente, promettendo di tornare a riprendersi il potere. Pare che dicesse anche l'anno del ritorno. E circa 5 secoli dopo arrivò Hernán Cortés. Sfortuna volle che la data coincidesse con quella profetizzata.

47 – Citati P., *Il sogno della camera rossa*, p. 84, Rizzoli, Milano, 1986.

48 – *Ivi*, p. 79.

49 – Romano G., *Archeoastronomia*, in: Tempesti, *Astronomia, alla scoperta del cielo*, p. 1738.

50 – Proverbio, *Archeoastronomia*, p. 67.

51 – Il periodo sinodico è l'intervallo di tempo fra due fasi identiche di un pianeta. Quello della Luna (tra due noviluni) vale 29d 12h 44m, quello di Venere 583d 22h 05m.

52 – Proverbio, *Archeoastronomia*, pp. 126-132.

53 – Gratton L., *Astronomia e calendario dell'antico Messico*, "Giornale di Astronomia", Vol. 1, pp. 261-282, Società Astronomica Italiana, Milano, 1975.

5 - Accadde in Grecia

1 – Aristotele, *Metafisica* I, 983 b. in: Ciancio C., Ferretti G., Pastore A. e Perone U. Filosofia: i testi, la storia, Vol 1, p. 39, S.E.I., Torino, 1990.

2 – Sono "triangolari" i numeri formati da elementi che si possono disporre in modo da formare un triangolo equilatero. Dieci è triangolare perché 10 = 1 (il vertice) + 2 + 3 + 4 (la base); anche 3, 6, 15, 21, 28 ecc. sono numeri triangolari.

3 – Nel 1929, Sir Arthur Eddington espresse il suo pensiero in parole povere dicendo che «se un esercito di scimmie battesse i tasti di macchine per scrivere per un tempo sufficiente, prima o poi, scriverebbe tutti i libri conservati al British Museum».

4 – Temple Bell E., *La magia dei numeri*, p. 423, Longanesi, Milano, 1949, trad. it. di Forti G.

5 – Platone, *La Repubblica*, VII, 514 a - 520 a, pp. 243 e seg., Rizzoli, Milano, V ed., 1990, trad. it. Gabrieli F.

6 – Eppure Aristotele in: *Del Cielo*, II (B), 13, 293a, p. 307, Laterza, Bari, V ed., 1985, trad. it. di Russo A. e Longo O, aveva criticato i pitagorici e il loro sistema planetario e dell'Antiterra: «ricercano infatti le ragioni e le cause non riportandosi a ciò che è oggetto di osservazione, ma piuttosto riconducendo a forza i fenomeni a certe loro ragioni ed opinioni, e tentando in questo modo di armonizzarli e condurli a un tutto ordinato».

7 – Aristotele distingue tra "moti naturali" e "moti violenti" (causati da qualcosa). I primi sono i moti uniformi: rettilineo e circolare, che si svolgono nei cieli; i secondi sono tutti gli altri e si svolgono sotto la sfera della Luna. Ci sono poi i "luoghi naturali" verso i quali gli elementi tendono "per natura": terra e acqua tendono al basso (perciò la pesantezza dei corpi, perciò la Terra al centro dell'universo), aria e fuoco tendono all'alto (perciò la loro leggerezza).

6 - L'ellenismo

1 – Stoici saranno Cicerone (106-43 a.C.), Seneca (4-65 d.C.) e Marco

Aurelio (121-180 d.C.)

2 – Il Museo aveva sale di lettura, un osservatorio astronomico, un giardino zoologico, un orto botanico e sale anatomiche; la Biblioteca ebbe fino a 700 000 libri (rotoli di papiri) a disposizione degli studiosi, anche stipendiati. Nel 390, la gran parte dei libri fu distrutta per opera del vescovo cristiano Teofilo: uno dei tanti atti di barbarie legati al fanatismo religioso, così come, nel 415, sempre ad Alessandria, per volontà del vescovo cristiano san Cirillo, fu uccisa Ipazia, matematica, astronoma e filosofa pagana. Ciò che rimase della Biblioteca, fu distrutto dagli arabi del Califfo Omar nel 642, durante la conquista dell'Egitto. → L. Geymonat, *Storia del pensiero filosofico e scientifico*, Garzanti, Milano, vol. I, cap. XIV, 1970.

3 – Al proposito, Noam Chomsky scrive: «La partecipazione politica significa che si è in grado di ratificare delle decisioni prese da altri ma che non si può giocare alcun ruolo significativo nel formare le decisioni. Questa è ciò che chiamiamo "democrazia parlamentare". Tuttavia, questa è una forma molto primitiva di partecipazione umana e di decisione. Sebbene le persone abbiano l'opportunità formale di prendere parte al processo di decisione nel dominio politico, il sistema è progettato per evitare che le persone lo facciano. Ciò che è particolarmente significativo al momento presente è che molte persone non capiscono che manca qualcosa. Questo significa allora che la rivoluzione politica del XVIII secolo in realtà non ha avuto luogo», in: Chomsky N., *Linguaggio e problemi della conoscenza*, p. 172, il Mulino, Bologna, 1991-1998. Trad. it. di Donati C. e Moro A.

4 – Sulla scienza ellenistica, Lucio Russo (1944-) ha pubblicato un bellissimo volume che è obbligatorio leggere se si vuole evitare una grave lacuna culturale: *La rivoluzione dimenticata* (Feltrinelli, Milano, 1996).

5 – L'inclinazione dell'asse terrestre rispetto al piano di rivoluzione (l'eclittica) è l'origine delle stagioni.

6 – Una stella, non troppo lontana, osservata da punti diversi dell'orbita terrestre si vede proiettata in punti diversi della sfera celeste e sembra spostarsi rispetto allo sfondo fisso delle stelle molto lontane (spostamento parallattico). L'effetto di parallasse diminuisce con l'aumentare della distanza dell'oggetto osservato.

7 – Lo spostamento parallattico è misurato dall'angolo sotto il quale dalla stella si vede il raggio dell'orbita terrestre e varia durante l'anno. Il suo valore massimo, raggiunto quando l'angolo stella-Sole-Terra è uguale a 90°, è detto "parallasse annua". Un primo valore, relativo alla stella 61 Cygni, poté essere misurato soltanto nel 1838 da Friedrich Wilhelm Bessel (1784-1846), che trovò un angolo di 0,3136" (contro gli 0,293" oggi accertati): esso corrisponde a una distanza di 10^{14} km (100 mila miliardi di chilometri). Una conferma della correttezza dell'intuizione di Aristarco sulle distanze stellari.

8 – Di Archimede, Giacomo Leopardi (1798-1837), nella sua *Storia*

dell'astronomia dalla sua origine fino all'anno MDCCCXIII (1813) (Ed. La Vita Felice, Milano, 1997, pp. 169-170), dice: «con lo studio delle scienze, alle quali si applicò con una specie di furore. I suoi domestici erano costretti a toglierlo con violenza dal suo gabinetto per obbligarlo a cibarsi».

9 – Poiché a Siene (Assuan), in un certo giorno, il fondo di un pozzo veniva illuminato dal Sole ne dedusse che i raggi solari arrivavano a perpendicolo, e ciò poteva accadere soltanto col Sole allo zenit. Ad Alessandria, invece, nello stesso giorno, un bastone conficcato ritto in terra faceva un'ombra che indicava che i raggi giungevano a terra con un'inclinazione di $1/50$ di circonferenza ($7,2°$) rispetto alla verticale. Concluse quindi che, se la Terra era sferica, e supposto il Sole all'infinito (quindi che i suoi raggi arrivassero paralleli a Siene e ad Alessandria), la distanza tra queste due città doveva essere $1/50$ della circonferenza terrestre. Dai cammellieri che attraversano il deserto, Eratostene si procurò questa distanza: era di circa 5000 stadi (1 stadio = 157,5 m). Con semplici calcoli di geometria ricavò subito una misura del raggio terrestre che rispetto alle misure attuali differiva di meno dell'1%.

10 – Chiamato anche "anno solare", è l'arco di tempo che passa fra due solstizi o due equinozi dello stesso tipo. È la base del nostro calendario.

11 – L'equante è un punto giacente sulla linea degli apsidi di un pianeta (congiungente l'apogeo con il perigeo). Nel caso della Terra è opposto alla Terra rispetto al centro del deferente. Il centro dell'epiciclo del pianeta non si muove di moto uniforme intorno al centro del deferente, ma intorno all'equante.

12 – Claudio Tolomeo, *Le previsioni astrologiche (Tetrabiblos)*, p. 17, Fondazione Lorenzo Valla - Mondadori, Milano, 1985. A cura di Feraboli S.

7 - Verso la crisi

1 – Lo "gnosticismo" è un complesso di dottrine e di movimenti spirituali sviluppatosi in età ellenistico-romana insieme col cristianesimo antico. Uno gnostico ritiene che la salvezza spirituale e la beatitudine non dipendano dalla conoscenza derivata dall'esperienza o suscettibile di dimostrazione razionale ma dalla "gnosi", cioè dalla conoscenza rivelata dei misteri divini e dell'ineffabile grandezza di Dio.

8 - Dieci secoli di silenzio

1 – Paracelso, figura rinascimentale di grande rilievo, sostenitore dell'unità tra spirito e mondo materiale, rifiuta i concetti della medicina di Galeno e di Avicenna e ricorre alla iatrochimica (una fusione di chimica e medicina), alle relazioni tra macro- e microcosmo, alla forza creativa dell'immaginazione, all'uso di sostanze minerali, all'astrologia, a elementi magici e na-

turali. Scrive: «Il cielo, infatti è l'uomo, e l'uomo è il cielo, e tutti gli uomini sono un cielo, e il cielo non è altro che un uomo», in: Paracelso, *Paragrano*, SE, Milano, 1989, p. 55. A cura di Masini F.

2 – Cicerone, *De divinatione* I, 20. Collezione Romana (I. E. I.), 1931, IX, trad. it. di Bartoli A.

3 – Cosma Indicopleuste, vissuto nel VI secolo, ha scritto un trattato dal titolo: *Topografia cristiana dell'universo, provata da dimostrazioni tratte dalle divine Scritture e delle quali non è lecito ai cristiani di porre in dubbio la verità.*

4 – Il primo trattato arabo riguardante l'alchimia pervenuto agli Europei fu tradotto in latino da Roberto di Retines, nel 1144.

5 – Toledo torna in mani cristiane nel 1085, la Sicilia nel 1091.

6 – Il latino è la lingua colta degli Europei. Lo sarà ancora per molto tempo. Galileo scriverà in italiano.

7 – Gerardo da Cremona (1114-1187) impara apposta l'arabo e da questo traduce in latino. Gli si devono più di 70 opere di carattere scientifico, fra le quali: l'*Almagesto* di Tolomeo, gli *Elementi* di Euclide, il *Canone* di Avicenna e alcuni libri di Galeno. Guglielmo di Moerbecke (~1215-1286), fiammingo, traduce in latino decine di opere scientifiche e filosofiche come quelle di Aristotele e Archimede.

8 – Cioè, non si sta a guardare tanto per il sottile: si fa ciò che è imposto dalle circostanze.

9 – Canonizzato nel 1323 dal papa Giovanni XXII, dichiarato Dottore della Chiesa da Pio V nel 1567, è chiamato Doctor Angelicus dai suoi contemporanei.

10 – Kieckhefer R., *La magia nel Medioevo*, Laterza, Bari, 1993, p.112, trad. it. di Corradi F.

11 - Domenicano, maestro di San Tommaso d'Aquino, Alberto Magno cercò di far coesistere fede e ragione. Gli viene attribuito un trattato-manuale intitolato *Sull'alchimia*.

12 – Kieckhefer, *La magia nel Medioevo*, p. 185.

13 – Volendo approfondire, si rinvia ai volumi di Claudio Rendina (1938-) sui Papi e sulla corte pontificia, pubblicati da Newton Compton.

14 – Non per caso la Chiesa si chiama "cattolica romana" e non per caso il Sacro Impero era il Sacro *Romano* Impero.

15 – Nel primo periodo, cioè fino alla metà del XIV secolo – l'istituzione dell'Inquisizione viene fatta risalire alla bolla *Ad abolendam* (1184) di papa Lucio III – le attività dell'Inquisizione furono dirette dal Papa. Successivamente (Inquisizione spagnola, 1478-1820, e Inquisizione portoghese, 1536-1821) la scelta e la nomina degli inquisitori vennero fatte dai sovrani. Erede dell'Inquisizione istituita nel XIII secolo, l'Inquisizione romana (Sant'Uffizio), istituita nel 1542 (oggi si chiama "Congregazione per la dottrina della fede"), ebbe un carattere differente da quello medievale in quanto fu un vero

e proprio tribunale. Fu caratteristico dell'Inquisizione spagnola l'*auto da fé* (atto di fede), una cerimonia religiosa inaugurata da Tomas de Torquemada (1420-1499) nel 1481, con celebrazione della messa. Sacerdoti, autorità civili, popolo in processione, accompagnavano i condannati, con i capelli rasati e vestiti di sacco, portati sulla pubblica piazza a colpi di sferza. Il rogo non faceva parte dell'autodafé: veniva fatto dopo. Talvolta a qualcuno, pentito *in extremis*, fu risparmiato d'essere bruciato vivo: in questo caso riceveva la grazia d'essere strangolato prima di salire al rogo. Il primo autodafé che si conosca avvenne a Parigi nel 1242 sotto il regno di Luigi IX (canonizzato da Bonifacio VIII nel 1297 col nome di san Luigi dei Francesi). L'ultimo autodafé spagnolo è del 1781(!). In Sicilia si ebbero 114 autodafé tra il 1501 e il 1748 (in: Francesco Renda, *L'inquisizione in Sicilia*, Sellerio, 1997). Autodafé furono celebrati anche nei Paesi dell'America centro-meridionale.

16 – Heinrich Institor (Krämer) e Jacob Sprenger, *Malleus maleficarum*, Strasburgo, 1486-1487; trad. it. (*Il martello delle streghe)* di Buia F., Caetani E., Castelli R., La Via V., Mori F., Ferrella E., Marsilio, Venezia, 1977. Vari capitoli della seconda parte del libro sono pubblicati anche in: Abbiati S., A. Agnolotto e M. R. Lazzati, *La stregoneria*, pp. 130-198, Mondadori, Milano, 1984.

17 – Due esempi di titoli: *Le streghe ostetriche in diversi modi uccidono nell'utero i concepiti, provocano l'aborto e, se non fanno questo, offrono ai diavoli i bambini appena nati;* e *Rimedi per quegli uomini cui vengono portati via i membri virili con l'arte dei prodigi e che a volte sono trasformati in forme bestiali. Sulla purificazione volgare, e sopra tutto sulla prova del ferro rovente, cui le streghe si appellano.* E così via, senza omettere niente del problema.

18 – Il personaggio di maggior rilievo della Riforma è Martin Lutero, ma la Riforma fu anche opera di Filippo Melantone, Giovanni Calvino, Ulrico Zwingli, Thomas Müntzer (1489-1525), con visioni e proposte più o meno differenti.

19 – Si veda *Il male viene dal Nord* (Mondadori, 1984) che Fulvio Tomizza ha dedicato alla storia del vescovo Paolo Vergerio di Capodistria, divenuto protestante dopo lungo tormento interiore.

20 – Il termine "Controriforma" fu introdotto soltanto nel 1776 da Johann Stephan Putter (1725-1807), docente dell'università di Göttingen.

21 – Tra gli altri: Dante Alighieri, Guglielmo di Ockham, Giovanni Boccaccio, Luigi Pulci (1432-1484), Niccolò Machiavelli, Pietro Aretino (1492-1556), Francesco Berni (1497-1535).

22 – Il 24 agosto 1997, ricorrenza della strage, papa Giovanni Paolo II, durante il suo viaggio in Francia, chiese scusa ai protestanti per quanto avvenuto 425 anni prima per mano dei cattolici.

23 – Nel 1300 la popolazione europea era di circa 70 milioni di persone, nel 1400 era diminuita a circa 45 milioni per l'effetto combinato delle condizioni di vita, delle guerre e delle gravi epidemie che colpirono il conti-

nente. La peste nera infierì in Europa tra il 1347 e il 1352 portandosi via un terzo della popolazione, e tra il 1360 e il 1400 ci furono 18 epidemie.

24 – Il libertinismo, almeno all'inizio (epoca rinascimentale) e inteso in senso filosofico, fu un movimento culturale contro il dogmatismo dell'autorità religiosa, a favore dell'autonomia morale dell'uomo, dell'uso della ragione, della libera espressione, della scienza.

25 – von Spee F., *Cautio criminalis ovvero dei processi alle streghe*, p. 46, Salerno ed., Roma. Trad. it. Timi M.

26 – C'è chi contesta l'appellativo "secoli bui" richiamandosi al fatto che durante il Medioevo non accaddero solo cose miserabili. Vengono ricordate le splendide cattedrali gotiche, la creazione delle prime università (ma a carattere letterario e giuridico). Si dice che la scienza cominciò allora citando l'alchimia come primo approccio verso la chimica: in realtà, l'alchimia era praticata già nell'antico Egitto e in Cina fin dal IV-III secolo a.C.; inoltre non si tiene conto del fatto che l'alchimia non fu una "ricerca in fasce", bensì un misto di superstizione e visione filosofica esoterica in cui trovavano spazio chimica, medicina, metallurgia, arte, religione, misticismo, semiotica e astrologia.

27 – Ricordiamo ancora: Enrico Martello (seconda metà XV sec. - prima metà XVI sec.) che con l'introduzione del Capo di Buona Speranza (circa 1489) allarga i confini stabiliti da Tolomeo; Nicolò Craveri (seconda metà XV sec. - prima metà XVI sec.) con i primi cenni del continente americano (1504-1505; Martin Waldseemüller (1470-1521), primo a rappresentare il nuovo continente col nome di "America" (1506); Pietro Apiano (1495-1552) e Sebastiano Münster (1488-1552). A proposito della cartografia si veda il bel libro *La storia del mondo in dodici mappe* di Jerry Brotton, Feltrinelli, Milano, 2013. Trad. it. di Sala V.B.

28 – Alcuni storici preferiscono anticipare la fine del Medioevo al 1453, quando, dopo 1058 anni, con la conquista di Costantinopoli da parte dei Turchi Ottomani del sultano Maometto II, finisce l'Impero Romano d'Oriente.

9 - Si prova a pensare con la propria testa

1 – L'Arcispedale di Santa Maria Nuova fu fondato nel 1288 da Folco Portinari (-1289), padre della Beatrice (1266-1290) che ispirò Dante Alighieri. L'ospedale è sorto su suggerimento di Monna Tessa, serva e nutrice in casa Portinari, alla quale è intitolato un altro Centro medico di Firenze.

2 – Presso l'Ospedale fiorentino di Santa Maria Nuova.

3 – La Scuola dello Spedale del Ceppo, a Pistoia, e la Scuola medico-chirurgica dell'Ospedale di Santa Maria Nuova, a Firenze. È da notare che, per volere di Cosimo I de' Medici (1519-1574), medici e chirurghi toscani dovevano superare un esame di abilitazione.

4 – Nel 1543, Andrea Vesalio pubblicò il famoso *De humani corporis fabrica*. Nel libro segnalò 220 errori presenti nelle opere di Galeno che, per un millennio, erano rimaste l'unico, incontrastato riferimento della medicina europea.

5 – Oltre a dimostrare la reale esistenza dei capillari sanguigni, ipotizzati da Harvey e indispensabili per descrivere l'esatto percorso della circolazione, Malpighi fece numerose osservazioni al microscopio di fegato, cervello, pelle, reni, milza e ossa. Gli elementi anatomici che individuò e descrisse sono molti, e molti portano ancora oggi il suo nome: lo strato spinoso del Malpighi dell'epidermide, individuato durante gli studi sul tatto; i corpuscoli di Malpighi, formazioni della milza costituiti da follicoli ricchi di linfociti B avvolti da una guaina ricca di linfociti T; i corpuscoli renali del Malpighi, che rappresentano l'unità base preposta alla filtrazione dell'urina, e le piramidi di Malpighi, formazioni della zona midollare del rene percorse assialmente dai tubuli collettori dell'urina, le porzioni terminali dei nefroni.

6 – Scrive, infatti: «In principio va rilevato che il mondo è sferico, sia perché questa forma è la più perfetta di tutte, un'integrità totale, non bisognosa di alcuna commessura; sia perché è la forma più capace, che meglio conviene a tutto comprendere e custodire [...]. Perciò nessuno metterà in dubbio che tale forma sia da attribuirsi ai corpi divini», in: Copernico Niccolò, *De revolutiobus orbium coelestium*, p. 35, Einaudi, Torino, 1975. Trad. it. Vivanti C.

7 – Nessuno aveva mai avuto dubbi sulla circolarità delle orbite dei pianeti in quanto "perfette" (la convinzione risaliva a Platone e i moti planetari erano, oltreché circolari, uniformi). Non li ebbe neppure Galileo, benché Keplero avesse dimostrato la loro ellitticità.

8 – L'idea che la Terra fosse in movimento era già nell'aria. Secondo quanto racconta lo storico e saggista Coriolano Martirano, nel suo *L'arco di Ulisse* (Laruffa ed., 2007), il cosentino Giovan Battista Amici (1511-1538) nel 1537 pubblicò a Venezia un trattato sul sistema solare nel quale annunciava un'imminente pubblicazione (astronomica) rivoluzionaria. Non poté farlo perché fu assassinato durante una rapina in cui gli fu sottratta una borsa con documenti. Fra questi, forse, c'era anche la pubblicazione rivoluzionaria che, si pensa, avrebbe potuto anticipare il *De revolutionibus* di Copernico. (Waldimaro Fiorentino, *Lo sfortunato precursore di Copernico*, in: "Sapere", p. 37, agosto 2011.

9 – Secondo la tradizione, Copernico ne vide una copia mentre era sul letto di morte.

10 – Si legge, infatti, nella *Prefazione* (di Copernico) dedicata al Santissimo Signore Paolo III, pontefice massimo: «Se per caso vi saranno ματαιολόγόι [ciarloni], che pur ignorando del tutto le matematiche, tuttavia si arrogano il giudizio su di esse, e in base a qualche passo della Scrittura,

malamente distorto a loro comodo, ardiranno biasimare e diffamare questa impresa, non mi curo affatto di loro, in quanto disprezzo il loro stesso giudizio come temerario», in: Copernico, *Prefazione*, p. 23.

11 – Koestler A., *I sonnambuli*, p. 151, nota 33, Jaca Book, Milano, 1981. Trad. it. di Giacometti M.

12 – Koyré A., *La rivoluzione astronomica*, pp. 64-65, nota 12, Feltrinelli, Milano, 1966. Trad. it. Sosio L.

13 – Pascal B., *Pensieri*, n. 277, p. 94, Editoriale Opportunity Book, Milano, 1995. Trad. it. di Alfieri V. E.

14 – Di Nola A. M., *Inchiesta sul diavolo*, Laterza, Bari, 1979.

15 – Ma l'esplosione della bomba che i sovietici all'epoca di Kruscev (1956) fecero deflagrare (ma fu solo un "esperimento"!) nella penisola della Kamciatka equivalse a quella di 60 Megaton (60 miliardi di kg) di tritolo; come dire a 30 volte l'esplosivo chimico usato in tutte le guerre del passato (→ Carlo Bernardini e Daniela Minerva, *L'ingegno e il potere*, p. 114, Sansoni, Firenze, 1992). Al confronto (→ John D. Barrow, *100 cose essenziali che non sapevate di non sapere*, p. 143, Mondadori, 2011, trad. it. di Mereghetti E.), le bombe cadute su Hiroshima (equivalente a 13 milioni di kg di tritolo) e Nagasaki (equivalente a 21 milioni di kg di tritolo) furono poco più di "petardi atomici". Eppure ci fu chi temette la possibilità (benché remota, non nulla) che, in un baleno l'intera atmosfera terrestre prendesse fuoco.

16 – Chomsky, *Linguaggio...*, p. 126.

17 – *L'imitazione di Cristo*, L'APE, Firenze, 1950, p. 11. Trad. it. di Guasti C.

10 - Si leva l'ancora

1 – Brahe non rilevò alcun effetto di parallasse (→ n. 6, cap. 6) perché con i suoi strumenti poteva misurare gli angoli con la precisione di 2' mentre la parallasse della stella più vicina (Proxima Centauri) è 0,762'' (corrisponde a 4,28 anni-luce). 2' si legge "2 primi d'arco" (1' è $^1/_{60}$ di grado); 0,762'' si legge "0,762 secondi d'arco" (1'' è $^1/_{60}$ di primo); i numeri dopo la virgola sono decimi, centesimi, millesimi. In altre parole, per misurare gli angoli si usa il sistema sessagesimale (1° = 60', 1' = 60'') ma si può utilizzare anche un sistema misto sessagesimale/decimale utilizzando il sistema decimale per la frazione dell'unità che si sta considerando. Per esempio: 1° 12' = 1,2°; 2' 30'' = 2,5'.

2 – La parallasse diurna è l'angolo sotto il quale, da un corpo del sistema solare, si vede il raggio terrestre passante per l'osservatore. A causa della rotazione terrestre, essa varia nella giornata da un valore minimo quando il corpo celeste è al meridiano dell'osservatore, a un valore massimo quando il corpo è all'orizzonte (parallasse orizzontale). Per corpi vicini alla Terra (come la Luna) la parallasse orizzontale varia con la latitudine dell'osserva-

tore, per cui si preferisce considerare la parallasse orizzontale equatoriale. La parallasse della Luna è 3422",60 (distanza di circa 384 000 km), quella del Sole è 8",7942 (distanza media di circa 1,49598 × 10^8 km). La parallasse orizzontale equatoriale si usa per determinare la distanza del pianeta dalla Terra col metodo trigonometrico.

3 – Le comete erano ritenute (e lo furono anche nel secolo successivo) fenomeni che hanno luogo nell'atmosfera terrestre, come l'arcobaleno e le aurore boreali. Anche Galileo credeva fossero effetti della luce solare su vapori terrestri.

4 – Un pianeta è all'opposizione quando la sua longitudine differisce di 180° da quella del Sole. In altre parole, rispetto alla Terra si trova dalla parte opposta a quella del Sole, e passa al meridiano del luogo a mezzanotte circa. Quando è all'opposizione il pianeta è più vicino alla Terra di quanto sia di solito e le misure sono più precise.

5 – Anche per quanto riguarda le orbite. Sono circolari, o combinazioni di moti circolari.

6 – Brahe diventò inviso a tutta la Danimarca. Insolente, anche con il re Cristiano IV, figlio e successore di Federico II, governava l'isola di Hven in maniera dispotica. E quando il Re gli diminuì i suoi esorbitanti privilegi si offese e lasciò la Danimarca.

7 – La longitudine e la latitudine celeste servono, come le analoghe coordinate terrestri, a individuare un punto (stella, pianeta) sulla sfera celeste. La longitudine eliocentrica è la distanza angolare (misurata sull'eclittica) che separa l'equinozio di primavera (punto γ; origine del sistema di coordinate) dal pianeta osservato.

8 – Il titolo, esplicativo dello sforzo fatto, è: *Nuova astronomia fondata sulle cause o fisica celeste, esposta per mezzo di commenti sui moti della stella Marte.*

9 – Nel *De stella nova in pede Serpentari,* Keplero scrisse: «Bruno rende il mondo infinito in modo tale, che quante sono le stelle fisse, tanti sono i mondi, e considera che questa nostra regione di pianeti mobili sia uno di innumerevoli mondi, per nulla distinto dagli altri attorno; così che ad un osservatore, il quale si trovasse sulla stella del Cane [...] apparirebbe la stessa immagine del mondo che si presenta a noi qui, quando contempliamo dal nostro mondo le stelle fisse. [...] questo solo pensiero porta seco non so qual occulto orrore; stante che si ritrova in questa immensità, alla quale si negano confini, un centro, e perciò anche luoghi certi», in: Koyré A., *Dal mondo chiuso all'universo infinito*, Feltrinelli, Milano, 1970-1988, p. 53. Trad. it. di Cafiero L.

10 – Koyré, *La rivoluzione astronomica*, pp. 307-308.

11 – Koestler, *I sonnambuli*, p. 337.

12 – Introduzione al libro V di *Harmonices Mundi*, in: Koestler, *I sonnambuli*, p. 386. I 6000 anni che Dio avrebbe aspettato il libro di Keplero sono quelli

che, secondo i calcoli di Dionigi, erano trascorsi dalla creazione del mondo.

13 – Così li chiama Koestler in: *I sonnambuli*.

14 – Ad esempio, il problema del lavoro minorile fu affrontato dal Parlamento italiano, per la prima volta, intorno al 1880. All'epoca, i minori lavoravano anche fino a 14 ore al giorno. I "carusi" siciliani erano ragazzi impiegati nelle miniere nel trasporto del minerale scavato, in sacchi o ceste che portavano a spalla dalla galleria all'aria aperta. La maggior parte di loro aveva 8-11 anni, ma vi erano anche carusi di 7 anni che lavoravano da 8 a 10 ore al giorno o, se lavoravano all'aria aperta, da 11 a 12 ore al giorno. In Lombardia, i bambini venivano impiegati nei filatoi di seta con compiti di tipo talmente meccanico da ridurli ben presto all'ebetismo. D'inverno lavoravano fino a 13 ore, d'estate fino a 15-16. (→ Rodolfo Morandi, *Storia della grande industria in Italia*, Einaudi, 1959). In Gran Bretagna la prima legge che vietò di far lavorare bambini sotto i 10 anni è del 1878.

15 – Indici dello stato culturale della gran parte delle persone sono quelli legati all'istruzione. Ad esempio, il numero delle donne laureate in Italia tra il 1877 e il 1900 fu 224. Nelle elezioni del 1900 per la Camera dei deputati poté votare il 7,65% della popolazione (circa 2,57 milioni su 33,57 milioni; si votava per censo e per alfabetizzazione) perché metà degli Italiani era analfabeta.

16 – Come tutti sanno, sulla possibilità che la vita nell'universo (pianeti abitabili e abitati) sia un fenomeno diffuso si è sempre fantasticato molto e oggi è una specie di mania. Ormai, gli esopianeti noti sono qualche migliaio, una ventina sono considerati abitabili e qualche altra decina sono ritenuti probabilmente abitabili, ma più che la loro esistenza, che può interessare la teoria sulla formazione dei sistemi planetari, si va a cercare somiglianze con a Terra. Uno di questi, il Kepler 186f, scoperto dal satellite americano Kepler, è roccioso, ha dimensioni simili a quelle della Terra e si trova nella cosiddetta "fascia abitabile" della sua stella che si trova a 500 anni-luce dalla Terra, nella costellazione del Cigno. Chissà? Ma, a parte Kepler 186f, molti sperano di ricevere segnali di "vita", come se il riceverli non potesse essere *soltanto* una conferma di una possibilità, cioè che la vita possa non essere, per quanto improbabile, fenomeno, esclusivamente terrestre.

17 – Guzzo A. (a cura di), *Giordano Bruno*, Garzanti, Milano, 1944, p. 309.

18 – Galilei G., *Sidereus Nuncius*, Marsilio, Venezia, 1993, p. 83. Trad. it. Timpanaro Cardini M.

19 – "Cannone occhiale", coniato probabilmente dal matematico e astronomo Giuseppe Biancani, nel 1611. Fu poi chiamato "telescopio" su proposta del matematico Giovanni Demisiani. In: Sobel D., *La figlia di Galileo*, Rizzoli, Milano, 1999, p. 55. Trad. it. di Zuppet R. Due cannocchiali costruiti da Galileo si trovano al museo Galileo di Firenze. In: Mara Miniati (a cura di), *Catalogo del Museo di Storia della Scienza*, Giunti ed., Firenze, 1991, p. 72; Giorgio Strano (a cura di), *Il telescopio di Galileo*, Istituto e Museo di

Storia della Scienza di Firenze, Giunti ed., Firenze, 2008, p. 154; Peruzzi G. e S. Talas (a cura di), *Il futuro di Galileo*, Comune di Padova e Skira ed., Milano, 2009, p. 35.

20 – Nel 1606 gli aveva già dedicato *Le operazioni del compasso geometrico et militare.*

21 – «È il momento in cui la parola negozio cambia, se così si può dire, il suo segno e assume quel valore positivo che l'etimologia dovrebbe rifiutargli. È anche il momento in cui l'*otium* diventa "oziosità". L'insegnamento dei portavoce del nuovo spirito, dello spirito che anima la nascente civiltà borghese riflette l'evoluzione dei costumi e della morale», in: Koyré A., *Dal mondo del pressappoco all'universo della precisione*, Einaudi, Torino, 1967-1973, p. 69., trad. it. di Zambelli P.

22 – Anche il sistema di Brahe spiega le fasi di Venere, ma Galileo non lo considera nemmeno. In effetti, secondo il "rasoio di Okham", il sistema copernicano è più semplice.

23 – Ronchi V., *Storia della luce*, Zanichelli, Bologna, 1952, pp. 73-92.

24 – Col nome di Urbano VIII.

25 – Galilei G., *Lettera a Madama Cristina di Lorena Granduchessa di Toscana*, in: A. Favaro (a cura di), *Edizione Nazionale delle Opere di Galileo Galilei*, Firenze, Barbèra, 1890-1909, vol. V, pp. 309-348 (ristampe: 1929-1939 e 1964-1968). La *Lettera* fu pubblicata a Strasburgo solo nel 1636, ma il testo circolò ugualmente.

26 – Esaminata l'opera di Copernico (il *De revolutionibus*), 11 teologi stabilirono che la dichiarazione sull'immobilità del Sole fosse formalmente eretica e che la non centralità della Terra nel cosmo e la sua rotazione fossero erronee nella fede e filosoficamente rozze. La Sacra Congregazione dell'*Indice* dichiarò falsa e contraria alla Scrittura la teoria copernicana e ne ordinò la correzione. Gli emendamenti al *De revolutionibus*, affidati a Francesco Ingoli (1578-1649), sacerdote e giurista, segretario della Sacra Congregazione, furono approvati nel 1620. Nel frattempo, sulla base delle critiche fatte dallo stesso Ingoli, nel 1619 era stata proibita anche l'*Epitome* di Keplero.

27 – Galilei G., *Dialogo sopra i due massimi sistemi del mondo* (a cura di L. Sosio), Einaudi, Torino, 1970, p. 127.

28 – Nel 1635, a Strasburgo, Matthias Bernegger (1582-1640) aveva pubblicato una traduzione in latino.

29 – Da queste idee uscirà quello che sarà chiamato "meccanicismo".

30 – Secondo il calendario giuliano, allora in vigore in Inghilterra, Newton è nato il 25 dicembre 1642 ed è morto il 20 marzo 1727; secondo il calendario gregoriano, introdotto il 15 ottobre 1582 e adottato in Inghilterra solo nel 1752, è nato il 4 gennaio 1643 ed è morto il 31 marzo 1727.

31 – Basterà arrivare a Kant perché l'età della Terra diventi di milioni di anni.

32 – Mamiani M., *Newton*, Giunti Lisciani, Firenze, 1995, p. 23.

33 – Dallo studio di 24 comete apparse tra il 1337 e il 1698, Halley dedusse che quelle del 1531 e del 1607 oltre a quella del 1682, che osservò, dovevano essere lo stesso oggetto in moto su un'orbita kepleriana con un periodo di 76 anni. Si tratta della famosa "cometa di Halley" la cui ultima apparizione risale al 1986.

34 – Robert Hooke (1635-1703) è stato una delle figure importanti della rivoluzione scientifica del Seicento. Fisico, biologo, geologo e architetto, ebbe un ruolo fondamentale nel progettare ed equipaggiare l'Osservatorio di Greenwich. Inventore eclettico, "padre" della meteorologia, perfezionatore di microscopi e telescopi. In meccanica celeste arrivò al punto di supporre la forza di attrazione tra i corpi celesti inversamente proporzionale al quadrato della loro distanza ma non riuscì però a dedurre le leggi di Keplero, cosa che fu fatta da Newton nei *Philosophiæ Naturalis Principia Mathematica*. Hooke fu uno dei fondatori dell'ottica ondulatoria per i suoi studi sulla diffrazione e l'interferenza, mentre Newton difese sempre la propria teoria corpuscolare della luce.

35 – La Terra e la mela si attraggono con la stessa forza e si muovono l'una verso l'altra. Ma un'altra legge dei *Principia* afferma che le accelerazioni prodotte sui due corpi sono date dai rapporti di questa forza per i valori delle due masse in gioco: nel caso considerato, enorme quella della Terra, rispetto a quella della mela. Perciò l'accelerazione impressa dalla mela alla Terra è quasi nulla rispetto a quella impressa dalla Terra alla mela. Così a noi sembra che la mela vada incontro alla Terra (la vediamo cadere) e la Terra resti ferma. La storia della mela di Newton fu raccontata dall'amico di Newton, William Stukeley, antiquario e pioniere delle ricerche archeologiche sui resti di Stonehenge e di Avebury. In: Hall R. A., *La rivoluzione scientifica 1500-1800*, p. 231, Feltrinelli, Milano, 1976, trad. it. di Panzieri G.

36 – Oltre ai francesi che erano cartesiani, tra gli avversari delle idee newtoniane ci sono Gottfried Wilhelm von Leibniz, Immanuel Kant, Johann Wolfgang von Goethe (1749-1832) che enuncerà una propria teoria dei colori: *La storia dei colori*, Luni ed. Milano-Trento, 1998, trad. it. a cura di Troncon R. e Georg Wilhelm Friedrich Hegel (1770-1831). In particolare, per Leibniz l'introduzione della forza a distanza era: «un vero e proprio ritorno alle qualità occulte e, ciò che è anche peggio, inspiegabili; si rinnegavano la Filosofia e la Ragione, per dare asilo all'ignoranza e alla pigrizia». in: William Rankin, *Newton: per cominciare*, Feltrinelli, Milano, 1996, p. 168. Trad. it di Lanza L. e Vicentini P.

37 – Hall R. A., *Da Galileo a Newton: 1630-1720*, Feltrinelli, Milano, 1973, pp. 285-286.

38 – Quando il fisico ha qualcosa che "funziona", dice: «*Tutto avviene come se* quella tal cosa che ho immaginato (e che, al momento, posso non saper – o non so – spiegare) esistesse davvero». In fisica si parla, quin-

di, di "modelli". Un modello è una costruzione teorica che si comporta in modo da dare origine a fenomeni uguali a quelli che osserviamo nei nostri esperimenti. E, in fondo, il "tutto avviene come se" non è, in realtà, tutto quello che possiamo dire del mondo, quando troviamo qualche "legge" che "funziona"? Come potremmo dare del mondo qualcosa di più di una sua "rappresentazione"?

39 – La sua ipotesi sulla natura della luce si scontrò con quella di Huygens, formulata nel 1678 ma pubblicata soltanto nel 1690 nel *Traité de la lumière* (Leiden, Netherlands: Pieter van der Aa, 1690). Huygens pensava la luce come un fenomeno ondoso dell'*etere*, un mezzo elastico che pervadeva l'universo. In tempi moderni le due ipotesi finirono per fondersi.

40 – La frase "Vedo più lontano perché sono salito su spalle di giganti" è molto più antica di Newton. Robert K. Merton (1910-2003), sociologo della Columbia University, risalendo fino al 1126 l'ha attribuita a Bernardo di Chartres (?-1130). Più d'uno ritiene che la vetrata medievale della cattedrale di Chartres con i 4 evangelisti raffigurati come nani sulle spalle dei 4 profeti Isaia, Geremia, Ezechiele e Daniele, risalga a dopo la morte di Bernardo proprio per ricordare la sua bella metafora.

41 – Voltaire, *Lettere filosofiche*, Mondadori, Milano, 1996, p. 56., trad. it. a cura di Pavanello G.

42 – Benché possa sembrare strano, Huygens era arrivato a immaginare l'esistenza di un anello intorno a Saturno sfruttando la teoria dei vortici di Cartesio. Non è detto, quindi, che infilando la via sbagliata si debba sempre giungere a risultati sbagliati. Capitò anche a Keplero di fare errori le cui conseguenze si compensarono tra loro.

43 – Ormai l'immutabilità del cielo era diventata e sarebbe diventata sempre più soltanto un vecchio pregiudizio basato sulla debolezza dei nostri sensi.

44 – Rømer notò che i tempi tra le eclissi di un satellite diventavano più brevi quando la Terra si avvicinava a Giove e più lunghi quando se ne allontanava. Segno evidente che per percorrere distanze differenti la luce impiegava tempi differenti (un effetto impossibile nel caso di una velocità della luce infinita).

45 – Le stelle non sono "fisse" ma i loro spostamenti sulla sfera celeste sono molto piccoli a causa delle grandissime distanze in gioco. Oggi si conoscono i "moti propri" di circa 2,5 milioni di stelle, frutto della spettacolare raccolta di dati del satellite Hipparcos.

46 – Il fatto che la luce potesse avere una velocità finita consentì di spiegare anche il fenomeno dell'aberrazione della luce scoperto da Bradley nel 1629 mentre faceva misure per mettere in evidenza la parallasse stellare. L'aberrazione della luce, o aberrazione astronomica, è un fenomeno dovuto al fatto che la posizione vera di una stella sulla sfera celeste differisce da quella apparente.

47 – *L'induzione* è il procedimento logico che dall'osservazione di casi particolari o per estrapolazione da una successione finita di osservazioni, nell'ipotesi che siano validi certi caratteri di regolarità nel fenomeno studiato, porta ad affermazioni di carattere generale.

11 - Secondo intermezzo

1 – Thomas Kuhn, nel saggio di filosofia della scienza (1962) *La struttura delle rivoluzioni scientifiche* (Einaudi, Torino, 1999-2009, trad. it. di Carugo A.), afferma che la scienza segue uno sviluppo a gradini, soggetta a "rivoluzioni" sul piano sia dei concetti sia del linguaggio. Dopo uno di questi "salti", la scienza nuova e quella vecchia sono incommensurabili e il fine della scienza che si instaura ("scienza normale") è quello di trovare conferme del nuovo paradigma.

2 – Mosetti R., R. Purini e M. Silvestri, *La rosa del freddo e l'avventura dell'uomo*, Bruno Mondadori, Milano, 2011.

3 – Boltzmann L., *Modelli matematici Fisica e Filosofia*, p. 102, Bollati Boringhieri, Torino, 1999, 2004, Trad. it. di Cercignani A.

4 – *Ivi*, p. 117.

5 – È pressoché impossibile rinunciare all'idea che la natura operi nel modo più semplice. Col suo "rasoio", Gugliemo di Ockham esprimeva proprio questa fiducia nell'*economia* della natura.

6 – Poincaré H., *La scienza e l'ipotesi*, La Nuova Italia, Firenze, 1949, p. VII, trad. it. a cura di Albèrgamo F.

12 - Andare al lasco o di bolina

1 – Hall S.S., *Ötzi scongelato*, National Geographic Italia, novembre 2011, p. 74, e *I segreti di Ötzi*, Archeologia Viva, n. 154, p. 46, Giunti, Firenze, 2012.

2 – Galimberti U., *I miti del nostro tempo*, pp. 221 e 222, Feltrinelli, Milano, 2009.

3 – Bouvet J.-F. (a cura di), *Gli spinaci sono ricchi di ferro*, p.141, Cortina, Milano, 1999; G. Corbellini, *Scienza*, p. 63, Bollati Boringhieri, Torino, 2013.

4 – L'idea di sfruttare l'energia termica prodotta dalla combustione di legna o carbone per produrre lavoro meccanico non fu una novità del Settecento. Nel passato, con questo obiettivo, infatti, avevano realizzato esperimenti anche Erone (I-II secolo a.C.), Leonardo e Giovan Battista Della Porta (XV-XVI secolo d.C.). Nel Settecento si interessarono del problema Denis Papin (1647-1712) con la pentola a pressione (1679), Thomas Savery (~1650-1715) e Thomas Newcomen (1664-1729), con il pompaggio dell'acqua nelle miniere (1698 e 1705).

5 – L'interesse per l'agricoltura si sviluppa, naturalmente, prima di ogni altro. Nel Settecento, la popolazione europea aumentò di 70 milioni di in-

dividui, un aumento che continuò nei secoli successivi e che oggi, su scala mondiale, sembra incontenibile. Il fenomeno fu il frutto di diverse concause: lo sviluppo di nuove tecniche agricole, il progresso della medicina che portò a ridurre la mortalità (specie di quella infantile), il miglioramento delle condizioni igieniche che determinò la scomparsa delle grandi epidemie di peste, lo sviluppo del commercio tra i Paesi europei e quelli degli altri continenti.

6 – In mare era sempre stato impossibile conoscere la propria longitudine. Era facile viaggiare su rotte sbagliate o perdersi nell'oceano, ma anche la vicinanza alle coste non migliorava la situazione. Il 22 ottobre 1707, ad esempio, la flotta di cinque navi da guerra di Sir Clowdisley Shovell (1650-1707) finì per questo motivo contro le rocce delle isole Scilly e 2000 uomini annegarono. La storia del problema della misura della longitudine in mare è narrata nel libro di Dava Sobel, *Longitudine*, Rizzoli, Milano, 1996, trad. it. di Lonza G. e Crosio O.

7 – Di come determinare la longitudine in mare si occuparono anche Galileo, Cassini, Huygens, Newton e Halley servendosi della Luna e di stelle ben visibili. Ma qualsiasi metodo si dimostrò inefficace: difficile fare osservazioni in mare, oltretutto con personale incompetente. Il problema fu risolto verso la metà del Settecento dal geniale orologiaio inglese John Harrison (1693-1776) che costruì il cronometro marino tra il 1730 e il 1759.

13 - Novità in cielo e sulla Terra

1 – Rammentiamone alcuni: Pierre Louis de Maupertuis (1698-1759) introduce le idee di Newton nella Francia cartesiana e, insieme ad Alexis Clairaut (1713-1765), va in Lapponia (1736) per cercarne una conferma sperimentale. Alexis Clairaut pubblica la *Teoria della forma della Terra tratta dai principi dell'idrostatica Courcier*, Paris, 1808) che rende conto dei risultati ottenuti dalla spedizione e confronta le nuove misure del grado di meridiano con quelle ottenute da Jean Picard (1620-1682) in Francia mettendo in evidenza come la Terra sia schiacciata ai poli contrariamente da quanto previsto dalla teoria cartesiana che la voleva schiacciata all'equatore. Prevede anche la data del ritorno della cometa di Halley nel 1682, tenendo conto degli effetti gravitazionali di Giove e Saturno. Daniel Bernouilli (1700-1782) si dedica alle applicazioni della matematica alla meccanica, in particolare, alla dinamica dei fluidi; è uno dei pionieri degli studi sulla probabilità e sulla statistica. Jean Baptiste Le Rond d'Alembert pensa che la meccanica non è una scienza sperimentale perché i princìpi su cui si basa sono necessari, indipendentemente da quello che sono le forze, sulle quali si può dire ciò che si vuole fino a finire nella metafisica. Joseph-Louis Lagrange (1736-1813), pubblica (1788) *Meccanica analitica* in cui considera i moti dei satelliti della

Terra e di Giove. Trova anche una soluzione particolare del problema dei tre corpi per i quali determina una speciale configurazione spaziale che, realizzata, li mantiene in equilibrio gravitazionale. Individua quelli che oggi sono noti col nome di "punti di Lagrange". Dei numerosi punti di Lagrange dei sistemi costituiti dai pianeti e dai loro satelliti (cinque punti per ogni sistema) molti sono già occupati. Per quanto riguarda il sistema Sole-Terra, nel punto di Lagrange L1, a 1,5 milioni di km dalla Terra, tra la Terra e il Sole, oggi si trovano i satelliti artificiali SOHO (*Solar and Heliospheric Observatory*, costruito da ESA & NASA e lanciato nel 1995) e ACE (*Advanced Composition Explorer*, costruito dalla NASA e lanciato nel 1997). In quel punto, i satelliti non vengono mai eclissati dalla Terra o dalla Luna. Nel punto L2, a 1,5 milioni di km dalla Terra, esterno all'orbita terrestre rispetto al Sole, è rimasta per dieci anni la sonda *Wilkinson Microwave Anysotropy Probe* (prodotta dalla NASA e lanciata nel 2001), per quasi quattro anni l'*Hershel Space Observatory* (fabbricato dall'ESA e lanciato nel 2009) e per cinque mesi la *Plank Surveyor* (dell'ESA, lanciata nel 2009). Attualmente in quel punto c'è il satellite GAIA (ESA, dal dicembre 2013), e ci sarà il *James Webb Space Telescope* (realizzato da NASA & ESA; lancio previsto intorno al 2018). Nel sistema di Giove, i punti lagrangiani sono occupati dagli asteroidi Troiani mentre nel sistema di Saturno il satellite naturale Teti ne occupa uno, condividendo l'orbita con Telesto e Calypso, altri due piccoli satelliti. Pierre Simon de Laplace (1749-1827) pubblica il *Trattato di meccanica celeste*, in cinque volumi (1799-1825): qui la struttura matematica della scienza del cielo assume un'eleganza, una completezza e una precisione di gran lunga superiori a quelle che Newton era riuscito a ottenere nei suoi *Principia*. Pierre-Leonhard Eulero (1707-1783), il più importante matematico dell'Illuminismo, porta contributi anche allo sviluppo della meccanica classica e della meccanica celeste. Di lui esistono 886 pubblicazioni e non c'è quasi parte della matematica che non lo ricordi attraverso l'uso dei suoi risultati o delle sue notazioni. Dell'*Opera Omnia* di Eulero (ben oltre 100 volumi) ci limitiamo a ricordare: la fondamentale *Meccanica ossia la scienza del moto esposta analiticamente* (1736), l'*Introduzione all'analisi infinitesimale* (1748), le *Istituzioni di calcolo integrale* (1768-1770), la *Teoria del moto lunare* (1772) e le *Istituzioni di calcolo differenziale* (1775). Carl Friedrich Gauss (1777-1855), il principe dei matematici, astronomo e fisico, porta contributi fondamentali all'analisi matematica, alla geometria differenziale, alla geofisica, all'astronomia, all'ottica, al magnetismo, all'elettrostatica. Nikolai Lobačevskij (1792-1856) e János Bolyai (1802-1860) introducono le geometrie non euclidee. Georg Riemann (1826-1866) pubblica un trattato uscito postumo dove mostra che sia lo spazio euclideo (lungi dall'essere l'unico possibile come avrebbe voluto Kant) che quelli non-euclidei di Lobačevskij e Bolyai sono casi particolari di uno "spazio generalizzato".

2 – E comunque, ciò avvenne 308 anni dopo la pubblicazione del *De revolutionibus* di Copernico, e 164 dopo la stampa dei *Principia* di Newton.

3 – Sull'educazione e sulle condizioni di vita di gran parte della popolazione europea nell'Ottocento, si veda, tra l'altro, *La miseria in Napoli* (Le Monnier, Firenze, 1877, ristampa anastatica del 2005) di Jessie White Mario (interprete un po' particolare del nostro Risorgimento), tenendo comunque presente che ciò che vi si legge non sarebbe stato molto diverso se avesse riguardato città come Londra o Parigi. (La lettura è disponibile, gratis, su www.liberliber.it).

4 – L'ipotesi di Kant e quella di Laplace hanno in comune solo la nebulosa primordiale, dalla quale avrebbe avuto origine il sistema solare.

5 – Nel 1771, Charles Messier (1730-1817) fece un primo elenco di 45 oggetti che, nel 1781, portò a 110. Ritenuti nebulose, cioè ammassi interstellari di gas e polveri, nel XX secolo risultarono, in gran parte, ammassi globulari di stelle o addirittura galassie, cioè insiemi di stelle, gas e polveri di immense dimensioni.

6 – Il potere risolutivo (o risolvente, o separatore) di uno strumento è la misura della sua capacità di dare immagini in cui i dettagli dell'oggetto osservato sono ben distinguibili uno dall'altro (o ben risolti o separati).

7 – Esistono vari strumenti che permettono la misura dell'energia raggiante ricevuta sulla Terra dal Sole: il pireliometro, il bolometro, lo spettrobolometro, il radiometro, il piranometro. Differiscono per il principio sul quale si basa il loro funzionamento che porta a misurare la radiazione ricevuta in particolari bande di lunghezza d'onda o quella integrale (su tutto lo spettro). Il pireliometro di Pouillet (1837) era costituito da un recipiente dal fondo piatto e annerito, contenente acqua, e il bulbo di un termometro. Esposto al sole in modo opportuno, misurava l'aumento di temperatura dell'acqua e, da questo, l'energia ricevuta (poi, in ogni caso, bisogna tener conto dell'assorbimento atmosferico). Una descrizione di questi strumenti si può trovare in: Giorgio Abetti, *Il Sole*, pp. 439-453, Hoepli, 1952.

8 – Pouillet utilizzò la legge di Dulong e Petit (1819) – Pierre Dulong (1785-1838); Alexis Petit (1791-1820) – sui calori specifici dei solidi che in seguito fu corretta. Dopo di lui, fra gli altri, fecero misure della costante solare Langley (1884) e Charles Abbot (1872-1973), dal 1902 al 1957.

9 – Nota la distanza (o la parallasse) di uno dei corpi del sistema solare, le altre distanze, in particolare quella del Sole, si trovano attraverso la terza legge di Keplero.

10 – La "magnitudine apparente" di una stella è una valutazione soggettiva della luminosità (energia emessa al secondo) della stella e dipende dalla distanza di questa (quanto più una stella è lontana tanto più debole appare). Quindi una stella debole e vicina può apparire più brillante di una molto luminosa ma lontana. Se però si conoscono le distanze stellari, si può

Mario Rigutti

immaginare di trasportare tutte le stelle a una distanza standard (10 parsec; 1 parsec = 1 pc = 3,26 anni-luce) tenendo conto del fatto che il flusso ricevuto è inversamente proporzionale al quadrato della distanza. A questo punto, le nuove magnitudini apparenti sono direttamente confrontabili tra loro dando una misura oggettiva delle relative luminosità. Queste magnitudini si dicono "assolute". Per le cefeidi vale una relazione tra il periodo di variabilità e la magnitudine assoluta (→ n. 67, cap. 17). L'osservazione precisa del primo, quindi, dà la seconda che, confrontata con la magnitudine apparente (frutto dell'osservazione diretta), permette di calcolare la distanza della cefeide (la quale può non appartenere alla nostra Galassia, ma ad un'altra dando la possibilità di conoscerne la distanza, non misurabile per via trigonometrica).

11 – Lo "spettro" della luce emessa da una sorgente luminosa si ottiene con uno strumento chiamato spettroscopio (o spettrografo se è capace di registrazione) che distribuisce in sequenza ordinata secondo le lunghezze d'onda le radiazioni che compongono quella ricevuta. "Spettro", in generale, è sinonimo di distribuzione ordinata di una grandezza secondo un particolare parametro prefissato; per esempio "spettro del numero degli italiani secondo l'età".

12 – Le righe scure dello spettro solare furono chiamate, in suo onore, righe di Fraunhofer.

13 – La cleveite (dal nome del chimico svedese Cleve), dalla quale è stato estratto l'elio, è un minerale, trovato in Norvegia, ed è radioattivo perché contiene uranio. L'elio è prodotto dalla radiazione alfa (nuclei di elio) dell'uranio, e rimane intrappolato nel minerale.

14 - In astronomia, gli spettri prodotti dalla dispersione della luce delle stelle sono costituiti da un fondo continuo colorato e luminoso attraversato da righe oscure prodotte dall'assorbimento della radiazione da parte degli elementi chimici presenti nell'atmosfera stellare. Il numero, la posizione e l'intensità di queste righe variano da stella a stella a seconda della costituzione chimica. Gli spettri stellari sono distribuiti, a scopo di studio, in varie classi (o tipi) spettrali, stabilite in base al tipo e all'intensità delle righe e al colore dominante nel fondo continuo degli spettri.

15 – Nata per iniziativa di padre Angelo Secchi e Pietro Tacchini (1838-1905), nel 1920 diventò l'attuale Società Astronomica Italiana.

16 – Lo spettro della radiazione solare, ottenuto con uno spettroscopio, è, come quello delle altre stelle, un continuo brillante interrotto da righe scure dovute agli assorbimenti selettivi operati dai gas degli strati più esterni.

17 – In un anno, dell'energia totale emessa dal Sole arriva sulla Terra circa 5×10^{24} joule; sulle terre emerse circa $1,45 \times 10^{24}$ joule e poiché l'energia consumata in un anno dall'umanità è circa 4×10^{20} joule, è circa 3600 volte maggiore dei consumi.

18 – in: Jammer M., *Storia del concetto di forza*, p. 187, Feltrinelli, Bologna, 1971, trad. it. di Bellone E.

19 – Sembra che il presidente del tribunale rivoluzionario Jean-Baptiste Coffinhal (1762-1794) che condannò Lavoisier alla ghigliottina abbia dichiarato (tutto sommato, con qualche ragione): «La Rivoluzione non ha bisogno di uomini di scienza». Anche Coffinhal, però, fu ghigliottinato. Segno evidente che specie nelle rivoluzioni, tutti siamo utili ma nessuno è indispensabile.

20 – AA.VV., *Scienza e tecnica dalle origini al Novecento*, p. 408, Mondadori, Milano, 1977.

21 – A temperatura costante, il prodotto della pressione esercitata da un gas per il volume occupato è costante.

22 – In ogni reazione chimica, la massa dei prodotti è uguale a quella dei reagenti.

23 – Le combinazioni chimiche contengono i rispettivi componenti in un rapporto definito e costante.

24 – Una miscela ideale di gas ideali esercita una pressione che è uguale alla somma delle pressioni che sarebbero esercitate dai gas se occupassero da soli il volume a disposizione della miscela.

25 – Se due elementi si combinano per formare composti diversi, le quantità di uno di essi che si combinano con una quantità fissa dell'altro stanno tra loro secondo rapporti (razionali) di numeri interi e piccoli. Detto altrimenti, gli atomi di un dato elemento si possono combinare soltanto con numeri interi di atomi di altri elementi.

26 – Sebastiani F., *I fluidi imponderabili*, p. 300, Dedalo, Bari, 1990.

27 – Le terre rare sono 17 elementi chimici (scandio, ittrio, lantanio e i lantanoidi) chiamati così perché isolati per la prima volta in minerali ritenuti non comuni.

28 – I gas nobili (elio, neon, argon, kripton, xeno, radon, ununoctio) sono così chiamati perché, come fanno i nobili con le persone comuni, interagiscono con difficoltà con gli altri elementi.

29 – Per Jean-Baptiste Van Helmont (1577-1644) le fermentazioni erano trasformazioni di natura inorganica (cioè chimica) dovute ad agenti sconosciuti. Però, nel 1738, Spallanzani dimostrò che la capacità di fermentare del lievito venisse meno con la bollitura, il che portava a un'ipotesi vitalistica, confermata nel 1837 da Charles Cagniard de la Tour (1777-1859), Theodor Schwann e Friedrich Traugott Kützing (1807-1893) e, in seguito, dagli studi di Pasteur. Nel 1897, le ricerche di Eduard Büchner (1860-1917) dimostrarono, comunque, che nella fermentazione alcolica al posto delle cellule viventi erano sufficienti enzimi ricavati dalla frantumazione dei lieviti.

30 – Per la teoria ondulatoria, la luce naturale è costituita da onde (elettromagnetiche) incoerenti che oscillano secondo tutte le direzioni perpendicolari a quella di propagazione. La luce si dice "polarizzata" (linearmente)

quando la vibrazione avviene soltanto secondo una direzione, e si può ottenere con un polarizzatore: ad esempio un cristallo di calcite o filtri polarizzatori.

31 – Le molecole investite dall'onda sonora oscillano avanti e indietro, provocando rarefazioni e compressioni del mezzo, lungo la direzione di propagazione dell'onda.

32 – Le molecole investite da un'onda trasversale oscillano in direzione ortogonale a quella della propagazione dell'onda. Sono di questo tipo le onde del mare e quelle delle corde di una chitarra. Si potrebbe includere in questa categoria anche la ben nota *ola* che percorre le gradinate degli stadi durante le partite di calcio.

33 – La storia dei cavi telegrafici sottomarini cominciò nel 1850 con la posa di un cavo tra l'Inghilterra e la Francia. Quella del primo cavo transatlantico avvenne nel 1857: 4000 km di cavo necessari per collegare l'Irlanda e Terranova, furono realizzati con la trafilatura e l'attorcigliamento di più di 27 000 km di fili di rame. Subentrarono difficoltà, disastri e perdite che trasformarono l'iniziativa in un'impresa dai caratteri epici. L'obiettivo fu raggiunto dalla *Great Eastern* nel 1865-1866. Thomson (Lord Kelvin) prese parte alla posa di questo nuovo cavo che funzionò senza problemi. Si veda: Singer *et al.*, *Storia della tecnologia*, vol. 4, pp. 673-675; e Dragoni G., S. Bergia e G. Gottardi, *Dizionario biografico degli scienziati e dei tecnici*, Zanichelli, Bologna, 1999, p. 804.

34 – Un po' come la materia oscura (per ora misteriosa) richiesta dalle ricerche di fisica cosmologica dei nostri giorni?

35 – Lodge dimostrò che le onde radio scoperte da Hertz si potevano sfruttare per il telegrafo senza fili, ma il raggio d'azione dei suoi esperimenti rimase molto limitato.

36 – Per molto tempo, quando si parlerà di atomi o di molecole si penserà, appunto, a "masserelle", non meglio identificate.

37 – Nel *Trattato di meccanica celeste*, Laplace esprime in modo chiaro il suo pensiero sul calorico. Si veda in proposito Sebastiani, *I fluidi imponderabili*, p. 219. La teoria del calorico sarà sviluppata ai più alti livelli dallo stesso Laplace e da Poisson.

38 – Carnot portò fondamentali contributi alla termodinamica. In particolare, oltre alla "macchina di Carnot" immaginò il ciclo e il teorema che portano il suo nome. Il teorema comporta che una parte del calore coinvolto dal ciclo è irrimediabilmente perduto.

39 – L'entropia è una funzione *di stato*, cioè è una grandezza fisica o una proprietà di un sistema che dipende soltanto dagli stati iniziale e finale del sistema stesso, e non dalle trasformazioni che hanno portato il sistema dal primo al secondo. L'entropia è legata alla sola temperatura T, è monotòna e crescente.

40 – Tra i ben noti processi irreversibili, ricordiamo, ad esempio: una goccia di inchiostro che, fatta cadere in un bicchiere d'acqua, non rimane tale ma si disfà e si disperde. All'inizio, la goccia era goccia; alla fine lo stato è di completo disordine, né mai avviene che il processo si svolga nel senso inverso. In un processo irreversibile, lo stato finale è più disordinato di quello iniziale e l'entropia è aumentata.

41 – Lo stato di ieri dell'universo era meno probabile di quello di oggi.

42 – Ad esempio, gran parte della vita sulla Terra si mantiene a spese dell'energia fornita dal Sole. Qui, il sistema da considerare non è l'individuo o l'insieme degli individui terrestri, ma questi e l'ambiente in cui si trovano con il quale essi hanno continui scambi energetici e materiali (la Terra, il Sole, lo spazio circostante).

14 - La Terra e le sue creature

1 – Leonardo da Vinci, *Scritti scelti*, p. 122, Giunti, Firenze, 1979, 2006.

2 – ivi: p. 138

3 – San Barnaba (I secolo d.C.) assegnò alla Terra un'età di circa 6000 anni. Nel 1647, John Lightfoot (1602-1675), 5575 anni, e, nel 1650, James Ussher (1581-1656), 5654 anni.

4 – Dovevano essere 50, ma non fece in tempo a finirla.

5 – In: *Due lettere sopra varie osservazioni naturali dirette al Prof. A. Vallisnieri* (1759, inserite nel Tomo VI della nuova Raccolta di opuscoli filologici scientifici del P. Angelo Calogerà, Venezia per Simo. Occhi 1760 in12.) distingue così gli strati rocciosi: *primario*, lo zoccolo delle montagne, è la roccia più antica; *secondario*, meno antico e tipico delle montagne meno alte (arenarie e calcari); *terziario*, più recente (ghiaie, arenarie fossilifere non consolidate e argille, oltre alle rocce di origine vulcanica), forma monti bassi e colli isolati; *quarternario*, il più recente, proprio delle pianure alluvionali (materiali erosi dalle montagne e portati a valle dalle correnti).

6 – È stata definita "la mappa che ha cambiato il mondo".

7 – Gli attualisti, con l'acqua sporca buttarono via anche il bambino, cioè tettonica e stratigrafia.

8 – Altre opere di Lamarck sono: *Ricerche sull'organizzazione dei corpi viventi* (1802) e *Storia naturale degli animali invertebrati* (1815-1822).

9 – Cuvier esaminò il cranio di un mosasauro (oggi al Museo di storia naturale di Parigi) e i resti di un mammut.

10 – Anche varie specie di animali e di vegetali portano il nome di Humboldt o di Bonpland. Humboldt è ricordato da Gabriel Garcia Márques (1927-) in *Cent'anni di solitudine* (Oscar Mondadori, 1982, 2010, p. 72, trad. it. di Cicogna E.) ed è protagonista, con Carl Friedrich Gauss (1777-1855), del romanzo *La misura del Mondo* di Daniel Kehlmann (Feltrinelli, 2005,

trad. it. di Olivieri P.).

11 – Opera pubblicata tra il 1845 e il 1862 (l'ultimo volume, postumo).

12 – Il cosiddetto "tempio di Serapide", in prossimità del litorale del golfo di Pozzuoli, è soggetto al fenomeno del bradisismo, un fenomeno vulcanico che porta il suolo ad alzarsi e abbassarsi ripetutamente rispetto al livello del mare. Le tre colonne di marmo più alte mostrano fori di litodomi (molluschi bivalvi) fino a 6,5 m dal piano del pavimento a dimostrazione che l'acqua ha raggiunto anche quell'altezza.

13 – Darwin C., *Viaggio di un naturalista intorno al mondo*, Giunti Martello, 1982, trad. it. di Magistretti M.

14 – Scrivendo di sé e della sua vita, dopo aver detto delle proprie qualità, conclude con le parole: «È davvero sorprendente che con doti così modeste io sia stato capace d'influire in modo tanto notevole sulle opinioni degli scienziati su alcuni importanti problemi», in: Darwin C., *Autobiografia*, p. 126, Einaudi, 2006, trad. it. di Fratini G.

15 – L'opera di Lyell è *Principi di geologia*. Il I volume uscì nel 1830, il II nel 1832.

16 – «Le leggi che governano l'eredità sono del tutto sconosciute», in: Darwin C., *L'origine delle specie*, p. 49, Newton Compton, 2010, trad. it. di Balducci C.

17 – «La selezione naturale può operare soltanto mediante la conservazione e l'accumulo di modificazioni ereditarie infinitesimalmente piccole, ognuna utile all'essere conservato, [...] la selezione naturale, se è un principio ben fondato, bandirà l'idea di una creazione continua di nuovi esseri viventi o di una grande e improvvisa modificazione della loro struttura». in: Darwin, *L'origine delle specie*, p. 110.

18 – In *L'origine dell'uomo e la selezione sessuale* (apparsa nel 1871), Newton Compton, 2010, trad. it. di Migliacci M. e Fiorentini P.

19 – Un cane non è "migliore" di un lombrico; quello che conta è quanto ciascun individuo è adatto all'ambiente in cui deve vivere.

20 – D'altra parte, il fatto stesso che i naturalisti costruissero classificazioni e raggruppamenti degli esseri viventi (animali e vegetali) mostra che esisteva una qualche consapevolezza dei legami tra le diverse specie.

21 – Darwin, riferendosi all'ipotesi copernicana, commentò così gli attacchi: «il vecchio detto *vox populi, vox Dei* non può mai essere ammesso nel campo della scienza, come sa ogni filosofo», in: Darwin, *L'origine delle specie*, p. 190.

22 – Nell'edizione de *L'origine delle specie* utilizzata in questo libro, il passo in cui Darwin esprime la sua perplessità è a p. 430 (→ n. 13, cap. 14): «tutto quello che posso dire è che, in primo luogo, non sappiamo quale sia la velocità, apprezzata in anni, alla quale le specie si trasformano, e, in secondo luogo, che molti filosofi non sono attualmente disposti ad affermare

che le nostre conoscenze sulla costituzione dell'universo e sull'interno del nostro globo sono talmente avanzate da consentirci di ragionare con cognizione di causa sulla sua durata nel passato».

23 – Darwin, *L'origine delle specie*, p. 428.

24 – Il Pleistocene (paleolitico in archeologia) comincia 2,59 milioni di anni fa e finisce 11 700 anni fa (inizio dell'Olocene).

25 – Anche Lyell ebbe riserve sulla selezione naturale darwiniana poiché implicava la perdita della supremazia dell'uomo sui viventi, garantitagli dalla religione.

26 – L'isostasia è il fenomeno di equilibrio gravitazionale tra la litosfera e l'astenosfera sottostante: una massa rocciosa sprofonda nel mantello come un pezzo di legno sull'acqua, che sporge di più o di meno a seconda della sua densità rispetto a quella dell'acqua.

27 – Nel *Libro V* del *De rerum natura*, nei versi da 828 a 836 si legge: «Il tempo infatti fa mutare / la natura di tutto l'universo / e una condizione dopo un'altra / deve susseguirsi in ogni cosa, / niente rimane simile a se stesso: / tutto passa, / tutto trasforma la natura / e lo costringe a cambiarsi. / [...] Così dunque il tempo trasforma / la natura di tutto l'universo; / e uno stato segue un altro sulla terra, / sicché questa non può più produrre / quello che produsse e ora può produrre / quello che prima non produsse», in: Tito Lucrezio Caro, *De rerum natura, La natura*, trad. di Arturo Carbonetto, Mursia, 1988.

28 – Mosetti R. e M. Silvestri, *Da Okeanos a "El Niño"*, Bruno Mondadori, 2008, p. 28.

29 – Höckmann O., *La navigazione nel mondo antico*, Garzanti, 1988, p. 11. Trad. it. di Pisu M.

30 – Digby A., *Barche e navi*, in: Singer *et al.*, *Storia della tecnologia*, vol. 1, pp. 742-756.

31 – Sandars N. K., *L'epopea di Gilgameš*, Adelphi, 198, trad. it. di Passi A.

32 – Boardman J., *I Greci sui mari*, Giunti, 1986, trad it. di Gilotta F.

33 – Cadelo E., *Quando i Romani andavano in America*, Palombi, 2009.

34 – Silvestri Ferrari M., *I Romani e la terza India*, in: "Trieste Arte & Cultura", p. 10, ago/sett. 2009.

35 – Plinio, però, conosceva già il rapporto esistente tra le fasi lunari e le maree e constatò l'effetto del Sole sulle ampiezze di marea. In.: Mosetti F., *Le acque*, p. 166, nella collana *Il nostro universo*, UTET, 1977p. 166.

36 – *La sacra Bibbia, Genesi*, 1, 8, 9.

37 – Sturluson, *Edda*, p. 57.

38 – Descritto in modo magistrale da Joseph Conrad (1857-1924) in *Typhoon* (1902), trad. italiana di Oddera B.: *Tifone*, Newton Compton, Roma 2007.

39 – Mosetti e Silvestri, *Da Okeanos a "El Niño"*, p. 5.

40 – Secondo il gruppo di Richard Seager della Columbia University, la Corrente del Golfo è il fattore determinante per il clima della Scandinavia, ma il clima dell'Europa centrale sarebbe influenzato dall'ampia circolazione atmosferica che trasporta verso l'Europa più calore di quanto ne trasporti l'oceano. → Orsenna E., *Ritratto della Corrente del Golfo*, p. 140, Ponte alle Grazie, 2006, trad it. di Bruno F.

41 – Orsenna, *Ritratto della Corrente del Golfo*, pp. 31-32.

42 – Mosetti e Silvestri, *Da Okeanos a "El Niño"*, p. 78.

43 – Ross tentò per più di trent'anni di trovare il famoso passaggio a nord-ovest attraverso l'arcipelago artico canadese che doveva collegare l'oceano Atlantico e il Pacifico. L'argomento ispirò il romanzo *Passaggio a Nord-Ovest* (1937) di Kenneth Roberts (1885-1957) e l'omonimo film (1940) di King Vidor (1894-1982). Il passaggio fu scoperto da Roald Amundsen (1872-1928) nel 1906, e il primo passaggio in una sola stagione fu effettuato nel 1944 da uno *schooner* canadese (un veliero simile alla goletta a due o più alberi, chiamato in italiano scuna o scuner).

44 – Tra il 1823 e il 1826 Kotzebue guidò un'altra spedizione di circumnavigazione della Terra portando con sé anche un gruppo di geografi, etnografi e naturalisti.

45 – Inventò il termine *scientist*. Prima si diceva *natural philosopher* (filosofo della natura) o *man of science* (uomo di scienza).

46 – Per esempio, dal 1857 al 1859 la fregata austriaca Novara circumnavigò il mondo raccogliendo migliaia di documenti botanici, zoologici ed etnografici.

47 - I Cinesi delle dinastie Yin, XIV secolo a.C., e Chou, XI secolo a.C.; Aristotele, IV secolo a.C.; Teofrasto di Ereso e Arato di Soli (IV-III sec. a.C.; Cusano (XV secolo d.C.); Leonardo (XV-XVI secolo d.C.).

48 – Meteorologo. John Hadley (1682-1744), suo fratello maggiore, fu il primo costruttore di specchi concavi per uso astronomico (1723) e l'inventore del sestante descritto nel 1731.

49 – Anemometro, igrometro, pluviometro, barometro, termometro.

50 – Nel 1710, da Daniel Gabriel Fahrenheit (1686-1736); nel 1733, da René Antoine Perchault De Reaumur (1683-1757); nel 1736, da Anders Celsius (1701-1744).

51 – In Toscana, la prima rete meteorologica fu istituita nel 1654 da Ferdinando II de' Medici (1610-1670). Nel Settecento, l'Accademia dei Georgofili e il Regio Museo di Fisica e Storia Naturale di Firenze si interessarono alla meteorologia per lo sviluppo dell'agricoltura. Nell'Ottocento, della meteorologia si occupò l'Osservatorio Ximeniano.

52 – Nel 1804, Louis Gay-Lussac (1778-1850) e Jean Baptiste Biot (1774-1862), a Parigi.

53 – Nel giornale padovano *Il Telegrafo del Brenta* del 23 agosto 1808,

stampato dalla Tipografia Zanon Bettoni, è pubblicata la relazione *Del viaggio aerostatico intrapreso in Padova il giorno 22 agosto 1808 da Pasquale Andreoli e Carlo Brioschi,* firmata dagli stessi studiosi. Pasquale Andreoli (1771-1837) fu un pioniere dell'aeronavigazione: aveva già fatto altre ascensioni raggiungendo la quota di 7600 m. Carlo Brioschi (1872-1833) fu direttore dell'Osservatorio Astronomico di Capodimonte a Napoli.

54 – L'anidride carbonica viene studiata nel 1750 da Joseph Black (1728-1799), l'ossigeno nel 1771 da Carl Wilhelm Scheele (1742-1786) e nel 1774 da Priestley; l'azoto nel 1773 da Daniel Rutherford (1749-1819) e Henry Cavendish (1731-1810).

55 – Il comandante del Beagle, aveva fatto previsioni meteorologiche fin dal 1859 e dal 1861 aveva compilato una carta giornaliera del tempo.

56 – Virchow riassume i suoi risultati nella frase: *omnis cellula e cellula* (ogni cellula da una cellula).

57 – In realtà lo avevano già ben dimostrato Redi e, soprattutto, Lazzaro Spallanzani che eseguì un esperimento ripreso e perfezionato da Pasteur. Le loro conclusioni, però, non erano piaciute.

58 – Si veda: Groeben C. (a cura di), *Charles Darwin-Anton Dohrn: correspondence,* Macchiaroli, Napoli, 1982.

59 – Quand'ero ragazzo lessi il libro di Paul de Kruif (1890-1971), *Cacciatori di microbi,* pubblicato in Italia da Mondadori nel 1934, trad. it. di Usuelli F.: nel mio ricordo è una lettura di grande interesse. Oggi, purtroppo, è fuori catalogo ma è possibile trovarne delle copie usate in internet.

60 – La malattia, che all'epoca occupava il secondo posto nelle statistiche della mortalità infantile, colpiva il 10% dei bambini d'età compresa tra 6 e 12 mesi, corrispondente al periodo in cui dal circolo sanguigno dei neonati scompaiono le immunoglobuline della madre (gli anticorpi della risposta immunitaria). Anch'io ho avuto la difterite e, come tutti i neonati di oggi, fui salvato dal vaccino di Behring.

61 – Riassume i suoi risultati alla Virchow, con la frase: *omnis nucleus e nucleo* (ogni nucleo da un nucleo).

62 – Rigutti A., *Atlante di fisiologia umana,* p. 23, Giunti, 2007.

63 – Precursori della psicologia del profondo furono Arthur Schopenhauer (1788-1860), Fëdor Dostoevskij (1821-81) e Friedrich Nietzsche (1844-1900).

64 – Superfluo sottolineare che ci vorrà ben altro per cambiare la sorte dei "malati di mente". I nemici? Sempre gli stessi: il pregiudizio (anche scientifico) e la presunzione indotti dal pensiero magico o fanatico-religioso.

15 - Terzo Intermezzo

1 – I Turchi di Maometto IV (1642-1693) arrivarono fino a Vienna, dove

furono respinti (battaglia di Vienna, 1683) da Giovanni III Sobieski (1629-1696) e da allora non tentarono più di avventurarsi lontano dalla penisola balcanica.

2 – In Italia, la prima ferrovia fu inaugurata il 3 ottobre 1839 da Ferdinando II di Borbone: copriva il tratto Napoli-Portici. Poi, dal 1840, nel Lombardo-Veneto l'Imperial Regia Privilegiata Strada Ferrata coprì il tratto Milano-Monza. Del 1844, invece, è il primo tronco della Leopolda fra Livorno e Pisa voluta da Leopoldo II d'Asburgo-Lorena, Granduca di Toscana. Alla fine del Granducato (in: Francesca Ciampini, *Analisi storico economica della ferrovia Faentina*, Tesi di laurea, Università di Pisa, Facoltà Economia e Commercio, a.a. 2009/2010), in Toscana erano stati realizzati 257 km di ferrovia.

3 – Ma mai abbandonata. Si pensi al *Rapporto sui limiti dello sviluppo*, commissionato al MIT dal Club di Roma, e apparso nel 1972, e i suoi vari "aggiornamenti" fino al più recente *Il pianeta saccheggiato* di Ugo Bardi (solo in tedesco: *Der geplünderte Planet*, Oekom Verlag, München, 2013; in preparazione la versione inglese).

4 – Nietzsche F., *La gaia scienza*, sez. 125, RL Gruppo Editoriale, Santarcangelo di Romagna, 2010, trad. it. di Treves A: (anche in: *Così parlò Zarathustra*, parte quarta e ultima: *Dell'uomo superiore*, nn. 1 e 2)

5 – Nietzsche F., *Così parlò Zarathustra*, p. 4., Barion ed., Milano, 1922.

16 - Lo tsunami del XX secolo

1 – La prima esplosione atomica è del 16 luglio 1945, un test eseguito nel New Mexico. Hiroshima fu bombardata il 6 agosto e Nagasaki il 9 agosto 1945.

2 – La prima reazione di fissione nucleare autosostenuta ebbe luogo nella pila atomica di Fermi, a Chicago, il 2 dicembre 1942.

3 – Ricordiamo che il "corpo nero" assorbe totalmente qualsiasi radiazione (cioè di qualsiasi lunghezza d'onda). La sua emissione (funzione della temperatura e della lunghezza d'onda) è data dalla legge di Planck.

4 – Per il principio di relatività galileiana (1630) le leggi della meccanica che due osservatori possono dedurre attraverso l'esperienza sono identiche se i loro sistemi di riferimento spaziale sono inerziali. Un sistema di riferimento è inerziale se in esso vale la legge d'inerzia, cioè se rispetto ad esso un corpo non soggetto a forze, o è fermo o si muove di moto rettilineo e uniforme. Nelle trasformazioni galileiane il tempo è assoluto (simultaneità degli eventi in entrambi i sistemi di riferimento).

In fisica, "invariante" è un'espressione matematica o una grandezza che non cambiano quando si passi da un sistema di riferimento a un altro per trasformazione di coordinate o cambiamento di variabili.

5 – Il termine "fotone" sostituì quello di "quanto d'azione" di Planck e fu introdotto nel 1926 dal chimico statunitense Gilbert Newton Lewis (1875-1946).

6 – Il moto browniano è il moto disordinato proprio delle particelle (dimensione $\sim 10^{-3}$ mm) di un fluido. Esso è dovuto agli urti delle particelle con le molecole del fluido (il cui movimento è legato alla temperatura del fluido stesso) in cui sono in sospensione.

7 – Il valore di questa velocità, indicato con c (dal latino *celeritas* = velocità), è lo stesso per tutte le onde elettromagnetiche, i campi (es.: c. elettromagnetico, c. gravitazionale), l'informazione c = velocità della luce = 299 792 458 m/s; si approssima in 3×10^8 m/s.

8 – Darwin ed Einstein sono stati coloro che, dopo Galileo, hanno inciso più profondamente sulla scienza moderna e, di conseguenza, sul quadro del mondo costruito dall'umanità. Dagli altri li distingue il fatto che non hanno ritoccato, o perfezionato teorie esistenti. Hanno fatto tutto da soli.

9 – Forse non è fuori luogo osservare che lo spazio-tempo è un'invenzione, non pretende che l'universo "reale" (tra l'altro, siamo tutti d'accordo sul significato dell'aggettivo "reale"?) abbia quattro dimensioni. "Dimensioni" significa coordinate, cioè indicatori necessari ad individuare un evento del nostro mondo allo scopo di poterlo "raccontare" evitando incoerenze e difficoltà di vario genere. In fisica e in matematica si costruiscono "spazi" di ogni genere e dai nomi misteriosi e, forse, attraenti: spazio affine, spazio vettoriale, spazio delle fasi, e altri ancora.

10 – Einstein, *Opere scelte*, p. 473.

11 – Bisogna, tuttavia, ricordare, anche per comprendere l'interdipendenza delle branche scientifiche, che se Einstein non avesse potuto disporre degli strumenti della geometria differenziale elaborata da Bernhard Riemann (1826-1866) cinquant'anni prima e del calcolo differenziale assoluto di Gregorio Ricci Curbastro (1853-1925), scoperti per lui dal suo amico Marcel Grossmann (1878-1936), non sarebbe stato in grado di dare forma matematica alla sua teoria. Una curiosità: finché non fu usato da Einstein, il calcolo differenziale assoluto era stato considerato soltanto "un pezzo di bravura" matematico. Non vi è dimostrazione certa, ma probabilmente Einstein, che non fu un grande matematico, fu aiutato a dar forma alla sua teoria da Mileva Marić (1875-1948), sua prima moglie e abile matematica (http://www.universitadelledonne.it/maric.htm).

12 – Il principio di equivalenza afferma che, per ogni corpo, la massa gravitazionale (che fa del corpo una sorgente di campo gravitazionale e, nello stesso tempo, un oggetto che subisce gli effetti – peso – di un campo gravitazionale) e la massa inerziale (quella che si oppone ai cambiamenti di moto prodotti da una forza) sono proporzionali e sono uguali se si usa per le masse la stessa unità di misura. Nell'ambito della meccanica newtoniana, la proporzionalità tra queste due masse, definite da fenomeni del tutto differenti, è osservata ma non giustificata.

13 – La geodetica è la traiettoria più breve tra due punti. Nel piano è la

retta, sulla sfera un arco di cerchio massimo.

14 – La teoria della relatività generale trovò presto importanti conferme: lo spostamento del perielio dell'orbita di Mercurio, la deflessione gravitazionale dei raggi di luce che passano vicino al Sole, lo spostamento verso il rosso delle righe spettrali dei corpi soggetti a gravitazione e l'esistenza di onde gravitazionali prodotte da masse in movimento (nei sistemi stellari binari, nelle esplosioni di supernovae, nelle pulsar).

15 – In: Schrödinger E., *Che cos'è la vita? Scienza e umanesimo*, p.126, Sansoni, Firenze, 1988., trad. it. di Vinassa Régny E.

16 – Anche il tempo ha un limite: il "tempo di Planck" vale 5×10^{-44} secondi (5 centomilionesimi di miliardesimo di miliardesimo di miliardesimo di miliardesimo di secondo. È il "quanto di tempo".

17 – Leucippo, di Mileto, vissuto nel V secolo a.C., e Democrito suo allievo, vissuto nel V e IV secolo a.C., furono i primi atomisti. Aristotele li ricorda, insieme, nella *Fisica*, là dove parla della grande intuizione di Leucippo: il vuoto, (Fisica IV, 6, 213 a-b, Laterza, Roma-Bari, 1995, p. 87). Come arrivarono, quegli antichi filosofi presocratici a immaginare una natura composta di atomi? Un'intuizione come mille altre poi dimenticate? A quest'ipotesi si oppone Schrödinger in *Che cos'è la vita?...* (pp. 136-137) che la considera il naturale sviluppo della capacità di osservare e di discutere i fenomeni naturali cominciato con Talete verso l'inizio del V secolo a.C. e proseguito da Anassimene.

18 – Hanno un ordine di grandezza di 10^{-11} m (1 centomiliardesimo di metro).

19 – Ha dimensioni di circa 10^{-15} m (1 milionesimo di miliardesimo di metro).

20 – Ciascuno della massa dell'ordine di 10^{-27} kg (1 miliardesimo di miliardesimo di miliardesimo di chilogrammo).

21 – Ciascuno dell'ordine di grandezza 10^{-18} m (1 miliardesimo di miliardesimo di metro).

22 – La lunghezza di Planck è $1P = 1,616252 \times 10^{-35}$ m (1 centomilionesimo di miliardesimo di miliardesimo di miliardesimo di metro).

23 – Come abbiamo già ricordato nel capitolo 13, che la materia fosse fatta di "punti" (cioè centri di forza) materiali l'aveva già proposto, nel Settecento, Boscovich, fondatore dell'Osservatorio Astronomico di Brera a Milano. Robert H. March a p. 325 del suo *Fisica per poeti* (Dedalo, Bari, 1994, trad. it. di Joli E.) ha scritto: «La fisica moderna ha accettato la sfida di Rudjer Boscovich, [...]. La ricerca dei costituenti ultimi della materia può finire soltanto con la scoperta di oggetti puntiformi privi di struttura».

24 – Questo tipo di discussione sulla realtà del modo atomico non è superato nemmeno tra la gente colta. Circa vent'anni fa, al Museo Galileo di Firenze, sentii un dialogo tra due filosofi-storici della scienza i quali, discu-

tendo tra di loro, negavano l'esistenza degli elettroni così come è dichiarata dai fisici. Li stupiva sopra ogni cosa il loro essere *tutti uguali, intercambiabili.* «Farà senz'altro comodo pensarli così» dicevano «ma che poi lo siano è tutto un altro paio di maniche!» Non può stupire che discorsi simili fossero fatti anche un secolo prima.

25 – Infinite ma discrete, significa che tra l'una e l'altra c'è "spazio". Anche la serie dei numeri interi, ad esempio, è una serie infinita e discreta. Una regola del genere non vale nel campo gravitazionale. Un pianeta del Sole o un satellite di un pianeta possono muoversi su orbite qualsiasi (non "quantizzate"). Per non precipitare o andarsene nello spazio basta la "giusta" velocità.

26 – A scuola, però, lo insegnano ancora, facendo credere agli studenti che l'atomo sia composto proprio da uno o più elettroni ruotanti intorno al nucleo come i pianeti intorno al Sole.

27 – Ne rammentiamo alcuni: Werner Heisenberg, Ettore Majorana (1906-1938), Enrico Fermi, Hans Bethe (1906-2005), Niels Bohr, John Wheeler (1911-2008),Victor Weisskopf (1908-2002).

28 – Marcello Conversi (1917-88), Ettore Pancini (1915-1981) e Oreste Piccioni (1915-2002), con una serie di esperimenti sui raggi cosmici completata nel 1945, identificano, anzi, due particelle: il mesone μ e il mesone π.

29 – Un isotopo di un dato elemento chimico differisce dall'elemento "normale" nel numero di neutroni presenti nel nucleo (quindi ha una massa differente). Di un dato elemento possono esistere più isotopi. Questi hanno lo stesso comportamento chimico, ma differente comportamento fisico.

30 – Da: Julian Schwinger (1918-1994), Richard Feynman (1918-1988) e Shin'ichirō Tomonaga (1906-1979).

31 – La teoria dell'unificazione di queste forze fu sviluppata da Sheldon Glashow (1932-), Abdus Salam (1926-1996) e Steven Weinberg (1933-). Carlo Rubbia e Simon van der Meer la verificarono sperimentalmente del 1981.

32 – La teoria dell'unificazione delle forze elettrodeboli e forte è stata sviluppata da David Gross (1941-) e Frank Wilczek (1951-) e Hugh David Politzer (1949-). Tale teoria non è stata verificata sperimentalmente. Per esserlo direttamente, richiederebbe energie enormi, come quelle in gioco nei primi istanti dell'esistenza dell'universo (tra 10^{-44} e 10^{-35} secondi dal Big Bang).

33 – Questa particella è stata "ribattezzata" dalla stampa col nome di "particella di Dio". A Higgs, non credente, questo nome non è piaciuto perché lo trova irriverente nei riguardi dei credenti. Non piace anche a molti scienziati portati a fare a meno di Dio, i quali preferiscono non alimentare nella gente, con nomi sbagliati, pensieri sbagliati.

34 – Il Tevatron ha cessato di operare nel settembre del 2011, ma l'analisi dei dati è un lavoro piuttosto lungo. In Europa funziona, invece, l'LHC (*Large Hadron Collider*) del CERN di Ginevra, al momento la macchina più

grande e più potente. È in grado di accelerare protoni e altri ioni pesanti fino al 99,9999991% della velocità della luce. La macchina si trova inserita in un tunnel circolare lungo 27 km, a 100 metri di profondità.

35 – Una nota "di colore". Stephen Hawking non credeva all'esistenza della particella di Higgs e ha scommesso 100 dollari (forse non era tanto sicuro di vincere) sull'insuccesso delle ricerche.

36 – Non ne diciamo di più perché le stringhe sono oggetti teorici senza alcun riscontro sperimentale, e non pochi fisici considerano questa teoria, diciamo, poco più di un bell'esercizio matematico.

37 – Chiedo scusa delle parole tra virgolette, strumento – sleale, lo ammetto – spesso utilizzato con lo scopo di superare (senza dichiararla) la difficoltà di parlare in termini chiari, talvolta, anche delle cose più semplici di questo mondo. Tanto per fare un esempio (l'ho letto molti anni fa – 1951 –, trattato con parole diverse e maggiore competenza da Richard von Mises, 1883-1953, nel bellissimo *Manuale di critica scientifica e filosofica* pp. 40-41 Longanesi, Milano 1950, trad. it. di Villa V.): «Cos'è un tavolo? un piano con un numero di gambe maggiore di o uguale a tre? E il piano come deve essere? Va bene una figura qualsiasi? E, se è quadrato, 20 cm di lato vanno bene? e un km? E le gambe come devono essere? di 10 cm o di 10 m vanno comunque bene? O ci sono misure da rispettare (più un intervallo di arbitrarietà) affinché un tavolo sia riconosciuto anche da chi non ne avesse mai visto uno?» eccetera. Non parliamo poi dei nomi astratti? Onore? Fede? Amore? Dignità? Si sa bene cosa sono?

38 – Smolin L., *L'universo senza stringhe*, p. X, Einaudi, Torino, 2007, trad. it. di Frediani S.

39 – Le materie plastiche non sono biodegradabili in quanto i microrganismi non possono usarle come cibo. È probabile che siano destinate a sminuzzarsi in pezzi sempre più piccoli fino, forse, a sparire dagli strati terrestri superficiali per rivolgimenti tettonici.

40 – Con il simbolo K si indicano i gradi Kelvin, cioè i gradi della scala termometrica assoluta, basata su considerazioni termodinamiche. Lo zero della scala termometrica Celsius (usata nel nostro Paese) corrisponde a 275,15 K.

41 – Ricordiamo le ricerche di Alexander Fleming (1881-1955), Howard Florey (1898-1968) ed Ernst Chain (1906-1979).

42 – Scoperte da Selman Waksmann (1888-1973).

43 – Sull'importanza fondamentale per la vita (almeno di quella terrestre) della molecola di ATP si veda: Regis E., *Cosa è la vita*, cap. 5, Zanichelli, Bologna, 2010, trad. it. di Jantra S.; e Rigutti A., *Fisiologia*, pp. 55 e ss., e 62 e ss., Giunti, Firenze, 2007.

44 – Questo evento provocò la morte dei 30 000 abitanti di Saint-Pierre. Sopravvissero solo alcune persone, tra le quali, un carcerato, Auguste Cipa-

ris, il quale si trovava in una cella sotterranea. Giovanni Pascoli gli dedicò una delle sue Odi: *Il negro di Saint-Pierre*.

45 – Al tempo di Wegener l'idea che i continenti si spostino, allontanandosi tra loro, era già stata avanzata. Ricordiamo Abraham Ortelius, cartografo olandese, il quale, verso la fine del Cinquecento aveva notato la somiglianza dei profili delle coste continentali e l'aveva spiegata ricorrendo all'azione di terremoti e inondazioni. Altri studiosi, fra i quali Benjamin Franklin (1706-1790), Alexander von Humboldt (1769-1859), Eduard Suess (1831-1914) (il quale, all'inizio del Novecento, immaginò la frammentazione di un antico supercontinente: il Gondwana) e Frank Bursley Taylor (1860-1938) che ritenne possibile lo scorrimento della crosta terrestre dalle alte alle basse latitudini. Wegener raccolse tutto ciò che si poteva dire del fenomeno e su questa base formulò la sua teoria.

46 – Le sesse sono movimenti periodici delle acque di un bacino chiuso, lago o mare. Le onde di sessa non sono legate al fenomeno delle maree, e hanno origine nelle variazioni brusche della pressione atmosferica.

47 – L'ozono, scoperto da Christian Friedrich Schönbein (1799-1868) nel 1840, è una molecola formata da tre atomi di ossigeno (l'ossigeno molecolare ordinario ne ha due). L'energia solare dell'ultravioletto viene assorbita dalla molecola di ozono e questa si decompone in una molecola di ossigeno e un atomo di ossigeno che reagisce subito con una molecola di ossigeno e riforma una molecola di ozono. Grazie a questo, gli ultravioletti, assorbiti nel processo, non giungono a terra, dove potrebbero danneggiare il materiale vivente.

48 – Non si deve farsi trarre in inganno da questi valori. La temperatura è, in questo caso, la cosiddetta temperatura cinetica: indice della velocità degli atomi. Data la rarefazione dell'atmosfera, ci si morirebbe di freddo.

49 – Al tempo in cui Marconi tentava di stabilire comunicazioni radio a grande distanze l'esistenza della ionosfera non era nota. La fortuna del genio di Marconi è legata anche alla sua ignoranza della fisica del suo tempo: avesse seguito i corsi regolari di una formazione universitaria, quasi certamente non si sarebbe dedicato alla trasmissione di onde radio a grandi distanze, all'epoca ritenuta impossibile.

50 – Il vento solare è costituito da un flusso continuo di particelle cariche (protoni, elettroni) dovuto all'espansione della corona solare.

51 – Il meccanismo che produce le aurore polari è stato chiarito solo in tempi recenti con un imponente lavoro di simulazione al calcolatore elettronico del Los Alamos National Laboratory (USA). Si veda in merito l'articolo di Lucia Morganti in: *Sapere*, p. 94, Dedalo, giugno 2012.

52 – Sono batteri che riescono a sfruttare l'energia liberata da reazioni inorganiche (in particolare quelle riguardanti la molecola di idrogeno solforato) per produrre le sostanze organiche di cui hanno bisogno. Come le

piante (attraverso la funzione clorofilliana) anch'essi riescono a vivere in modo indipendente dalla presenza di altre forme di vita.

53 – Il libro di Frank Schätzing (*Il mondo d'acqua*, Tea, Milano, 2006, trad. it. di Zuppet R.) racconta le meraviglie della vita nel mare. È un libro che si legge molto volentieri nonostante il piacere dell'autore di rendere, senza alcuna necessità, più attraente l'argomento con continue spiritosaggini.

54 – È questo uno dei motivi della fede di molta gente nell'esistenza della vita extraterrestre. Mezzo secolo fa un astronomo ha inventato una formula contenente una catena di "se" con valori di probabilità del tutto gratuiti. Qualsiasi discreto studente di liceo avrebbe saputo inventarla per gioco. La formula stabilisce il numero delle civiltà extraterrestri esistenti. Non serve a niente e a nessuno, ma salta sempre fuori appena si parla di extraterrestri e di vita nell'universo. A tutt'oggi, nonostante, i vari progetti di ricerca di segnali interpretabili come manifestazioni di vita di intelligenza paragonabile alla nostra, forte consumatrice di energia, il risultato è negativo. Recentemente, l'utilizzazione dei dati raccolti dal telescopio spaziale NASA WISE ha potuto accertare che in nessuna delle 100 000 galassie più vicine alla nostra ci sono tracce di "consumatori di energia".

55 – Mann T., *La montagna incantata*, p. 270, Corbaccio, Milano, 1992, trad. it. di Pocar E.

56 – Jabr F., *Perché la vita, in realtà, non esiste*, Le Scienze, 7 dicembre 2013.

57 – Un'operazione attraverso la quale, come qualcuno ha detto, si punta alla perfezione del saper tutto sul nulla.

58 – Sono le ere geologiche comprendenti i periodi più primitivi della Terra: il Precambriano va da 4500 a 550 milioni di anni fa e il Siluriano, da 444 a 416 milioni di anni fa.

59 – Sono ere geologiche molto più vicine a noi: l'Eocene va da 56 a 34 milioni di anni fa; il Miocene, da 23 a 5,3 milioni di anni fa e il Quaternario, da 1,8 milioni di anni fa a oggi.

60 – I batteriofagi (o "fagi") sono virus specializzati nell'attaccare i batteri per usarli come macchine da riproduzione: una volta iniettato nella cellula batterica, il materiale genetico dei batteriofagi si riproduce sfruttando le risorse e le strutture del batterio, dando origine a numerosi nuovi virus. Alla fine, la cellula batterica, piena di virus, "esplode", liberandoli nell'ambiente.

61 – Si veda in proposito: Schrödinger, *Che cos'è la vita?...*

62 – Autore del famoso libro *L'uomo questo sconosciuto* (Luni ed., 2006, trad. it. di Tresoldi R.). L'edizione originale, in francese, uscì nel 1935. Poi, l'anno successivo, uscì in Europa e negli Stati Uniti. È stato tradotto in più di venti lingue.

63 – Monozigoti sono i gemelli provenienti da uno stesso ovulo. Per questo hanno patrimoni genetici identici.

64 – Fu il più grande del mondo fino al 1948, anno in cui entrò in funzio-

ne il 5 m dell'osservatorio di Monte Palomar.

65 – La prima torre solare, di 18 m d'altezza, fu eretta nel 1908, la seconda, di 46 m, nel 1912. Altre torri furono costruite in altri luoghi (in Italia, ad Arcetri, nel 1925; a Roma nel 1960). Oggi, le più importanti si trovano all'Osservatorio McMath del Kitt Peak (Arizona, USA) e all'Osservatorio Solare Europeo dell'Istituto di Astrofisica delle Canarie.

66 – In Italia, osservazioni spettroscopiche furono fatte fin dal 1860 da Giovan Battista Donati (1826-1873), a Firenze. Osservazioni solari furono fatte anche nei vari osservatori del nostro Paese, con strumentazione poco potente. Poi, nel 1925, Giorgio Abetti costruì la torre solare di Arcetri.

67 – Come sa bene chi accumula o ha molti quattrini. Quando sono tantissimi, anche se sei un imbecille ma, ad esempio, figlio di padre ricchissimo sei un potente (e hai molti amici e ammiratori).

68 – Alcune divennero famose. Come Annie Jump Cannon (1863-1941) che guidò la classificazione degli spettri stellari confluiti nel *Henry Draper Catalogue* e nel *Henry Draper Extension*; Antonia C. Maury (1866-1952) (nipote di Henry Draper, la cui vedova finanziò il programma di costruzione dei cataloghi) che perfezionò la classificazione; Henrietta Swann Leavitt (1868-1921), che scoprì la relazione tra la lunghezza del periodo di variazione della luminosità e la magnitudine assoluta (legge periodo-luminosità) delle variabili cefeidi.

69 – Per il loro aspetto nebuloso le galassie erano chiamate "nebulose" ed erano credute oggetti galattici gassosi. Oggi il nome di "nebulose" è rimasto agli oggetti galattici composti di gas e, eventualmente, polveri.

70 – Mpc = megaparsec = 1 milione di parsec, dove il parsec (pc) è una nuova unità di misura delle distanze: 1 pc = 3,26 anni-luce. Oggi il valore della costante di Hubble è, più o meno, 70 km s^{-1} Mpc^{-1}.

71 – Un po' come avviene quando si lancia un sasso verso l'alto. Si allontana, ma la sua velocità diminuisce finché diventa nulla, il moto si inverte e il sasso, ricade e torna al punto di partenza.

72 – Plutone fu considerato il nono pianeta del sistema solare. La sua esistenza era stata prevista nel 1915, col calcolo, sulla base delle perturbazioni dell'orbita di Nettuno, da Percival Lowell (1855-1916). È stati riclassificato come pianeta nano.

73 – Dalla conoscenza dei dati orbitali e del periodo di rotazione di una stella intorno alla compagna di un sistema binario si possono ricavare le masse per mezzo delle leggi di Keplero.

74 – La luminosità di una stella è l'energia irradiata dalla stella nell'unità di tempo. Le luminosità sono legate alle magnitudini assolute. Si assume come unitaria la luminosità del Sole (di cui si conosce il valore ($L_\text{☉}$ = 3,83 × 10^{23} kW) e si tiene poi conto che una differenza di 5 magnitudini comporta un rapporto di 100 tra le luminosità.

75 – Le "righe" di emissione di uno spettro luminoso sono prodotte dalla radiazione emesse dagli atomi eccitati quando passano a una condizione meno eccitata. Sono separate tra loro perché i "salti quantici" avvengono tra livelli "discreti" di energia dell'atomo.

76 – La cromosfera è uno strato composto in massima parte da idrogeno. Si estende intorno al Sole e ha uno spessore di circa 10 000 km.

77 – La corona si estende intorno al Sole a partire dalla cromosfera sfumando poi nello spazio interplanetario.

78 – Che nemmeno la luce possa uscire da un buco nero (la gravità alla loro superficie è tale da comportare una velocità di fuga maggiore di 300 000 km/s – appunto, quella della luce – la quale (Einstein *dixit*), è insuperabile per oggetti dotati di massa comunque piccola) e il fatto che "siamo figli delle stelle" (in quanto fatti con gli elementi fabbricati nel cuore delle stelle) sono due "pezzi forti" spesso abusati dai divulgatori per incantare la gente. Comunque, recentemente, per quanto riguarda l'impossibilità che qualcosa possa uscire da un buco nero Stephen Hawking, che finora l'aveva sostenuta, si è ricreduto e pensa che da un buco nero possano entrare e uscire sia energia che informazione (→ www.media.inaf.it del 27 gennaio 2014).

79 – Benché sia noto lo voglio sottolineare: poiché la velocità della luce non è infinita, quanto vediamo lo vediamo sempre più o meno *dopo che è accaduto*. Le galassie più lontane che fotografiamo sono quello che erano, più o meno, 13 miliardi di anni fa.

80 – I teorici hanno pensato che benché il vuoto sia molto stabile si può ammettere che possa "fluttuare" (con probabilità quasi nulla; → n. 93 di questo capitolo): apparire e sparire. Chissà quante volte qualcosa appare e scompare quasi nello stesso istante. "Quella" volta, invece, qualche diavoleria impedì la scomparsa di quanto era apparso per durare il solito infinitesimo istante. Ed eccoci qua.

81 – Della teoria dell'inflazione cosmologica non c'è una sola versione, né quella qui riportata qui è esposta nella sua completezza; mi bastava dare un'idea del tipo di considerazioni che si fanno sulla genesi dell'universo.

82 – Saporiti M., *La mappa della materia oscura*, in: *Sapere*, Dedalo, Roma-Bari, aprile 2012, p.90; e Coero Borga D., *La materia oscura, in pianta*, in → http://www.media.inaf.it/2015/04/13.

83 – Credo che tutti sappiano cosa sia il Big Bang. In quanto al Big Crunch ("grande scricchiolio") si indica con questo nome il fenomeno opposto al Big Bang: quello in cui tutto l'universo torna a concentrarsi in una singolarità.

84 – Forse, a questo punto, non sarà fuori luogo dire di un aspetto del lavoro del teorico, forse poco noto. Quando un teorico si pone di fronte a un problema naturale complesso del quale intende (è il suo mestiere) creare un modello (si pensi, ad esempio, agli ormai ben noti (benché sconosciuti) modelli matematici della meteorologia!) ha molte possibilità offerte dal fatto

che la soluzione di ogni problema riguardante una realtà complessa dipende da molte variabili. D'altra parte è necessario scegliere una base dalla quale prendere le mosse e a questo scopo occorre scegliere alcuni dati iniziali da supporre noti. Inoltre si possono scegliere alcune variabili che si ritengono non molto influenti (almeno in prima approssimazione) sul fenomeno in esame e ritenerle non variabili (ad esempio: l'attrito dell'aria nello studio del moto del pendolo). Così si abbassa la difficoltà del processo di risoluzione. Naturalmente, la scelta dei dati iniziali e delle variabili da ritenere non influenti condiziona la soluzione e, variando quella scelta, si ottengono soluzioni diverse. In questo modo, ogni bravo teorico ha nel cassetto più di una soluzione per un dato problema. In definitiva, si tratta di giochi o, se si vuole di esercizi di "alto livello". Può capitare, ora, che, domani, il risultato di uno di quegli esercizi – su molti inutilmente fatti – trovi conferma in qualche risultato di esperienza. Allora si parlerà di risultati "previsti" dalla teoria.

85 – Platone, *Timeo*, in: Platone: *Dialoghi*, Einaudi, 1970, pp. 443-445, versione di Acri F.

86 – Eleanor Margaret Burbidge (1919-), Geoffrey Ronald Burbidge (1925-2010) e William Fowler (1911-1995).

87 – Fra l'altro, con Chandra Wickramasinghe (1939-), ha pubblicato *Cosmic life-force* (J.M. Dent & Sons Ltd, London, 1988) nel quale nega l'origine non biologica della vita sulla Terra e propone, invece, un inizio biologico. Sul nostro pianeta, la vita sarebbe arrivata dallo spazio secondo un processo di panspermia, e sarebbe continuata ed evoluta anche attraverso l'arrivo di virus trasportati dalle comete che nei primi tempi sarebbero cadute sulla Terra in notevole numero.

88 – Von Hochheim E. (Meister Eckhart), *Il libro della consolazione divina*; in: *Dell'uomo nobile*, p. 187, Adelphi, Milano, 1999,.

89 – Scrittore di scienza, dal 1984 impegnato in studi del fenomeni del plasma: il cosiddetto "quarto stato della materia"; a temperature sufficientemente alte, le particelle di un gas (molecole o atomi) formano un gas ionizzato e poiché sono libere di muoversi, creano campi elettrici e magnetici. Oltre il 95% della materia dell'universo si trova in questo stato. Nel 1991 ha pubblicato *The Big Bang never happened,* trad. it. di Bianchi M. per da Dedalo ed. nel 1994 col titolo *Il Big Bang non c'è mai stato.*

90 – Alfvén fu uno degli scopritori della magnetoidrodinamica. Migliorò l'ipotesi nebulare per la formazione del sistema solare basandosi sull'azione dei campi elettromagnetici. Questi avrebbero trasferito il momento angolare del Sole alla nebulosa protoplanetaria, giustificando il fatto che più del 90% del momento angolare del sistema solare è distribuito tra i pianeti anziché essere concentrato sul Sole dove risiede più del 99% della massa totale del sistema.

91 – Ilya Progine, Nobel per la chimica nel 1977. Ha studiato gli stati di non equilibrio ed elaborato una teoria dei processi irreversibili.

92 – In una transizione di fase (o cambiamento di stato, come ad esempio nell'ebollizione) un sistema termodinamico passa da uno stato di aggregazione a un altro (nell'esempio: dallo stato liquido a quello aeriforme).

93 – Il vuoto quantistico corrisponde allo stato caratterizzato dal valore minimo dell'energia. A causa del principio di indeterminazione di Heisenberg, di uno stato energetico non è possibile conoscere simultaneamente, *con esattezza,* l'energia dello stato e il suo tempo di vita. I due dati sono soggetti, appunto, a "indeterminazione". Di nessuno stato, quindi nemmeno del vuoto, è possibile dare con esattezza l'energia. Di conseguenza, non si può dire che il vuoto ha energia uguale a zero. Sempre per il principio di indeterminazione, il numero delle particelle nel vuoto quantistico non può essere sempre uguale a zero; esso fluttua a caso. In altre parole, il vuoto quantistico è un ente dinamico popolato di particelle che appaiono e scompaiono (*particelle virtuali*).

94 – Prigogine I., *La fine delle certezze*, p. 178, Bollati Boringhieri, Torino, 1997, trad. it. di Sosio L.

95 – Malaspina M., *E se fossimo un ologramma in 2D?*, www.media.inaf.it, sez. Astronomia, del 27/08/2014.

96– Borges J. L., *Altre inquisizioni: L'idioma analitico di John Wilkins, Tutte le opere*, 2 voll., vol. 1, p. 1005, I Meridiani, Mondadori, Milano, 1984, a cura di Porzio D.

97 – Lemaître G.H., *Un Universe homogène de masse constante et de rayon croissant rendant compte de la vitesse radiale des nébuleuses extra-galactiques,* in: Annales de la Société Scientifique de Bruxelles Vol. 47, 1927, aprile.

17 – Quarto Intermezzo

1 – «Sono come qualcuno che cerca a caso, senza sapere dov'è stato nascosto, un oggetto che non gli hanno descritto», in: Pessoa F., *Il libro dell'inquietudine*, p. 241, Feltrinelli, Milano, XIX ed. 1997, trad. it. di De Lancastre M. J. e Tabucchi A.

2 – Tra l'altro, anche Wagner vive in quest'epoca di esaltazione collettiva.

3 – Valéry P., *Cattivi pensieri*, p. 166, Adelphi, 2006, a cura di Papparo F.C.

4 – In una recente vignetta della *Settimana Enigmistica* (del 9 aprile 2015), il noto e *molto popolare* giornale di enigmistica, due persone sedute su una panchina, vedono, in cielo, due lune e una delle due dice: "Al giorno d'oggi niente può più meravigliarci...". Se questa battuta può essere apparsa su un settimanale come questo, non credo che ci sia bisogno d'altro per essere certi che l'uomo contemporaneo è pronto ad accogliere qualsiasi novità, anche la più impensabile.

Come se...

18 – Qualche altra considerazione sulla scienza prima di chiudere

1 – «L'universo non stava per partorire la vita, né la biosfera l'uomo. Il nostro numero è uscito dalla roulette», in: Monod J., Il caso e la necessità, Mondadori, Milano, 1970, XIII ristampa 1996, trad. it- Busi A., p. 141.

2 – Haldane J.B.S., in Autori vari: *Questa è la mia filosofia*, a cura di White Burnett, Bompiani, Milano, 1959. Trad. it. di: Torossi L., Di Benedetto G., Sanesi R., Gnoli G.

3 – In: Rostand. J., *Inquiétudes d'un biologiste*, Stock, Paris, 1967.

4 – Gould S. J., *Il pollice del panda*, il Saggiatore, Milano, 2001, p. 77, trad. it. di Cabib S.

5 – In proposito, Cuppari P. (1816-70), nelle sue *Lezioni di agricoltura* (IV ediz., 1888), scrive: «[...] la vanga è maneggiata dall'uomo che vi adopera una forza guidata nel suo esercizio dall'intelligenza», in: AA.VV., *Cultura contadina in Toscana*, 3 voll., Vol. 1, p. 25, Bonechi, Firenze, 2004.

6 – Gould, *Il pollice del panda*, p. 145.

7 – Dei rapporti tra scienza e potere (con numerose pagine dedicate al tempo della nascita del nucleare) si occupa, ad esempio, il bel libro di Bernardini e Minerva, *L'ingegno e il potere*, cap. 9, n. 15.

8 – Per questo motivo, da allora fino ai tempi attuali si è parlato di "scienza applicata", distinguendola dalla "scienza di base" o "scienza pura", priva di obiettivi "pratici" da raggiungere perché cerca conoscenza pura e semplice e ne lascia ad altri l'utilizzazione.

9 – In: Corbellini G., P. Donghi e A. Passarenti, *BIbliOETICA*, p. 15, Einaudi, Torino, 2006.

10 – Il 26 aprile 2010 il consiglio dell'ESO ha scelto Cerro Armazones (Cile) quale sito adatto al futuro l'European Extremely Large Telescope: E-ELT di 42 m di diametro

11 – Al proposito, si possono leggere, ad esempio: di Conrad J., *Cuore di tenebra*, trad. it. di Bernascone R., in: *I capolavori di Joseph Conrad*, Mondadori, 2003; Llosa M.V., *Il sogno del celta*, Einaudi, 2011, trad. it. diFelici G., e l'articolo di Giulia Piccolino *Un gentiluomo nel cuore di tenebra* in *Sapere*, p. 50, agosto 2012.

12 – Potrebbe trovar posto, qui, qualche considerazione sui *Rapporti* del ben noto Club di Roma e sull'origine del riscaldamento globale che molti vogliono conseguenza dell'uso sconsiderato che facciamo del nostro pianeta. Probabilmente la Terra si sta avviando verso un nuovo periodo di glaciazione. Se ci arriverà – e quanto ci vorrà? un secolo? – saranno guai molto seri per tutta l'umanità. L'aspetto incredibile di questa prospettiva è che ne siamo perfettamente consapevoli e, tuttavia, non facciamo sostanzialmente nulla per evitare l'immane tragedia.

13 – Ognuno fa la ricerca che può, con i mezzi e le opportunità di cui può

disporre. Tanto per esemplificare: quando ero giovane, negli anni Cinquanta, in Italia, una buona parte degli astrofisici stellari studiavano una particolare classe di stelle: le Be di Herbig – astronomo americano, George Herbig (1920-). Allora non si viaggiava tanto come oggi e gli strumenti disponibili in Italia erano adatti a quel tipo di ricerca. Era una specie di moda. Ciò, comunque, non nega che, la maggior parte degli scienziati ami il proprio lavoro. Ho scritto "scienziati" e forse non si dovrebbe più farlo. Al giorno d'oggi, infatti, il grande numero di persone operanti in campo scientifico e tecnologico, salvo qualche rara eccezione che possiede il carattere e la statura degli studiosi del passato, è costituito da "ricercatori", cioè lavoratori nel campo della ricerca, specializzati, stipendiati, attenti alla carriera, sindacalizzati.

14 – Barrow, *100 cose essenziali...*, p. 277.

15 – Morin E., *Scienza con coscienza*, Franco Angeli, Milano, 1989, trad. it. di Quattrocchi P.

19 – Epilogo. Quasi un commiato

1 – In: Giusti G., *Vita di Giuseppe Giusti scritta da lui medesimo*, p.45, Felici, Ghezzano (PI), 2009.

2 – La frase si trova soltanto nel libro di S. G. Tallentyre – pseudonimo della scrittrice inglese Evelyn Beatrice Hall (1868-1956) –, *The Friends of Voltaire*, London, J. Murray, 1906, p. 199.

3 – In: Casanova G., *Il duello*, p.26, Adelphi. Milano, 1987.

4 – In: Galilei G., *Dialogo sopra i due massimi sistemi del mondo tolemaico e copernicano*, p. 284, Einaudi, 1970, a cura di Sosio L.

5 – In: Odifreddi P., *Incontri con menti straordinarie*, p. 197, Superpocket, Milano, 2010.

6 – In: Rostand. J., *Pensées d'un biologiste*, Delamain et Boutelleau, Paris, 1939.

7 – In: Borges J. L., *Discussione: Metempsicosi della tartaruga*, p. 393, vol. I, I Meridiani, Mondadori, Milano, 1984, a cura di Porzio D.

8 – In: Rilke R. M., *Il diario fiorentino*, p. 119, Rizzoli-BUR, Milano,1990, a cura di Zampa G.

9 – In: Pascal B., *Pensieri*, p.113 (pensieri 347, 348), Editoriale Opportunity Book, Milano, 1995, a cura di Segre B.

10 – Heidegger M., *Saggi e discorsi*, p. 83, Mursia, Milano, 1976. tr. it. di G. Vattimo.

11 – In Wittgenstein L., *Della certezza*, p. 66, Einaudi, Torino, 1978, trad. it. di Trinchero M.

12 – In: Wittgenstein L., *Tractatus Logico-philosophicus*, p. 175, Einaudi, Torino, 1989, a cura di Conte A.G.

Elenco dei nomi

I nomi seguiti da PN *sono Premi Nobel; sono esclusi quelli presenti nelle note.*

Abetti Giorgio (1882-1982)
Adams John Couch (1819-92)
Agnelli Giovanni (1866-1945)
al-Mamun, califfo (786-833)
al-Mansur, califfo (712-775)
Albatenio (858-929)
Alberti Leon Battista (1404-72)
Alberto Magno (1206-1280)
Alessandro il Grande (356-323 a.C.)
Alessandro VI, papa (1431-1503)
Alfragano (IX secolo)
Alfvén Hannes Olof Gösta
    (1908-1995) PN
Alighieri Dante (1265-1321)
Alpher Ralph Asher (1921-2007)
Ampère André-Marie (1775-1836)
Anassagora (~ 499-428 a.C.)
Anassimene (~586-528 a.C.)
Anders Günther (1902-1992)
Apollonio di Perga (262-190 a.C.)
Arago Jean-François (1786-1853)
Archimede di Siracusa
    (~287- 212 a.C.)
Arduino Giovanni (1714-1795)
Aristarco di Samo (310-230 a.C.)
Aristotele di Stagira (384-322 a.C.)
Armstrong Neil (1930-)
Arzachel (1029-1087)
Assurbanipal (VII sec. a.C.)

Aubrey John (1626-1697)
Averroè (1126-1198)
Avicenna (980-1037)
Avogadro Amedeo (1776-1856)

Baade Walter (1893-1960)
Bacone Francesco (1561-1626)
Barnard Christiaan (1922-2001)
Barrow Isaac (1630-1677)
Barrow John David (1952-)
Batuta Ibn (1304-1368)
Beaufort Francis (1774-1857)
Becquerel Antoine Henri
    (1852-1908) PN
Behring Emil Adolf von
    (1854-1917) PN
Benivieni Antonio (1443-1502)
Bergeron Tor (1891-1977)
Bering Vitus Jonassen (1681-1741)
Berzelius Jöns Jacob (1779-1848)
Bessel Friedrich Wilhelm (1784-1846)
Bethe Hans Albrecht (1906-2005) PN
Bjerknes Vilhelm (1862-1951)
Boccaccio Giovanni (1313-75)
Boerhaave Hermannus (1668-1738)
Bohr Niels Henrik (1886-1962) PN
Boltzmann Ludwig (1844-1906)
Bondi Hermann (1919-2005)
Bonifacio VIII, papa (1568-1644)

Bonpland Aimé (1773-1858)
Borges Jorges Luis (1899-1986)
Bosch Hieronymus (1450-1516)
Boscovich Ruggero Giuseppe
    (1711-1787)
Boulliau Ismael (1605-1694)
Boyle Robert (1627-1691)
Bradley James (1693-1762)
Brahe Tycho (1546-1601)
Braun Wernher von (1912-1977)
Bruno Giordano (1548-1600)
Bunsen Robert (1811-1889)
Buonarroti Michelangelo (1475-1564)

Caboto Giovanni (1450-1498)
Caboto Sebastiano (1484-1557)
Campanella Tommaso (1568-1639)
Cannizzaro Stanislao (1826-1910)
Caravaggio
    (Michelangelo Merisi: 1571-1610)
Carlo II Stuart (1630-1685)
Carlo IX (1550-1574)
Carnot Sadi (1796-1832)
Carrel Alexis (1873-1944) PN
Cartesio Renato (1596-1650)
Cartier Jacques (1491-1557)
Cassini Giovanni Domenico
    (1625-1712)
Cavalieri Bonaventura (1598-1647)
Cesi Federico (1585-1630)
Chamberlin Thomas Chrowder (1843-
    1928)
Chappe Claude (1763-1805)
Chomsky Noam (1928-)
Cicerone Marco Tullio (106-43 a.C.)
Cioran Emil Mihai (1911-1995)
Ciro il Grande (558-529 a.C.)
Claudio Tolomeo (~ 100- ~ 170 d.C.)
Clausius Rudolf (1822-1888)
Clemente V, papa (1264-1314)
Cleopatra (69-30 a.C.)
Cleve Per Teodor (1840-1905)
Colbert Jean-Baptiste (1619-1683)
Colombo Cristoforo (1451-1506)
Cook James (1728-1779)
Copernico Niccolò (1473-1543)

Coriolis Gaspard-Gustave de
    (1792-1843)
Correns Carl Erich (1864-1933)
Cosimo II, Granduca di Toscana
    (1590-1621)
Cosma Indicopleuste (VI secolo)
Costantino (274-337)
Coulomb Charles Augustin de
    (1736-1806)
Creso (596-? a.C.)
Crick Francis Harry Compton
    (1916-2004) PN
Cristina di Lorena, granduchessa di
    Toscana (1565-1637)
Curie Marie (1867-1934) PN
Curie Pierre (1859-1906) PN
Curtis Heber Doust (1872 -1942)
Cusano Niccolò (1401-1464)
Cuvier Georges (1769-1832)

d'Alembert Jean Baptiste Le Rond
    (1717-1783)
da Gama Vasco (1469-1524)
Dalton John (1766-1844)
Daly Reginald Aldworth (1871-1957)
Dana James Dwight (1813-1895)
Dario I di Persia, il Grande
    (550-486 a.C.)
Darwin Charles (1809-82)
Davisson Clinton Joseph (1881-1958)
Davy Humphry (1778-1829)
de Monet Jean-Baptiste cavaliere di
    Lamarck (1744-1829)
de Saussure Nicolas-Théodore
    (1767-1845)
de Vries Hugo (1848-1935)
Democrito di Abdera (460-360 a.C.)
Denza Francesco Maria (1834-1895)
Desargues Girard (1591-1666)
Deslandres Henry Alexandre
    (1853-1948)
Di Nola Alfonso Maria (1926-1997)
Diaz Bartolomeo (1450-1500)
Diderot Denis (1713-1784)
Dingle Herbert (1890-1978)
Dohrn Anton (1840-1909)

Dondi Giovanni (1330-1388)
Doppler Christian Andreas
  (1803-1853)
Dostoevskij Fëdor (1821-1881)
Dragoni Giorgio (1939-)
Dubois Eugene (1858-1940)
Dutton Clarence Edward (1841-1912)

Ecfanto (VI-V secolo a.C.)
Eckhart von Hochheim
  (Meister Eckhart) (1260-1328)
Eddington Arthur (1882-1944)
Edison Thomas Alva (1847-1931)
Einstein Albert (1879-1955) PN
Elsevier Louis (1540-1617)
Emden Robert (1862-1940)
Empedocle (492-430 a.C.)
Engler Carl Oswald Viktor
  (1842-1925)
Enopide di Chio (V secolo a.C.)
Enrico I duca di Guisa (1550-1588)
Enrico il Navigatore (1394-1460)
Epicuro (341-271 a.C.)
Eraclide Pontico (IV secolo a.C.)
Eraclito (~520- ~ 460 a.C.)
Erasmo da Rotterdam (~1466-1536)
Eratostene di Cirene (276-194 a.C.)
Ernst Richard R. (1933-) PN
Euclide (323-285 a.C.)
Eulero Leonhard (1797-1783)

Feynman Richard Phillips
  (1918-1988)
Forchhammer Johann (1794-1865)
Ford Henry (1863-1947)
Foscolo Ugo (1778-1827)
Franklin Benjamin (1706-1790)
Fraunhofer Joseph von (1787-1826)
Fresnel Augustin-Jean (1788-1827)
Freud Sigmund (1856-1939)

Gagarin Jurij (1934-68)
Galeno di Pergamo (129-216)
Galilei Galileo (1564-1642)
Galimberti Umberto (1942-)
Galvani Luigi (1737-1798)

Gamow George (1904-1968)
Garmiott Iuri (1926-)
Geber (~721-~815)
Gilbert William (1544-1603)
Giotto (1267-1337)
Giovanna d'Arco (1412-1431)
Giovanni XXII, papa (1249-1334)
Giulio Cesare (100-44 a.C.)
Giusti Giuseppe (1809-1850)
Gold Thomas (1920-2004)
Golgi Camillo (1843-1926) PN
Gould Stephen Jay (1941-2002)
Gregorio XIII, papa (1502-1585)
Grimaldi Francesco Maria
  (1618-1663)
Guignard Jean-Louis-Léon
  (1852-1928)
Gutenberg Johann (1394-1468)
Guth Alan Harvey (1947-)

Hadley George (1685-1768)
Haeckel Ernst Heinrich (1834-1919)
Hale George Ellery (1868-1938)
Halley Edmond (1656-1742)
Hammurabi (XVIII sec. a.C)
Harvey William (1578-1657)
Haüy René Just (1743-1822)
Heisenberg Werner Karl
  (1901-1976) PN
Herbert Algernon (1792-1855)
Herman Robert (1914-1997)
Herschel Carolina (1750-1848)
Herschel William (1738-1822)
Hertz Heinrich Rudolf (1857-1894)
Hertzsprung Ejnar (1873-1967)
Hevelius Johannes (1611-1687)
Higgs Peter (1929-)
Hoare Richard Colt (1758-1838)
Hooke Robert (1635-1703)
Hoyle Fred (1915-2001)
Hubble Edwin Powell (1889-1953)
Hudde Johann (1628-1704)
Huggins William (1824-1910)
Humason Milton Lasell (1891-1972)
Humboldt Friedrich Heinrich
  Alexander von (1769-1859)

Hutton James (1726-1797)
Huygens Christiaan (1629-1695)

Iceta (IV secolo a.C.)
Innocenzo VIII, papa (1432-1492)
Institor Heinrich (Krämer)
 (1430-1505)
Ipparco di Nicea (~ 180-127 a.C.)
Isaia (profeta) (VIII sec. a.C.)

Jansky Karl Guthe (1905-1550)
Janssen Pierre Jules-César
 (1824-1907)
Jeans James (1877-1946)
Jenner Edward Anthony (1749-1823)
Joule James Prescott (1818-1889)
Jung Carl Gustav (1875-1961)

Kant Immanuel (1724-1804)
Kapteyn Jacobus Cornelius
 (1851-1922)
Kelvin → Thomson William
Keplero Giovanni (1571-1630)
Keynes John Maynard (1883-1946)
Kirchhoff Gustav Robert (1824-1887)
Kitasato Shibasaburo (1853-1931)
Kleist Ewald Georg von (~1700-1748)
Köppen Wladimir (1846-1940)
Kostler Arthur (1905-1983)
Kotzebue Otto von (1787-1846)
Kraus John Daniel (1910-2004)
Krebs Hans Adolf (1900-1981) PN
Kuhn Thomas (1922-1996)

Lallemand André (1904-1978)
Lamarck → de Monet Jean-Baptiste
Lane Jonathan Homer (1819-1889)
Langlet Abraham (1868-1936)
Langley Pierpoint (1834-1906)
Lao-Tzu (prima metà del IV sec. a.C.)
Laplace Pierre Simon de (1749-1827)
Larmor Joseph (1857-1942)
Lavoisier Antoine-Laurent
 (1743-1794)
Lawrence Ernest Orlando
 (1901-1958) PN

Le Bon Gustave (1841-1931)
Le Verrier Urbain (1811-1877)
Leclerc Georges, conte di Buffon
 (1707-1788)
Leibniz Gotfried Wilhelm von
 (1646-1716)
Lemaître Georges Henri (1894-1966)
León Ponce de Juan (1474-1521)
Leonardo da Vinci (1452-1519)
Leopardi Giacomo (1798-1837)
Leopoldo de' Medici (1617-1675)
Lerner Eric (1947-)
Lescarbot Marc (1570-1641)
Libby Willard Frank (1908-1980)
Liebig Justus von (1803-1873)
Lindbergh Charles (1902-1974)
Linde Andrei Dmitrievic (1948-)
Linneo Carl Nilsson (1707-1778)
Lipmann Fritz Albert (1899-1986)
Lockyer Norman Sir (1836-1920)
Lodge Oliver Joseph (1851-1940)
Lohmann Karl (1898-1978)
Lomonosov Michail Vasil'evic
 (1711-1765)
Lorentz Hendrik Antoon
 (1853-1928) PN
Lorenz Konrad Zacharias
 (1903-1989) PN
Lorenzo il Magnifico (1449-1492)
Lucrezio (Tito Lucrezio Caro)
 (98-55 a.C.)
Lutero Martin (1483-1546)
Lyell Charles (1797-1875)
Lyot Bernard Ferdinand (1897-1952)

Ma Twan-lin (1254?-1323)
Mach Ernst (1838-1916)
Machiavelli Niccolò (1469-1527)
Magellano Ferdinando (1480-1521)
Magritte René (1898-1967)
Malpigi Marcello (1628-1694)
Malthus Thomas Robert (1766-1834)
Mann Thomas (1875-1955) PN
Maometto (~570-632)
Marco Antonio (83-30 a.C.)
Marconi Guglielmo (1874-1937) PN

Marshack Alexander (1918-2004)
Marsili Luigi Ferdinando (1658-1730)
Marx Karl (1818-1883)
Maury Antonia (1866-1952)
Maxwell James Clerk (1831-1879)
Medawar Peter Brian (1915-1987) PN
Melantone Filippo (1497-1560)
Mendel Georg Johann (1822-1884)
Mendeleev Dmitrij (1834-1907)
Mercatore Gerardo (1512-1594)
Meyer Julius Lothar (1830-1895)
Michelson Albert Abraham
    (1852-1931) PN
Milano Gianna (-)
Miller Stanley Lloyd (1930-2007)
Milne Edward Arthur (1896-1950)
Minkovsky Hermann (1864-1909)
Minnaert Marcel Gilles Josef
    (1893-1970)
Mirfield Johannes de (XIV secolo)
Monod Jacques (1910-1976) PN
Montagnier Luc (1932-) PN
Montanari Geminiano (1633-1687)
Montezuma (~1466-1520)
Montgolfier Jacques Étienne
    (1745-1799)
Montgolfier Joseph Michel
    (1740-1810)
Morin Edgard (1921-)
Morley Edward (1838-1923)
Moseley Henry Nottidge (1844-1891)
Moulton Forest Ray (1872-1952)
Murray Joseph (1919-)

Natta Giulio (1903-1979) PN
Neugebauer Otto (1899-1990)
Newton Isaac (1642-1727)
Nezahualcoyotl (1402-1472)
Nicola I, zar (1796-1855)
Nietzsche Friedrich (1844-1900)
Nola Alfonso Maria di (1926-1997)
Norton Thomas (~1433-~1513)

Ockham Guglielmo di (1288-1349)
Odoacre (433-493)
Ohm Georg Simon (1787-1854)

Omar, califfo (~581-644)
Oparin Alexander (1894-1980)
Ørsted Hans Christian (1777-1851)
Osiander Andrea (1498-1552)
Ottaviano (63-14 a.C.)

Palmieri Luigi (1807-1896)
Paolo III, papa (1468-1549)
Paolo IV, papa (1476-1559)
Paolo V, papa (1552-1621)
Paracelso Filippo (1493-1541)
Parmenide (515-450 a.C.)
Pascal Blaise (1623-1662)
Pasteur Louis (1822-1895)
Pauli Wolfgang (1900-1958) PN
Pavlov Ivan Petrovich
    (1849-1936) PN
Penzias Arno Allan (1933-) PN
Petrarca Francesco (1304-1374)
Phipps Charles J. (1835-1897)
Pickering Edward Charles (1846-1919)
Pico della Mirandola (1463-1494)
Pitagora di Samo (570-490 a.C.)
Planck Max Karl (1858-1947) PN
Platone (~ 427-347 a.C.)
Plotino (~203-270)
Poincaré Henri (1854-1912)
Poisson Siméon-Denis (1781-1840)
Polo Marco (1254-1324)
Ponce de León Juan (1474-1521)
Pope Alexander (1688-1744)
Popper Karl R. (1902-1994)
Porfirio di Tiro (232-301)
Pouillet Claude Servais Mathias
    (1791-1868)
Prassitele (~400-326 a.C.)
Pratt John Henry (1809-1871)
Priestley Joseph (1733-1804)
Prigogine Il'ya Romanovič
    (1917-2003) PN
Proust Joseph-Louis (1754-1826)
Proverbio Edoardo (1928-)

Raffaello Sanzio (1483-1520)
Ramon y Cajal Santiago
    (1852-1934) PN

Ramsey William (1852-1916)
Razī (864-930)
Redi Francesco (1626-1697)
Regiomontano (Johannes Müller, 1436-1476)
Remak Robert (1815-1865)
Retico Joachim (1514-1576)
Ricardo David (1772-1823)
Ricci Padre Matteo (1552-1610)
Richardson Lewis Fry (1881-1953)
Richer Jean (1630-1696)
Righi Augusto (1850-1920)
Rilke Rainer Maria (1875-1926)
Ritchey George Willis (1864-1945)
Robertson Howard Percy (1903-1961)
Roberval Gilles Personne de (1602-1676)
Rodolfo II d'Asburgo (1552-1612)
Romano Giuliano (1923-2013)
Rømer Ole (1644-1710)
Romesberg Floyd E. (-)
Romolo Augustolo (461-511)
Röntgen Wilhelm Conrad (1845-1923) PN
Rose Gustav (1798-1873)
Ross John (1777-1856)
Rostand Jean (1894-1977)
Roux Émile (1853-1933)
Roux Wilhelm (1850-1924)
Rubbia Carlo (1934-)
Russell Henry Norris (1877-1957)
Rutherford Ernest (1871-1937) PN

Sacrobosco Giovanni (~1195-1256)
Sant'Agostino di Tagaste (354-430)
Sant'Ambrogio (340-397)
Sargon II (VIII sec. a.C.)
Schiaparelli Giovanni Virginio (1835-1910)
Schleiden Matthias Jacob (1804-1881)
Schrödinger Erwin (1887-1961) PN
Schwabe Samuel Heinrich (1789-1875)
Schwann Theodor (1810-1882)
Schwarzschild Karl (1873-1916)
Secchi Angelo (1818-1878)

Shamuramet (Semiramide; forse: IX sec. a.C.)
Shapley Harlow (1885-1972)
Slipher Vesto Melvin (1875-1969)
Smith Adam (1723-1790)
Smith William (1769-1838)
Smolin Lee (1955-)
Snellius Willebrord van Royen (1580-1626)
Soffici Ardengo (1879-1964)
Sordi Alberto (1920-2003)
Spallanzani Lazzaro (1729-1799)
Spee Friedrich von (1591-1635)
Sprenger Jacob (1436-1495)
Stahl Georg Ernst (1659-1734)
Steensen Niels (Stenone) (1638-1686)
Stevino Simone (1548-1620)
Stommel Henry (1920-1992)
Stukeley William (1687-1765)
Sturluson Snorri (XII-XIII sec.)
Suess Eduard (1838-1914)
Suess Hans (1909-1993)

Tabarroni Giorgio (1921-2001)
Talete di Mileto (~624-546 a.C.)
Teeteto (415-369 a.C.)
Teisserenc De Bort Léon Philippe (1815-1913)
Telesio Bernardino (1509-1588)
Teller Edward (1908-2003)
Teodosio I (347-395)
Teofrasto di Ereso (371-287 a.C.)
Thompson Benjamin, conte di Rumford (1753-1814)
Thompson George Paget (1892- 1975)
Thomson William (Lord Kelvin) (1824-1907)
Thomson Wyville (1830-1882)
Timòcari di Alessandria (~ 320-260 a.C.)
Tombaugh Clyde (1906-1997)
Tommaso d'Aquino (1225-1274)
Torricelli Evangelista (1607-1647)
Totò (Antonio de Curtis) (1898-1967)
Traiano Marco Ulpio Nervia (53-117)

Vettio Valente (II sec. d.C)
Voltaire (François-Marie Arouet)
    (1694-1778)
Volterra Vito (1860-1940)

Wagner Richard (1813-1883)
Waldeyer Heinrich Wilhelm von
    (1836-1921)
Wallingford Richard of (1292-1336)
Wallis John (1616-1703)
Watson James Dewey (1928-) PN
Watt James (1736-1819)
Wegener Alfred Lothar (1880-1930)
Weizsäcker Carl Friedrich von
    (1912-2007)
Werner Abraham Gottlob
    (1749-1817)
Whewell William (1794-1866)
Wilmut Ian (1944-)
Wilson Charles Thomson
    (1869-1959) PN
Wilson Robert (1936-) PN
Wittgenstein Ludwig (1889-1951)
Wollaston William Hyde (1766-1828)
Wright Orville (1871-1948)
Wright Thomas (1711-1786)
Wright Wilbur (1867-1912)

Young Thomas (1773-1829)
Yukawa Hideki (1906-1979) PN

Zeeman Pieter (1865-1943) PN
Zenone (489-430 a.C.)

Tomonaga Shin'ichirō (1906-1979)
Waksmann Selman Abraham
    (1888-1973)
Weinberg Steven (1933-)
Wilczek Frank (1951-)

Premi Nobel citati solo nelle note

Fleming Alexander (1881-1955)
Flemming Walther (1843-1905)
Florey Howard Walter (1898-1968)
Fowler William Alfred (1911-1995)
Glashow Sheldon L. (1932-)
Gross David (1941-)
Politzer Hugh David (1949-)
Salam Abdus (1926-1996)
Schwinger Julian Seymour
    (1918-1994)